平衡式高温超导
微波滤波电路

任宝平 官雪辉 刘海文 刘欣磊 马哲旺 ◎ 著

Pinghengshi Gaowen Chaodao
Weibo Lübo Dianlu

http://press.hust.edu.cn
中国·武汉

内容简介

本书介绍了研究团队近五年来在平衡式高温超导滤波电路研究成果，主要包括了平衡式高温超导微波滤波电路的研究背景、平衡式高温超导微波滤波电路的设计理论、新型高阶宽阻带高温超导平衡微波滤波电路设计、基于枝节加载型谐振结构的高温超导平衡微波滤波电路设计、基于分支线多模谐振结构的多频高温超导平衡微波滤波器电路设计以及基于复合左右手传输线结构的小型高温超导平衡微波滤波电路设计。

本书将系统阐述相关电路所设计的基本理论、谐振器特性、高阶平衡电路设计流程、加工测试等内容，可以为国内相关研究人员、研究生和本科生提供较为全面的学习参考。

图书在版编目(CIP)数据

平衡式高温超导微波滤波电路/任宝平等著. —武汉：华中科技大学出版社，2023.12
ISBN 978-7-5772-0342-3

Ⅰ. ①平… Ⅱ. ①任… Ⅲ. ①高温超导性-微波电路 ②高温超导性-有源滤波电路
Ⅳ. ①TN710

中国国家版本馆 CIP 数据核字(2023)第 255450 号

平衡式高温超导微波滤波电路 任宝平 等著
Pinghengshi Gaowen Chaodao Weibo Lübo Dianlu

策划编辑：汪 粲 责任校对：刘小雨
责任编辑：刘艳花 李 昊 责任监印：周治超
封面设计：廖亚萍
出版发行：华中科技大学出版社(中国·武汉) 电话：(027)81321913
武汉市东湖新技术开发区华工科技园 邮编：430223
录 排：华中科技大学惠友文印中心
印 刷：武汉科源印刷设计有限公司
开 本：710mm×1000mm 1/16
印 张：14
字 数：252 千字
版 次：2023 年 12 月第 1 版第 1 次印刷
定 价：68.00 元

前　言

近年来，庞大的无线通信网的建设以及系统高度集成，引发的电子噪声、信道互扰等复杂的电磁干扰问题日益凸显，这在一定程度上局限了通信系统所能处理信号的最小电平，进而影响系统灵敏度，最终导致通信传输距离变短、信号失真，甚至通信中断等严重问题。因此，在复杂电磁和噪声的干扰环境下，研究和设计抗噪性能优异的高灵敏度小型射频前端及无线系统对于通信设备的远距离高速互联和可靠通信具有重要意义。与传统处理单端信号的非平衡器件相比，平衡式电路以其独特的物理拓扑结构，可以有效抑制各种环境噪声和电路组件产生的电子噪声，能够解决通信设备间的 EMI 问题，极大提高接收机的信噪比和改善发射机的效率。

在国家自然科学基金和江西省主要学科学术和技术带头人培养计划项目资助下，本书作者及其团队针对小型高性能平衡式微波电路开展了大量探索和研究工作。本书主要介绍了作者及其团队近年来在平衡式微波滤波电路领域的研究成果，主要包括平衡式高温超导微波滤波电路的研究背景、平衡式高温超导微波滤波电路的设计理论、新型高阶宽阻带高温超导平衡微波滤波电路设计、基于枝节加载型谐振结构的高温超导平衡微波滤波电路设计、基于分支线多模谐振结构的多频高温超导平衡微波滤波器电路设计以及基于复合左右手传输线结构的小型高温超导平衡微波滤波电路设计。

本书作者团队的研究生在本书介绍的研究成果及本书章节内容撰写工作中付出了许多努力和时间，他们是苏辉、刘天康、宋懿、徐贻辰、赵波、黄雪宇、袁文佳、王玉凡、赵晨光、秦春华、周俊君、陈文健，在此对他们表示感谢。当然，还有许多与本书所列举成果有间接贡献或特定贡献的合作者、团队研究生和厂商，在此不一一列举，一并表示感谢。

著者
2023 年 12 月

目　录

第 1 章　引言 ……………………………………………… (1)

1.1　研究背景 ……………………………………………… (1)

1.2　研究现状 ……………………………………………… (3)

1.3　章节概述 ……………………………………………… (12)

参考文献 ……………………………………………… (13)

第 2 章　基于贴片谐振器和阶跃阻抗谐振器结构的平衡微波滤波电路 …… (20)

2.1　贴片谐振器和阶跃阻抗谐振器的基本结构 ……………………… (20)

2.2　基于贴片谐振器的平衡带通滤波器 ……………………… (26)

2.3　基于阶跃阻抗谐振器的平衡带通滤波器 ……………………… (42)

2.4　小结 ……………………………………………… (61)

参考文献 ……………………………………………… (62)

第 3 章　基于分支线多模谐振结构的平衡微波滤波电路 ……………… (64)

3.1　分支线谐振结构的基本分析 ……………………… (65)

3.2　基于分支线阶跃阻抗谐振器的高阶超导平衡滤波器 ……………… (68)

3.3　基于分支线结构的双宽带平衡带通滤波器 ……………………… (82)

3.4　基于枝节加载分支线谐振器的超导双通带平衡滤波器 …………… (90)

3.5　基于分支线谐振器的高选择性超导三通带平衡滤波器 …………… (99)

3.6　小结 ……………………………………………… (107)

参考文献 ……………………………………………… (108)

第 4 章　基于复合左右手结构的平衡微波滤波电路 ……………………… (111)

4.1　复合左右手结构的特性 ……………………………… (112)

4.2　基于复合左右手结构的高温超导单通带平衡带通滤波器 ………… (114)

4.3　基于复合左右手结构的高温超导双通带平衡带通滤波器 ………… (128)

4.4　小结 ……………………………………………… (153)

参考文献 ……………………………………………… (153)

第 5 章　基于环形加载谐振器的平衡微波滤波电路 ……………………… (156)

5.1　环形加载谐振器的基本结构 ……………………………… (157)

5.2 基于阶跃阻抗环形加载谐振器的双通带平衡带通滤波器 …………（160）
5.3 基于磁耦合环形加载谐振器的双通带平衡滤波器 …………（169）
5.4 基于环形加载谐振器的带宽可控双通带超导平衡滤波器 …………（179）
5.5 基于双环形加载谐振器的双通带平衡滤波器 …………（195）
5.6 基于阶跃阻抗环形加载谐振器的三通带平衡滤波器 …………（209）
5.7 小结 …………（213）
参考文献 …………（214）
第6章 总结与展望 …………（217）
6.1 总结 …………（217）
6.2 研究展望 …………（218）

第1章　引　言

1.1　研究背景

微波和毫米波频段已广泛应用于许多商业和军事应用方面，如雷达系统、通信系统、加热系统和医疗成像系统等。通信系统的快速发展和频谱资源的紧缺使得有限频谱的有效利用变得越来越必要，并且随着用户数量的增加，不同系统之间的干扰可能也会增加。为了避免射频前端的互调干扰，需要高选择性的滤波电路来有效地利用频谱资源。并且，随着庞大且复杂的通信网络的建设以及大量电子元器件在有限空间内的高度集成，所引发的电磁信号干扰问题亦逐渐凸显，致使城市的电磁环境愈发复杂，这在一定程度上制约着通信系统所能处理信号的最小电平[1]，进而导致通信传输距离变短、信号失真等严重问题。

微波滤波器是无线系统中最常用的无源器件之一，在许多射频/微波应用中发挥着重要的选频作用。经研究发现，平衡式微波电路因其特殊的双端口输入/输出拓扑结构，对于大多数环境噪声和电路组件产生的电子噪声具有优越的抑制能力，从而为解决通信设备间的电磁干扰问题以及大幅度提高接收机的信噪比和改善发射机的效率提供了解决思路[2]。图1-1所示的是平衡式无线系统前端的简化框图。平衡式滤波器可用于分离或组合不同的频率。随着通信系统的快速发展，也对微波滤波器提出了更严格的要求——更高的性能、更小的尺寸、更轻的重量和更低的成本。

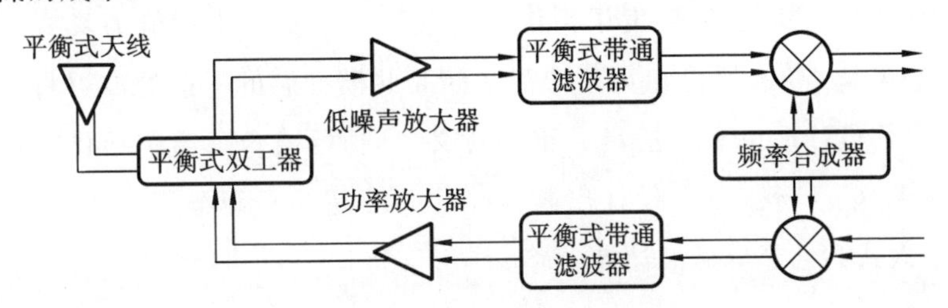

图1-1　平衡式无线系统前端的简化框图

自1911年荷兰物理学家卡末林·昂内斯发现超导现象以来，随着新材料的研究、新机制的揭示、新理论的发展，超导技术的应用也取得了显著的进步。在微波领域，高温超导(High Temperature Superconducting，HTS)滤波器具有以下优点：①通带内损耗很小；②具有高带外抑制效果；③通带边缘陡峭；④可制成极窄带微波电路；⑤具有体积小、重量轻的优点。相较于采用PCB工艺的微波电路，其具有高Q值的优势，可制备高阶电路的同时具有极低的插入损耗。图1-2(a)所示的是两阶PCB滤波电路与八阶HTS滤波电路的性能对比，可观察到HTS滤波电路在选择性上具有显著的优势。相较于腔体滤波电路，高温超导材料的低电阻使得利用平面薄膜技术的滤波电路比腔体滤波电路的尺寸小两个数量级成为可能。这种物理尺寸的显著减小为其他所需的电子元件提供了宝贵的空间。并且，小型化可以降低系统的部署成本，因为支持系统所需的空间更小。图1-2(b)所示的是传统接收器和高温超导接收器之间的比较，可观察到HTS滤波电路具有明显的体积优势。

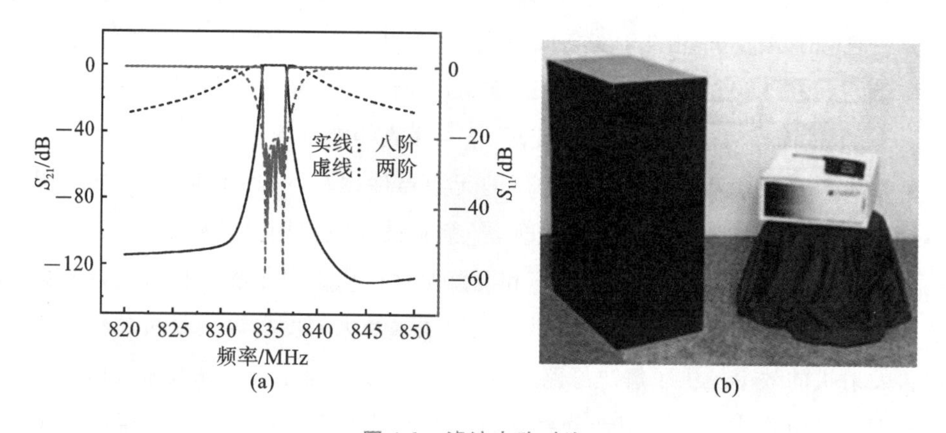

图1-2 滤波电路对比

(a)低阶常规滤波器与高阶超导滤波器性能对比图；(b)传统接收器和高温超导接收器体积比较图

综上所述，平衡射频接/发子系统因其独特的抗噪声干扰能力具有广阔的应用前景，小型化、高选择性和宽频带范围内高共模抑制的平衡滤波器将发挥重要作用，研究其设计理论和方法具有重要意义。同时，结合高温超导材料具有极低的表面电阻这一特性，可以设计出高性能的高温超导平衡电路。因此，本书将重点研究平衡式高温超导微波滤波电路。

1.2 研究现状

根据平衡滤波电路的频率响应，具有共模（Common Mode，CM）抑制特性的平衡滤波器可分为窄带滤波器、宽带滤波器、超宽带（Ultra Wide Band，UWB）滤波器和多通带滤波器[3]。以上四种滤波器，其平衡滤波电路的设计原则都是基于某种拓扑结构在实现所需的DM频率响应的同时最大限度地提高CM阻带的带宽和抑制度。

1.2.1 宽带和超宽带平衡微波滤波电路

宽带和UWB平衡微波电路表现为DM激励下具有宽带和UWB频率响应，同时抑制该通带范围内的CM信号。最初所提出的电路设计之一是基于分支线结构[4]，之后亦有多种宽带和UWB平衡滤波器设计受到该分支线拓扑结构的启发而相继提出[5-7]。此外，借鉴于分支线拓扑结构，它还可用于无反射宽带滤波器的设计，对所需频率范围内的共模信号进行吸收而不是反射[8]，如图1-3(a)所示的电路。该电路结构与传统分支线拓扑结构不同之处在于两个阻值为R_0的电阻元件取代开路枝节被加载在左右两侧的分支线上[4]。图1-3(b)所示的是DM等效电路，其中电长度θ_1、θ_2和θ_3对应的中心频率处均为90°，可发现该等效电路的拓扑结构与经典的单端口宽带滤波电路相同[9,10]，因此可采用相同的方法对DM通带进行设计。图1-3(c)所示的是CM等效电路，该结构可在通带的中心频率处产生一个传输零点（Transmission Zero，TZ），如果电阻满足条件$R_0=Z_2{}^2/2Z_0$，则该频率处的CM信号将被吸收。图1-3(d)和图1-3(e)所示的分别是该电路的DM和CM频率响应，可观察到在DM响应良好的情况下，所测得的通带内CM传输系数为−38.13 dB，反射系数为−25.38 dB。这是由于CM噪声被电阻吸收并转化为热量，从而实现通带内CM信号的无反射特性。

另一种宽带/UWB滤波电路设计方法所采用的拓扑结构也与上文中讨论的分支线结构相类似[11-15]，不同的是，这种滤波电路中使用的是阶跃阻抗谐振器（Stepped Impedance Resonators，SIRs）而不是均匀阻抗的枝节，且每个单元的上下两端均额外加载了一个SIR。图1-4(a)和图1-4(b)所示的是这类滤波电路的一

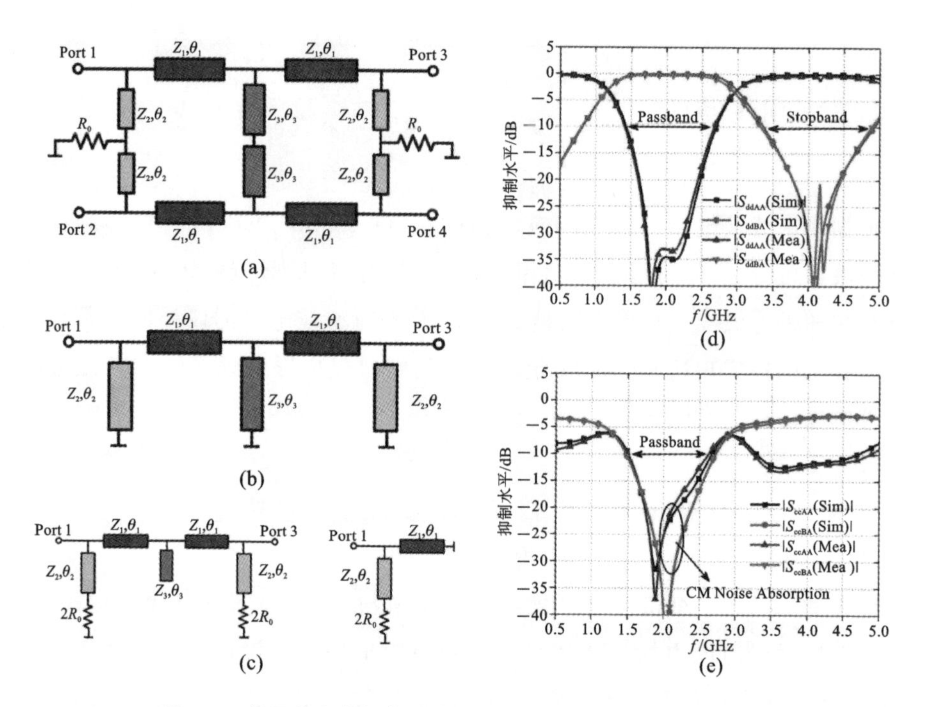

图 1-3　基于分支线拓扑结构的 CM 噪声吸收平衡滤波电路

(a)电路模型；(b)DM 等效电路；(c)CM 等效电路；(d)DM 频率响应；(e)CM 频率响应

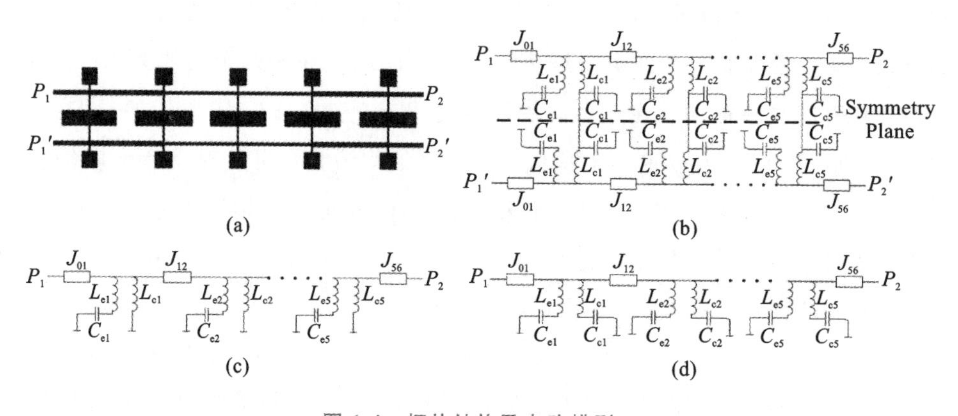

图 1-4　拓扑结构及电路模型 1

(a)基于镜像 SIRs 的宽带平衡滤波器的典型拓扑结构；(b)等效电路模型；

(c)DM 等效电路模型；(d)CM 等效电路模型

种典型拓扑结构以及其等效的电路模型。图 1-4(c)所示的是 DM 等效电路，该电路结构与带通滤波器的标准电路相似(但不完全相同)，由并联谐振器通过导纳变换器耦合组成。不同之处在于每个单元中额外存在一个电感 L_{ei} 与电容串联，其中 $i=1,2,3,\cdots$，该电感的存在将为 DM 通带提供了一个 TZ，从而提高滤波器的选择性。图1-4(d)所示的是CM等效电路，电感L_{ci}与电容C_{ci}构成的串联谐振器将产生额外的TZs。因此，通过均匀的将这些TZs分布在DM通带内，从而实现通带中的高CM抑制。图1-5(a)所示的是一个基于镜像SIRs的七阶宽带平衡滤波器，其DM和CM频率响应分别如图1-5(b)和图1-5(c)所示[12]。CM噪声信号在较宽的频率范围内被显著抑制，且中心频率(3 GHz)下的CM抑制度为50 dB。在另外一些设计中，导纳变换器采用准集总元件代替分布式元件，从而得到更为紧凑的滤波电路[13-15]，图1-6所示的是一个基于该方法的电路设计[15]。

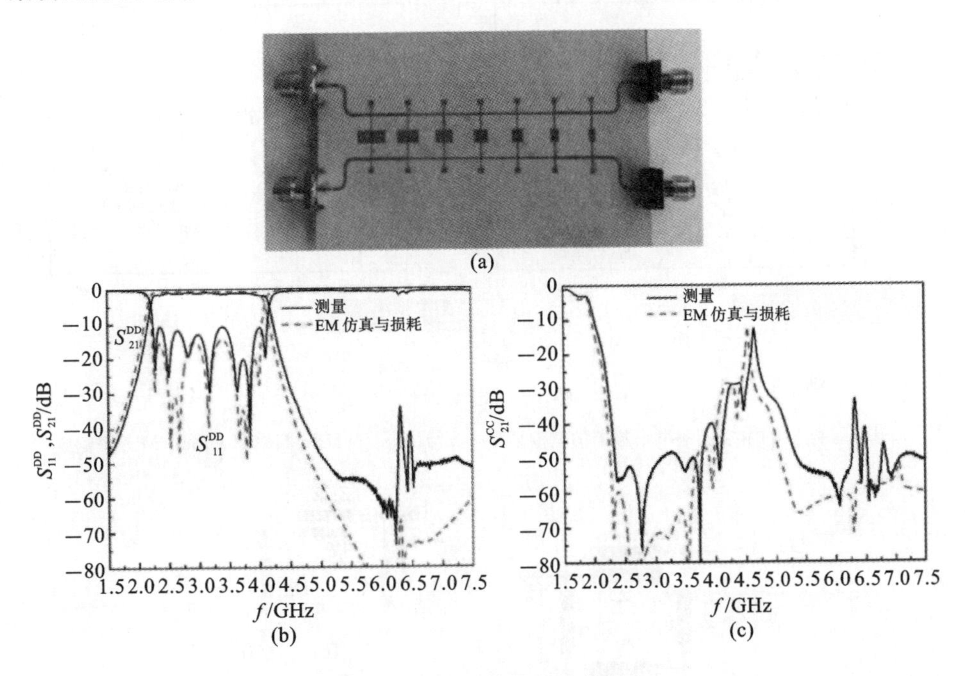

图1-5　拓扑结构及电路模型2

(a)基于镜像SIRs的宽带平衡滤波器的典型拓扑结构；(b)等效电路模型；(c)DM等效电路模型；(d)CM等效电路模型

采用耦合线结构(在一些情况下与其他结构相结合)的宽带和超宽带平衡滤波器的设计方法也被学者们进行了研究[16-23]。图1-7(a)所示的是基于该结构的典型电路之一[17]，其中所有传输线及耦合线均在中心滤波器频率f_0处电长度均为90°。该结构的DM等效电路如图1-7(b)所示，其在中心频率f_0附近表现为带通响应，并且由于短路枝节的存在(在$2f_0$处电长度为180°)，在$2f_0$处将产生一个传输零点。相反，在CM激励下滤波器(CM等效电路如图1-7(c)所示)表现为具有四个TZs的带阻响应[24]，这种带阻特性可以解释为由于两条传输路径之间的信号干扰导致的。耦合线的耦合系数以及耦合线和传输线段的特征导纳将决定

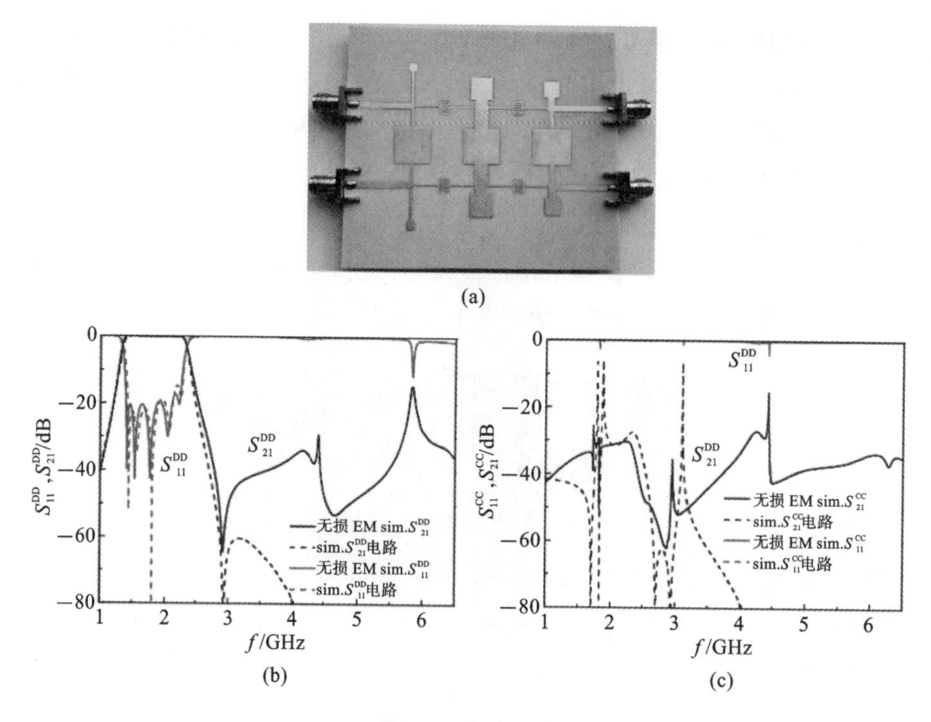

图 1-6 电路设计

(a)基于镜像 SIRs 和交指串联谐振器的宽带平衡滤波结构[15]；(b)DM 频率响应；(c)CM 频率响应

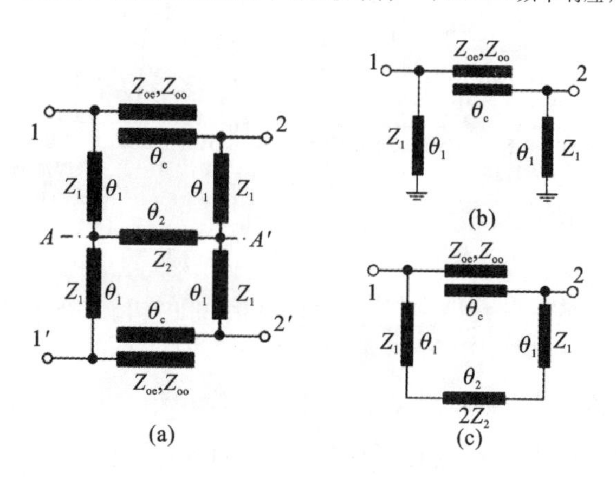

图 1-7 采用耦合线结构电路

(a)基于耦合线的典型平衡滤波器结构；(b)DM 等效电路；(c)CM 等效电路

其 CM 阻带特性。作为这一类型平衡滤波器的代表性示例，图 1-8 所示的是基于该电路结构所制作的滤波器实物及其仿真测试结果，可观察到具有良好的 DM 通带和 CM 阻带性能。此外，系列基于耦合线结合 T 形结构、环形谐振器等的平衡滤波电路设计亦被提出[18-23]。

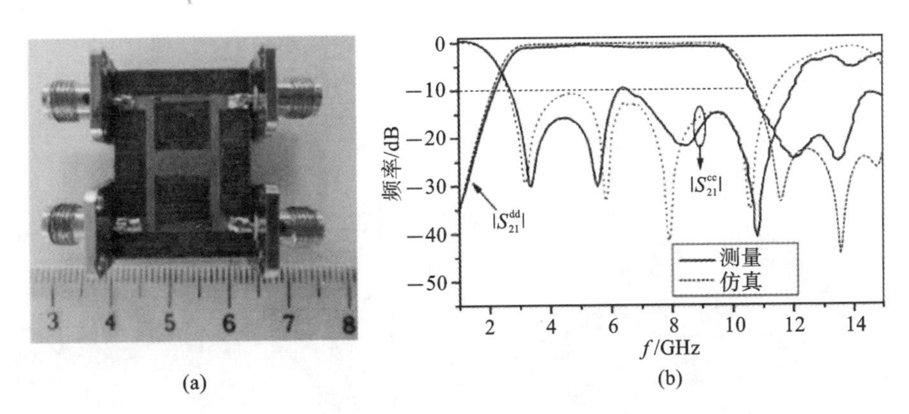

图 1-8 平衡滤波器实物和仿真及测量结果

(a)基于图 1-7(a)中电路所制作的平衡滤波器实物;(b)仿真及测试结果

上述所引用的平衡滤波电路设计中,其背面的金属地均是完整的。然而,缺陷地结构(Defected Ground Structures,DGS)和槽线谐振器同样可考虑用于实现高 CM 抑制的宽带平衡滤波器[25-30]。微带到槽线的转换结构具有天然的 CM 抑制效果,图 1-9 所示的是其典型结构之一[26]。在 CM 信号激励下,对称面等效为磁壁,该处电场方向与槽线模式的电场方向是正交的,因此无法激励起相应的槽线模式而使得 CM 信号无法在槽线中继续传输。在 DM 信号激励下,对称面等效为电壁,此处电场方向与槽线模式的电场方向一致,从而顺利实现 DM 信号的传输。

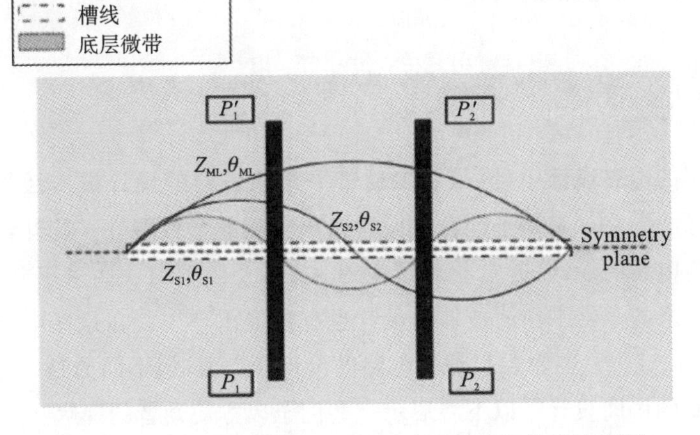

图 1-9 基于微带到槽线转换结构平衡滤波器的典型结构[26]

此外,为了进一步提高滤波器的性能,通过与其他的元素相结合,更复杂的槽线谐振器结构也随之被提出,如哑铃型 DGS、互补开口谐振环、微带枝节加载槽线谐振器等[27-30]。作为该类型的一个说明性示例,图 1-10 所示的是基于微带枝节加载槽线谐振器实现的宽带平衡滤波器及其频率响应结果，可观察到其具有紧凑的尺寸和高 CM 抑制能力[30]。此外，近五年来，基于共面带状线谐振器的具有天然 CM 抑制特性的宽带平衡滤波器也相继被提出[31-33]。

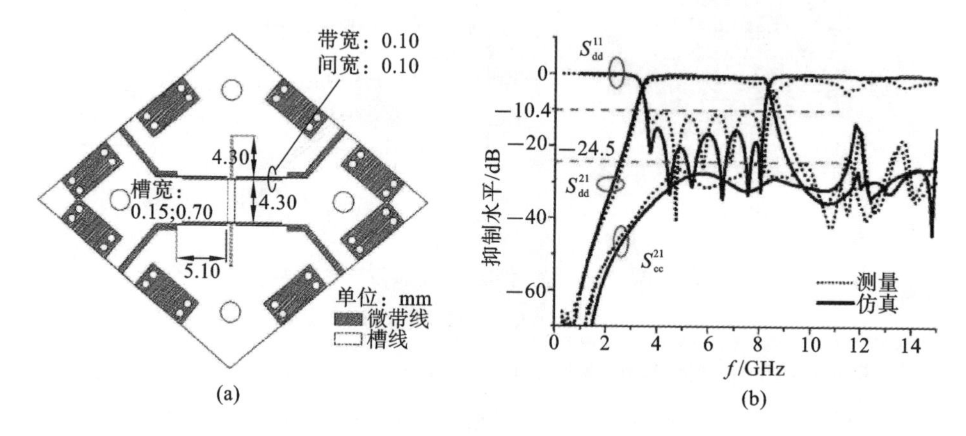

图 1-10　基于微带枝节加载槽线谐振器的平衡滤波器及其频率响应结果

(a)基于微带枝节加载槽线谐振器的平衡滤波器；(b)仿真及测试结果

另一种可实现固有的 CM 抑制能力的宽带平衡滤波器的设计方法是利用信号干扰技术[34-37]。一般采用的操作是使用 Marchand 巴伦、移相器或其他电路元件改变信号的相位，使得 DM 信号正常传输，而 CM 信号在相交时相互抵消从而实现抑制效果。基于该方法的滤波器设计相对简单，但与其他宽带平衡滤波相比，它们的尺寸往往比较大。

1.2.2　窄带和多通带平衡微波滤波电路

在已有的电路设计中，窄带和多通带平衡滤波器的设计被广泛提出[38-61]，其中大多数滤波电路都是基于耦合谐振器方法实现的窄带特性。此外，对于带宽非常窄的平衡电路的设计(通常相对带宽约为 1%及以下)，一些采用介质谐振器和缝隙波导技术的窄带平衡滤波器的设计也有被提出[59-61]。在这些电路的设计中，DM 通带的设计方法与单端口滤波电路的设计相类似，但不同的是，它还需同时考虑 CM 电路的协同设计。以下将展示一些例子以方便读者的理解。

图 1-11 所示的是一个采用频率差异技术的平衡滤波器[39]，通过合理设计，在 DM 信号激励下，半波长谐振器的 DM 电路变为一段四分之一波长谐振器，其基频 f_0 与环形谐振器的基频 f_0 相同，从而形成所需通带；而在 CM 信号激励下，半波长谐振器的 CM 电路还是一段半波长谐振器，但长度仅为原先的一半，其基频

为 $2f_0$，从而使得耦合到环形谐振器的 CM 信号非常微弱，达到抑制效果。利用电耦合与磁耦合之间特性不同也是一种有效的 CM 抑制方法，当两个 SIRs 之间以背靠背方式耦合替代传统的面对面耦合方式时，能够获得更高的 CM 抑制，如图 1-12 所示[42]。这是由于在 DM 信号激励时，磁场能量集中在 SIRs 的高阻抗线部分，谐振器之间为磁耦合；而在 CM 信号激励时，电场能量集中在 SIRs 的高阻抗线部分，谐振器之间为电耦合。由于磁场的信号衰减比电场的慢，当谐振器之间存在较大的耦合间距时，DM 信号依然能够正常传输，而 CM 信号则已被大幅度衰减，从而实现了高 CM 抑制。利用具有相同参数的耦合线结构在不同边界条件下分别可表现出带通响应和带阻响应的性质，可对 DM 电路和 CM 电路进行协同设计，如图 1-13 所示[46]。在 DM 信号激励时，中心平面等效为短路，非对称耦合线结构呈现带通特性；而在 CM 信号激励时，中心平面等效为开路，耦合线呈现带阻特性，从而获得了宽频带范围的高 CM 抑制效果。值得注意的是，上述宽带/UWB 平衡滤波电路中所讨论的一些 CM 抑制方法也常被用于窄带/多通带滤波电路的设计中。

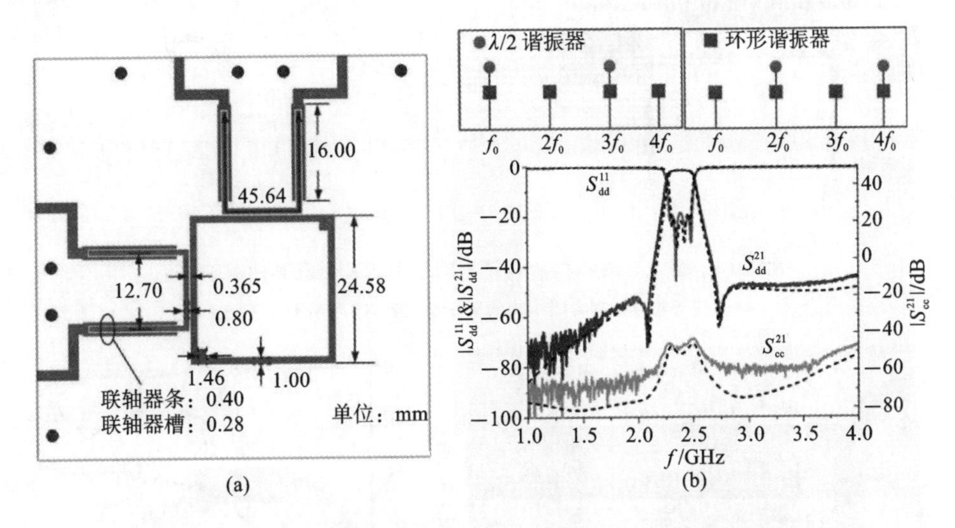

图 1-11 采用频率差异技术的平衡滤波器及其频率响应结果

(a)采用频率差异技术的平衡滤波器[39]；(b)CM 信号抑制方法及结果

尽管多通带平衡滤波电路的 DM 通带设计思路在许多单端口滤波电路设计的资料中已被讨论过，但笔者们认为粗略介绍一些多通带平衡滤波电路实例中高性能多 DM 通带和高 CM 噪声抑制是如何协同设计的同样是有必要的。图 1-14 所示的是一种典型的基于并联多组单通带滤波器方法的三通带平衡滤波器[51]，电路分别由三组具有不同尺寸的半波长谐振器构成，从而分别谐振形成所需的三个

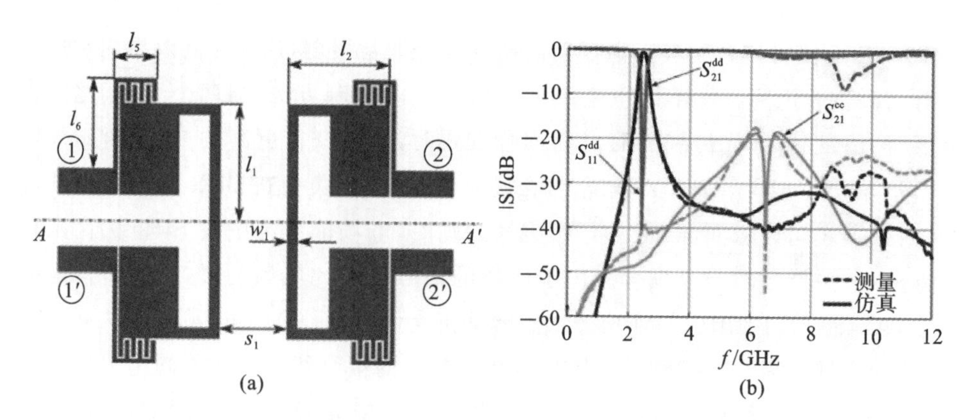

图 1-12　基于磁耦合 SIRs 的平衡滤波器及其频率响应结果

(a)基于磁耦合 SIRs 的平衡滤波器；(b)仿真及测试结果

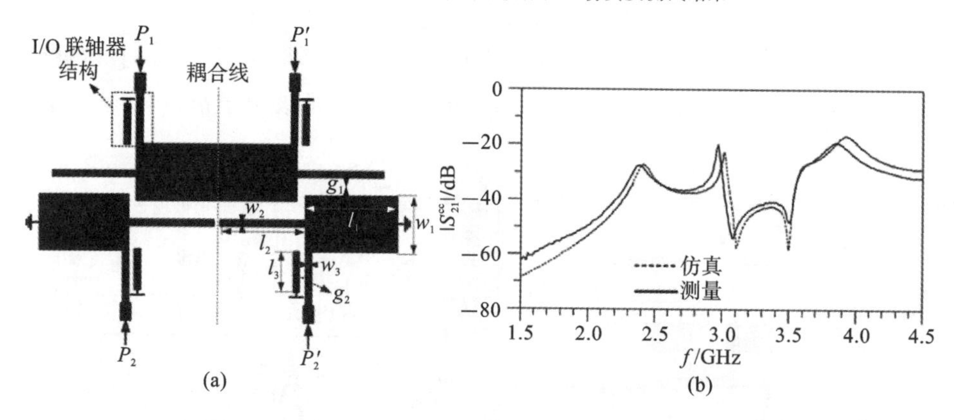

图 1-13　基于非对称耦合线结构的平衡滤波器及其频率响应

(a)基于非对称耦合线结构的平衡滤波器；(b)CM 频率响应

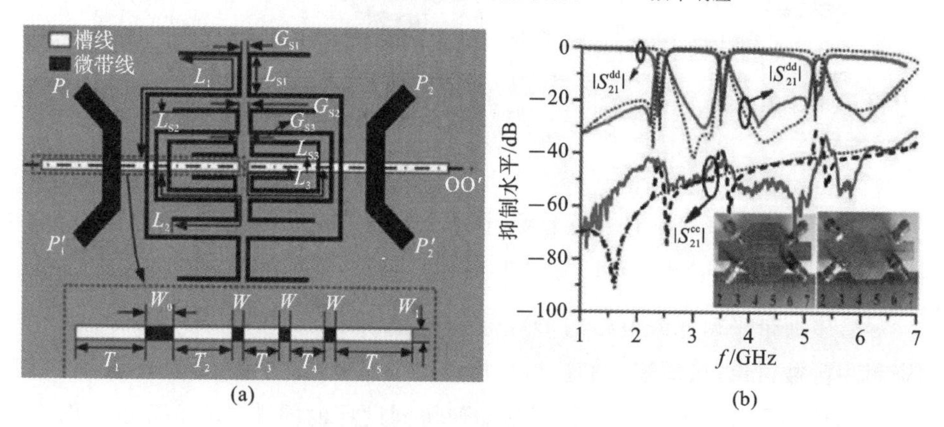

图 1-14　基于槽线耦合馈电的三通带平衡滤波器及其频率响应

(a)基于槽线耦合馈电的三通带平衡滤波器；(b)频率响应

通带。并且,微带到槽线的转换结构,可实现天然的高 CM 抑制。此外,为了电路的小型化设计,基于多模谐振器结构的多通带平衡滤波器被广泛提出。图 1-15 所示的是一种典型的电路设计[52],通过对枝节加载双环形谐振器中四个 DM 谐振频率的两两组合,仅基于单个谐振器结构实现了所需的两个高性能 DM 通带。但是,由于在电路的中心平面加载多个非对称短路枝节,破坏了 CM 等效电路的对称性,从而阻碍了 CM 信号的传输。此外,除了耦合谐振器的方法外,由于频率变换的设计方法可系统地综合出电路模型中的各个参数值,同样受到了研究学者们的欢迎。图 1-16 所示的是基于该方法的一种典型的准椭圆形三通带平衡滤波电路[53],在 DM 信号激励时,对称面等效为短路,形成所需的三个通带;在 CM 信号激励时,对称面等效为开路,形成带阻滤波器。

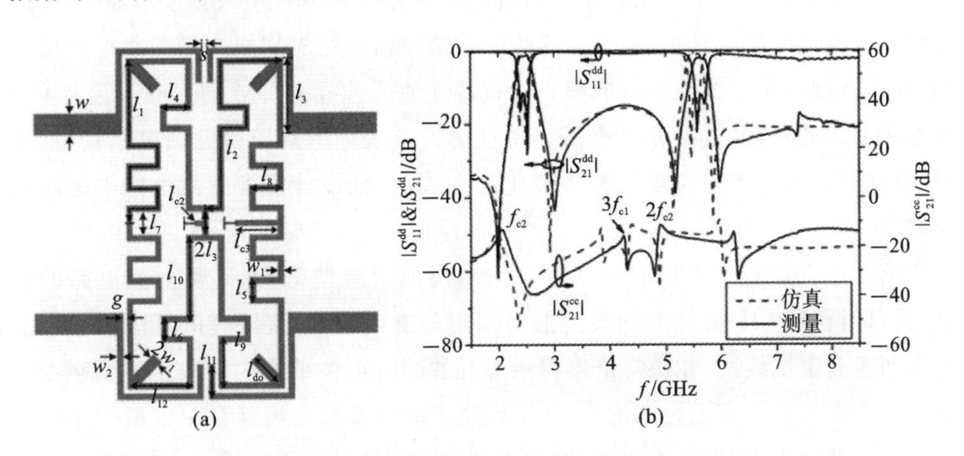

(a) (b)

图 1-15 基于枝节加载双环形谐振器的双通带平衡滤波器及其频率响应结果

(a)基于枝节加载双环形谐振器的双通带平衡滤波器;(b)频率响应

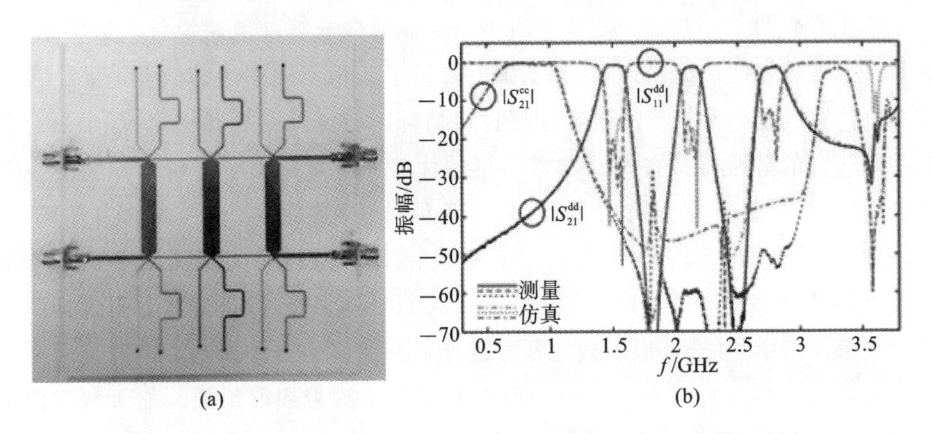

(a) (b)

图 1-16 基于频率变换方法的三通带平衡滤波器及其频率响应结果

(a)基于频率变换方法的三通带平衡滤波器;(b)频率响应

1.3 章节概述

本书的主要目的是对作者及其研究团队在过去几年中基于多模谐振器结构与 HTS 技术的结合，在微波平衡式滤波电路领域中的一些整理与展示，为高性能平衡滤波器的设计理论和方法提供一些有用的参考。根据所使用的谐振器类型，从第 2 章到第 5 章共安排了 4 个章节来介绍团队的一些工作。后面章节的主要内容概述如下。

设计工作从第 2 章开始。第 2 章将贴片谐振器和 SIR 引入到了单通带/多通带平衡滤波电路的设计中，通过对传统贴片谐振器进行对切或开槽减小电路尺寸的同时，合理利用谐振器中新的频率分布特性使所选择的 DM 谐振频率远离 CM 谐振频率。此外，通过结合具有低通特性的人工表面等离子激元馈电结构、准集总元件加载 SIRs、SIR 谐振结构多节化的方式，分别设计了多款高性能平衡滤波电路。

第 3 章重点研究了基于分支线谐振结构的紧凑型 HTS 平衡滤波电路的设计，通过对传统 SIR 和枝节加载谐振器采用分支线技术，使原先的低阻抗线段演变为两段高阻抗线段，在保持谐振特性不变的同时可使结构的可操作性更高以及更方便于谐振器之间的内部耦合，从而构建了多种具有高设计自由度的分支线谐振结构。并且为了验证，采用 HTS 技术制作了多款具有极低插入损耗的高阶单/多通带平衡滤波电路。

第 4 章介绍了一些基于复合左右手谐振器的微波滤波电路设计。近年来，超材料是微波领域的研究热点，在此基础上开发了各种不同用途的微波电路。复合左右手传输线是一种被广泛研究的超材料结构。与传统谐振器相比，基于复合左右手传输线的谐振器具有尺寸非常紧凑的优势。本章提出了多种新型复合左右手谐振器，且经过研究分析后发现，其中几种结构可以提供非常弱的内部耦合。此外，通过结合 HTS 技术，充分利用了复合左右手谐振器的尺寸小和适宜于窄带滤波电路设计的优势。

在第 5 章中，基于环形加载谐振器设计了一些多通带平衡滤波电路。所采用的环形加载谐振器的原型由一个环形部分和两根微带线段组成。如果两根微带线很短，则环形加载谐振器可视为具有两个微扰元素的环形谐振器，而当环形的长度接近于零时，环形加载谐振器可以被转换成一个枝节加载谐振器。本章基于对环形加载谐振器的演变，如阶跃阻抗化、微带线内嵌、金属贴片元素加载、多微带线加载等方式，设计并实现了多种平衡式滤波电路，并通过结合 HTS 技术设计了两款高阶双通带平衡滤波电路。所设计的平衡电路均进行了加工测试，进一步验证了所讨论的方法与理论。

第 6 章总结了本书的贡献，并提出了对未来工作的建议。

参考文献

[1] B. Razavi，Behzad. *Design of analog CMOS integrated circuits*[M]. 清华大学出版社，2001.

[2] F. Martin，F. Medina. Balanced microwave transmission lines，ccircuits，and sensors[J]. *IEEE J. Microwaves*，2023，3(1)：398-440.

[3] F. Martín，L. Zhu，J. Hong，et al. *Balanced Microwave Filters* [C]. Hoboken. NJ，USA：Wiley，2018.

[4] T. B. Lim，L. Zhu. A differential-mode wideband bandpass filter on microstrip line for UWB application[J]. *IEEE Microw. Wireless Compon. Lett.*，2009，19(10)：632-634.

[5] T. B. Lim，L. Zhu. Highly selective differential-mode wideband bandpass filter for UWB application[J]. *IEEE Microw. Wireless Compon. Lett.*，2011，21(3)：133-135.

[6] K. Aliqab，J. Hong. Wideband differential-mode bandpass filters with stopband and common-mode suppression [J]. *IEEE Microw. Wireless Compon. Lett.*，2020，30(3)：233-236.

[7] W. Chen，Y. Wu，W. Wang. Planar wideband high selectivity impedance-transforming differential bandpass filter with deep common-mode suppression[J]. *IEEE Trans. Circuits Syst. Ⅱ，Exp. Briefs*，2020，67(10)：1914-1918.

[8] W. Zhang，Y. Wu，Y. Liu，et al. Planar wideband differential-mode bandpass filter with common mode noise absorption[J]. *IEEE Microw. Wireless Compon. Lett.*，2017，27(5)：458-460.

[9] J. S. Hong，M. J. Lancaster. *Microstrip Filters for RF/Microwave Applications*[C]. New York. NY，USA：Wiley，2001.

[10] J. S. Hong, H. Shaman. An optimum ultra-wideband microstrip filter[J]. *Microw. Opt. Technol. Lett.*, 2005, 47(3): 230-233.

[11] P. Vélez, J. Selga, M. Sans, J. Bonache, et al. Design of differential-mode wideband bandpass filters with wide stop band and common-mode suppression by means of multisection mirrored stepped impedance resonators(SIRs)[J]. in *Proc. IEEE MTT-S Int. Microw. Symp.*, 2015: 1-4.

[12] M. Sans. Automated design of common-mode suppressed balanced wideband bandpass filters by means of agressive space mapping(ASM)[J]. *IEEE Trans. Microw. Theory Techn.*, 2015, 63(12): 3896-3908.

[13] P. Vélez. Ultra-compact(80 mm^2) differential-mode ultra-wideband(UWB) bandpass filters with common-mode noise suppression[J]. *IEEE Trans. Microw. Theory Techn.*, 2015, 63(4): 1272-1280.

[14] M. Sans. Automated design of balanced wideband bandpass filters based on mirrored stepped impedance resonators (SIRs) and interdigital capacitors[J]. *Int. J. Microw. Wireless Technol.*, 2016, 8(4-5): 731-740.

[15] M. Sans. Compact wideband balanced bandpass filters with very broad common-mode and differential-mode stopbands[J]. *IEEE Trans. Microw. Theory Techn.*, 2018, 66(2): 737-750.

[16] C. H. Wu, C. H. Wang, C. H. Chen. Novel balanced coupled line bandpass filters with common mode noise suppression[J]. *IEEE Trans. Microw. Theory Techn.*, 2007, 55(2): 287-295.

[17] X. H. Wu, Q. X. Chu. Compact differential ultra-wideband bandpass filter with common-mode suppression[J]. *IEEE Microw. Wireless Compon. Lett.*, 2012, 22(9): 456-458.

[18] X. H. Wu, Q. X. Chu. Differential wideband bandpass filter with high-selectivity and common-mode suppression[J]. *IEEE Microw. Wireless Compon. Lett.*, 2013, 23(12): 644-646.

[19] H. Wang, L. M. Gao, K. W. Tam, et al. A wideband differential BPF with multiple differential-and common-mode transmission zeros using cross-shaped resonator[J]. *IEEE Microw. Wireless Compon. Lett.*, 2014, 24(12): 854-856.

[20] Z. A. Ouyang, Q. X. Chu. An improved wideband balanced filter using internal cross-coupling and 3/4λ stepped-impedance resonator[J]. *IEEE Microw. Wireless Compon. Lett.*, 2016, 26(3): 156-158.

[21] Q. X. Chu, L. L. Qiu. Wideband balanced filters with high selectivity and common-mode suppression[J]. *IEEE Trans. Microw. Theory Techn.*, 2015, 63(10): 3462-3468.

[22] W. J. Feng, W. Q. Che. Novel wideband differential bandpass filters based on T-shaped structure[J]. *IEEE Trans. Microw. Theory Techn.*, 2012, 60(6): 1560-1568.

[23] W. J. Feng, W. Q. Che, Q. Xue. Compact ultra-wideband bandpass filters with notched bands based on transversal signal-interaction concepts [J]. *IET Microw. Antennas Propag.*, 2013, 7(12): 961-969.

[24] W. J. Feng, W. Q. Che. Ultra-wideband bandpass filter using broadband planar Marchand Balun[J]. *IET Electron. Lett.*, 2011, 47(3): 198-199.

[25] Y. J. Lu, S. Y. Chen, P. Hsu. A differential-mode wideband bandpass filter with enhanced common-mode suppression using slotline resonator [J]. *IEEE Microw. Wireless Compon. Lett.*, 2012, 22(10): 503-505.

[26] X. Guo, L. Zhu, K. W. Tam, et al. Wideband differential bandpass filters on multimode slotline resonator with intrinsic common mode rejection[J]. *IEEE Trans. Microw. Theory Techn.*, 2015, 63(5): 1587-1594.

[27] A. M. Abbosh. Ultrawideband balanced bandpass filter [J]. *IEEE Microw. Wireless Compon. Lett.*, 2011, 21(9): 480-482.

[28] P. Vélez. Differential bandpass filter with common mode suppression based on open split ring resonators and open complementary split ring resonators[J]. *IEEE Microw. Wireless Compon. Lett.*, 2013, 23(1): 22-24.

[29] A. K. Horestani, M. Durán-Sindreu, J. Naqui, et al. S-shaped complementary split ring resonators and application to compact differential bandpass filters with common-mode suppression [J]. *IEEE Microw. Wireless Compon. Lett.*, 2014, 24(3): 149-151.

[30] X. Guo, L. Zhu, W. Wu. Strip-loaded slotline resonators for differential wideband bandpass filters with intrinsic common-mode rejection[J]. *IEEE*

Trans. Microw. Theory Techn., 2016, 64(2): 450-458.

[31] Y. Zhu, K. Song, M. Fan, et al. Wideband balanced bandpass filter with common-mode noise absorption using double-sided parallel-strip line[J]. *IEEE Microw. Wireless Compon. Lett.*, 2020, 30(4): 359-362.

[32] L. P. Feng, L. Zhu, S. Zhang, et al. Compact Chebyshev differential-mode bandpass filter on λ/4 CPS resonator with intrinsic common-mode rejection[J]. *IEEE Trans. Microw. Theory Techn.*, 2018, 66(9): 4047-4056.

[33] Z. A. Ouyang, L. Zhu, L. L. Qiu. Wideband balanced filters with intrinsic common-mode suppression on coplanar stripline-based multimode resonators[J]. *IEEE Trans. Circuits Syst. I, Regular Papers*, 2022, 69(6): 2263-2275.

[34] H. T. Zhu, W. J. Feng, W. Q. Che, et al. Ultra-wideband differential bandpass filter based on transversal signal-interference concept [J]. *Electron. Lett.*, 2011, 47(18): 1033-1035.

[35] X. H. Wang, H. Zhang, B. Z. Wang. A novel ultra-wideband differential filter based on microstrip line structures [J]. *IEEE Microw. Wireless Compon. Lett.*, 2013, 23(3): 128-130.

[36] W. J. Feng, W. Q. Che, T. F. Eibert, et al. Compact wideband differential bandpass filter based on the double-sided parallel-strip line and transversal signal-interaction concepts [J]. *IET Microw. Antennas Propag.*, 2012, 6(2): 186-195.

[37] W. Feng, B. Pan, H. Zhu, et al. High performance balanced bandpass filters with wideband common mode suppression [J]. *IEEE Trans. Circuits Syst. II, Exp. Briefs*, 2021, 68(6): 1897-1901.

[38] C. H. Wu, C. H. Wang, C. H. Chen. Balanced coupled-resonator bandpass filters using multisection resonators for common-mode suppression and stopband extension[J]. *IEEE Trans. Microw. Theory Techn.*, 2007, 55(8): 1756-1763.

[39] X. Guo, L. Zhu, W. Wu. A new concept of partial electric/magnetic walls for application in design of balanced bandpass filters[J]. *IEEE Trans. Microw. Theory Techn.*, 2019, 67(4): 1308-1315.

[40] J. Tang, H. Liu, Y. Yang. Balanced dual-band superconducting filter

using stepped-impedance resonators with high band-to-band isolation and wide stopband[J]. *IEEE Trans. Circuits Syst. II ,Exp. Briefs*,2021,68(1):131-135.

[41] J. L. Olvera-Cervantes,A. Corona-Chávez. Microstrip balanced bandpass filter with compact size, extended-stopband and common mode noise suppression[J]. *IEEE Microw. Wireless Compon. Lett.* ,2013,23(10):530-532.

[42] A. Fernández-Prieto,A. Lujambio,J. Martel,et al. Simple and compact balanced bandpass filters based on magnetically coupled resonators[J]. *IEEE Trans. Microw. Theory Techn.* ,2015,63(6):1843-1853.

[43] J. Shi, Q. Xue. Balanced bandpass filters using center-loaded half wavelength resonators[J]. *IEEE Trans. Microw. Theory Techn.* ,2010,58(4):970-977.

[44] T. Yan,D. Lu,J. Wang,et al. High-selectivity balanced bandpass filter with mixed electric and magnetic coupling[J]. *IEEE Microw. Wireless Compon. Lett.* ,2016,26(6):398-400.

[45] A. Fernández-Prieto,J. Martel,F. Medina,et al. Compact balanced FSIR bandpass filter modified for enhancing common-mode suppression[J]. *IEEE Microw. Wireless Compon. Lett.* ,2015,25(3):154-156.

[46] Y. H. Cho,S. W. Yun. Design of balanced dual-band bandpass filters using asymmetrical coupled lines[J]. *IEEE Trans. Microw. Theory Techn.* ,2013,61(8):2814-2820.

[47] Q. Liu,J. Wang,L. Zhu,et al. A new balanced bandpass filter with improved performance on right-angled isosceles triangular patch resonator[J]. *IEEE Trans. Microw. Theory Techn.* ,2018,66(11):4803-4813.

[48] F. Wei,Y. J. Guo,P. Y. Qin,et al. Compact balanced dual and tri-band bandpass filters based on stub loaded resonators[J]. *IEEE Microw. Wireless Compon. Lett.* ,2015,25(2):76-78.

[49] C. H. Lee,C. I. G. Hsu,C. C. Hsu. Balanced dual-band BPF with stub-loaded SIRs for common-mode suppression[J]. *IEEE Microw. Wireless Compon. Lett.* ,2010,20(2):70-72.

[50] J. Shi,Q. Xue. Novel balanced dual-band bandpass filter using coupled

stepped-impedance resonators [J]. *IEEE Microw. Wireless Compon. Lett.*, 2010, 20(1): 19-21.

[51] S. Zhang, L. Qiu, Q. Chu. Multiband balanced filters with controllable bandwidths based on slotline coupling feed[J]. *IEEE Microw. Wireless Compon. Lett.*, 2017, 27(11): 974-976.

[52] L. H. Zhou, J. X. Chen. Differential dual-band filters with flexible frequency ratio using asymmetrical shunt branches for wideband CM suppression[J]. *IEEE Trans. Microw. Theory Techn.*, 2017, 65(11): 4606-4615.

[53] R. Gómez-García, R. Loeches-Sánchez, D. Psychogiou, et al. Multi-stub-loaded differential-mode planar multiband bandpass filters [J]. *IEEE Trans. Circuits Syst. II, Exp. Briefs*, 2018, 65(3): 271-275.

[54] L. Yang, W. W. Choi, K. W. Tam, et al. Balanced dual-band bandpass filter with multiple transmission zeros using doubly short ended resonator coupled line[J]. *IEEE Trans. Microw. Theory Techn.*, 2015, 63(7): 2225-2232.

[55] Y. J. Shen, H. Wang, W. Kang, et al. Dual-band SIW differential bandpass filter with improved common-mode suppression [J]. *IEEE Microw. Wireless Compon. Lett.*, 2015, 25(2): 100-102.

[56] F. Bagci, A. Fernández-Prieto, A. Lujambio, et al. Compact balanced dual-band bandpass filter based on modified coupled-embedded resonators [J]. *IEEE Microw. Wireless Compon. Lett.*, 2017, 27(1): 31-33.

[57] P. J. Ugarte-Parrado. Compact balanced dual-band band-pass filter with magnetically coupled embedded resonators[J]. *IET Microw. Antennas Propag.*, 2019, 13: 492-497.

[58] Y. K. Han, H. W. Deng, J. M. Zhu, et al. Compact dual-band dual-mode SIW balanced BPF with intrinsic common-mode suppression[J]. *IEEE Microw. Wireless Compon. Lett.*, 2021, 31(2): 101-104.

[59] Y. Zhan, J. Li, W. Qin, et al. Low-loss differential bandpass filter using TE01δ-mode dielectric resonators [J]. *Electron. Lett.*, 2015, 51(13): 1001-1003.

[60] J. X. Chen, Y. Zhan, W. Qin. Analysis and design of balanced dielectric

resonator bandpass filters[J]. *IEEE Trans. Microw. Theory Techn.*, 2016,64(5):1476-1483.

[61] A. K. Horestani, M. Shahabadi. Balanced filter with wideband common-mode suppression in groove gap waveguide technology[J]. *IEEE Microw. Wireless Compon. Lett.*, 2018,28(2):132-134.

第2章 基于贴片谐振器和阶跃阻抗谐振器结构的平衡微波滤波电路

现代通信系统朝着小型化和高性能方向发展,滤波器作为系统前端的重要元器件,对于降低系统的复杂度和提高信息传输质量具有重要的意义。目前已广泛采用的结构简单的谐振器有贴片谐振器、均匀阻抗谐振器、阶跃阻抗谐振器、梳状谐振器、发夹型谐振器等。其中,贴片滤波器和阶跃阻抗谐振器由于其抗干扰能力强和更紧凑的相对尺寸以及更灵活的调节参数,使得它们在实际的电路中得到了更广泛的应用[1-3]。而基于贴片和阶跃阻抗谐振器的平衡滤波器与传统的单端输入输出滤波器相比,它在实现选频功能的同时,还可以抑制共模噪声信号,即具有抗电磁干扰能力、提高系统中发射机的发射效率和降低接收机噪声的能力[4]。

本章首先对传统贴片谐振器和阶跃阻抗谐振器(Stepped Impedance Resonator,SIR)的基本结构和特性进行介绍[5],在此基础上提出了一系列新型贴片谐振器和单/多模SIR结构作为基本的谐振单元,采用奇偶模理论分析谐振器的差模和CM分布特性[6-9],并结合谐振器之间的耦合特性以及新型馈电结构的设计提出了具有高CM抑制特性的平衡带通滤波器(Bandpass Filter,BPF)。

2.1 贴片谐振器和阶跃阻抗谐振器的基本结构

2.1.1 贴片谐振器的基本结构

贴片谐振器具有较高的品质因数和功率容量,且尺寸适中,结构简单易于加工。其中,贴片谐振器可根据形状进行区分,大致包括方形、圆形、三角形等,在经典贴片的基础上进行对半、分形、挖槽、打孔、微扰等操作,可获得新的贴片性能。图2-1所示的是几种经典贴片的结构图。

图2-1(a)所示的是典型方形贴片谐振器,可利用方形谐振腔的理论对它进行

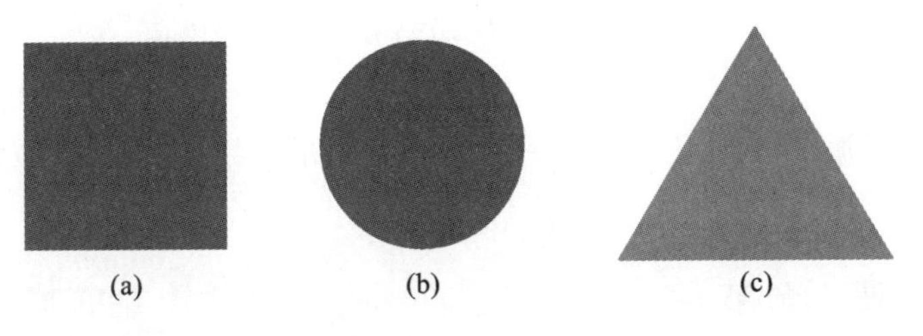

图 2-1　贴片谐振器

(a)典型方形贴片谐振器;(b)圆形贴片谐振器;(c)三角形贴片谐振器

分析。根据腔体模型理论[4,5],方形腔体中的电磁场可以定义为 TM_{mn}模式：

$$E_z = \sum_{m=0}^{\infty}\sum_{n=0}^{\infty} A_{mn}\cos(\frac{m\pi}{a}x)\cos(\frac{n\pi}{a}y) \tag{2.1}$$

$$H_x = (\frac{j\omega\varepsilon}{k_c^2})(\frac{\partial E_z}{\partial y}) \tag{2.2}$$

$$H_y = -(\frac{j\omega\varepsilon}{k_c^2})(\frac{\partial E_z}{\partial x}) \tag{2.3}$$

$$k_c^2 = (\frac{m\pi}{a})^2 + (\frac{n\pi}{a})^2 \tag{2.4}$$

式中:A_{mn}是幅度;ω 是角频率;a 是方形贴片的边长;ε 是有效介电常数。此外,方形腔的谐振频率可以被计算为

$$f_{mn} = \frac{1}{2\pi\sqrt{\mu\varepsilon}}\sqrt{(\frac{m\pi}{a})^2 + (\frac{n\pi}{a})^2} \tag{2.5}$$

图 2-2 所示的是方形贴片谐振器在前三个谐振频率下的电场密度分布。由公式(2.5)可发现,方形贴片谐振器的两个模式 TM_{10}和 TM_{01}是一对简并模,则有

$$f_{10} = f_{01} = \frac{1}{2a\sqrt{\mu\varepsilon}} \tag{2.6}$$

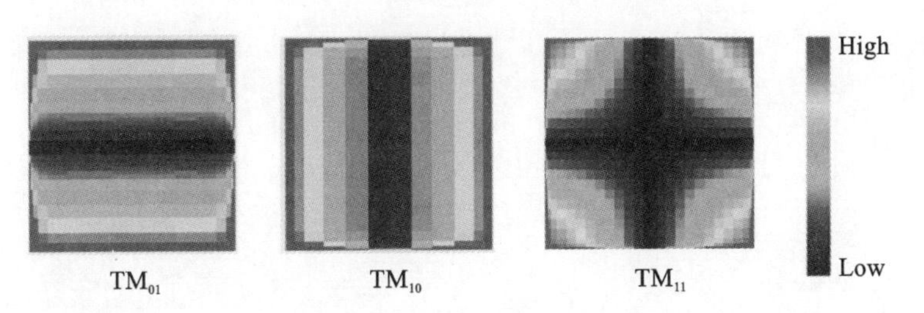

图 2-2　方形贴片谐振器在模式 TM_{01}、TM_{10}和 TM_{11}处的电场密度分布

同样以圆形贴片谐振器为例,假设其半径为 a,由腔模理论[4,5]可知圆形贴片谐振器 TM_{nm}模的电场分布为

$$E_{x}^{nm}(x,y)=E_{nm}J_{n}(k_{nm}\rho)\cos n\varphi \tag{2.7}$$

$$J'_{n}(k_{nm}a)=0 \tag{2.8}$$

式中：E_0为任意振幅常数；J_n是 n 阶的第一类贝塞尔函数。由式(2.7)可知：

$$k_{nm}=\chi'_{nm}/a \tag{2.9}$$

由于 χ'_{nm}是 J'_n的第 m 个零点，$J'_n(\chi'_{nm})=0$。前六个非零 χ'_{nm}值为 $\chi'_{11}=1.84118$，$\chi'_{21}=3.05424$，$\chi'_{021}=3083171$，$\chi'_{31}=4.20119$，$\chi'_{41}=5.31775$，$\chi'_{12}=5.33144$。圆形贴片谐振器 TM_{nm}模的谐振频率为

$$f_{nm}=\frac{\chi_{nm}c}{2\pi a_e\sqrt{\varepsilon_r}} \tag{2.10}$$

式中：a_e是计入边缘效应后的等效半径。它与物理半径 a 的关系如下：

$$a_e=a\left[1+\frac{2h}{\pi a\varepsilon_r}\left(\ln\frac{\pi a}{2h}+1.7726\right)\right]^{\frac{1}{2}} \tag{2.11}$$

当 $a'/h\gg 1$ 时，误差小于 2.5%。谐振器内的磁场可利用式(2.12)和式(2.13)得出：

$$H_{\rho}=\frac{-j}{k_0\eta_0\rho}E_{nm}nJ_n(k_{nm}\rho)\sin n\varphi \tag{2.12}$$

$$H_{\varphi}=\frac{-j}{k_0\eta_0}E_{nm}k_{nm}J'_n(k_{nm}\rho)\cos n\varphi \tag{2.13}$$

圆形贴片谐振器内一些低阶模式的电流分布示意图如图 2-3 所示。

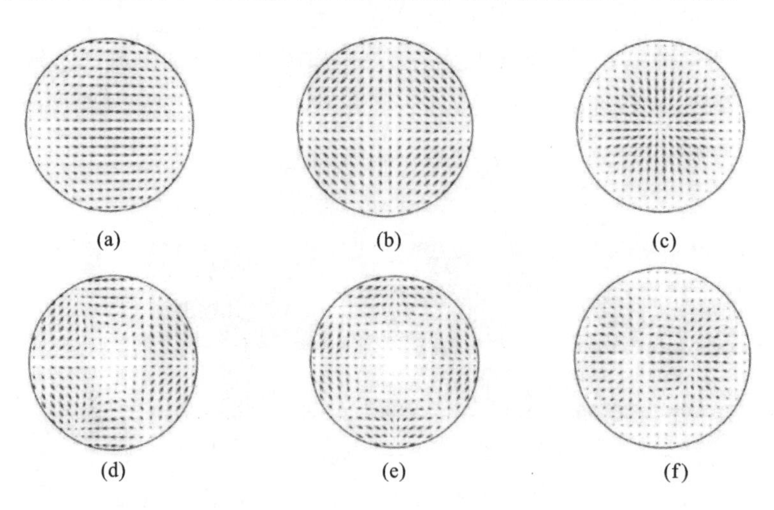

图 2-3　圆形贴片谐振器内一些低阶模式的电流分布示意图

(a) TM_{n}；(b) TM_{21}；(c) TM_{02}；(d) TM_{31}；(e) TM_{41}；(f) TM_{12}

贴片的面电流密度为

$$\boldsymbol{J}=-\hat{z}\times\boldsymbol{H} \tag{2.14}$$

2.1.2　阶跃阻抗谐振器的基本结构

根据微带线理论可知，不同宽度微带线具有不同的特征阻抗，而 SIR 是由阻抗不同的微带传输线组成[5]。根据传输线理论，SIR 一般可分为三种不同的基础结构，若设基频波长为 λ_g，则其分别为：图 2-4(a)所示的全波长(λ_g)型 SIR，图 2-4(b)所示的半波长($\lambda_g/2$)型 SIR 和图 2-5 所示的四分之一波长($\lambda_g/4$)型 SIR。由于 λ_g 型 SIR 结构较为复杂，并且其尺寸和其他两种谐振器相比偏大，在实际的滤波器设计中存在一定局限性，相比之下半波长型 SIR 和四分之一波长型 SIR 具有更高的应用意义。其中，由于半波长谐振器具有对称结构，故在此基础上加载开路枝节或短路枝节能够增加设计自由度，可以使滤波器设计更加灵活多变，更利

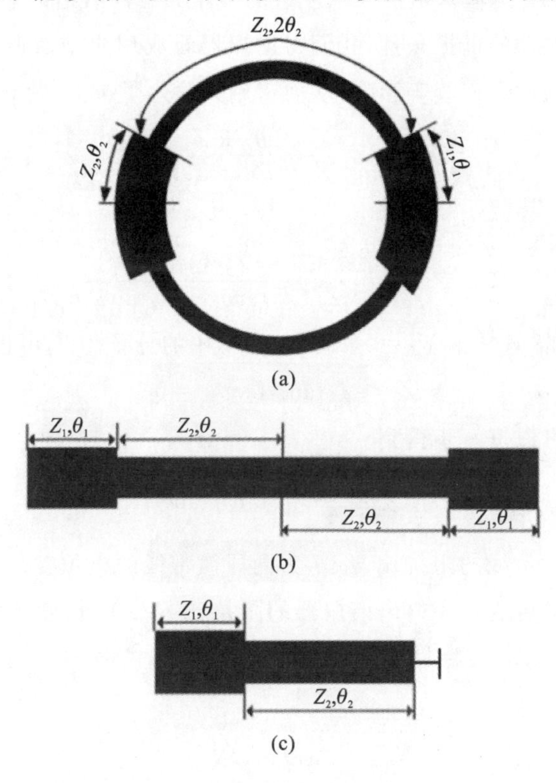

图 2-4　SIR 的三种基本结构

(a)λ_g 型 SIR；(b)$\lambda_g/2$ 型 SIR；(c)$\lambda_g/4$ 型 SIR

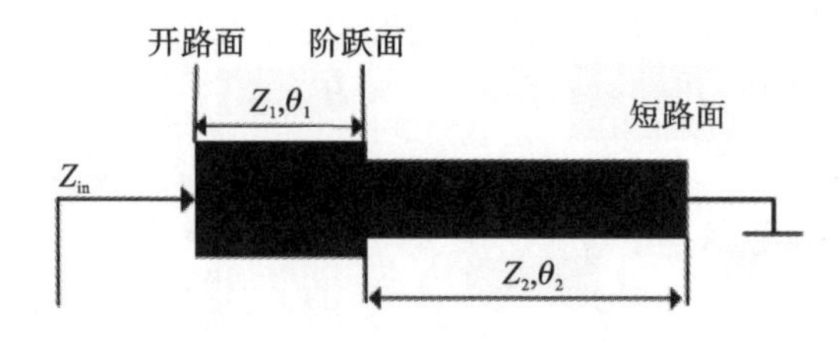

图 2-5 $\lambda_g/4$ 型 SIR 示意图

于设计出结构不同的滤波器，考虑到实际应用，后续结构也主要以这两种谐振器为主。因此，后续分析以半波长型 SIR 和四分之一波长型 SIR 为主。

1. 四分之一波长 SIR 特性分析

为了了解 $\lambda_g/4$ 型 SIR 的谐振特性，确定影响谐振器工作的主要结构参数，图 2-5 给出了 $\lambda_g/4$ 型 SIR 的电学参数示意图。

从图 2-5 可以看出，理想型四分之一波长 SIR 结构由开路面、短路面以及阶跃面共同构成，其中 Z_{in}是输入阻抗为从左边的开路面看向右边的短路面的阻抗。为了更方便研究谐振器的谐振条件，我们将谐振器看成理想型谐振器并忽略微带线边缘电容以及阶跃面不连续等影响，从而得到其输入阻抗 Z_{in}的数学表达式为

$$Z_{in} = jZ_1 \frac{Z_1 \tan\theta_1 + Z_2 \tan\theta_2}{Z_1 - Z_2 \tan\theta_1 \tan\theta_2} \tag{2.15}$$

所以谐振器的输入导纳为

$$Y_{in} = \frac{1}{Z_{in}} = \frac{Z_1 - Z_2 \tan\theta_1 \tan\theta_2}{jZ_1 (Z_1 \tan\theta_1 + Z_2 \tan\theta_2)} \tag{2.16}$$

当谐振器谐振时，输入导纳 $Y_{in}=0$，即式(2.16)中的分子为 0，可得

$$Z_1 - Z_2 \tan\theta_1 \tan\theta_2 = 0 \tag{2.17}$$

由式(2.17)可以进一步得到

$$R_{Z0} = \frac{z_1}{z_2} = \tan\theta_1 \tan\theta_2 \tag{2.18}$$

式中：R_{Z0}为两段微带线的阻抗比；θ_1，θ_2为两段微带线的电长度。

由公式(2.18)可进一步得出谐振器的阻抗比 R_{Z0}，电长度 θ_1 以及电长度 θ_2 都会对 $\lambda_g/4$ 型 SIR 的谐振特性产生影响。假设根据式(2.18)可以求得电长度 θ 的值：

$$\theta = \arctan\sqrt{R_{Z0}} \tag{2.19}$$

可进一步得到 $\theta_{总}$电长度为

$$\theta_{总} = \theta_1 + \theta_2 = 2\theta = 2\arctan\sqrt{R_{Z0}} \tag{2.20}$$

然而在滤波器的设计过程中，会存在杂散响应，根据需要杂散响应频率可以作为第二通带，就可以设计成双频带滤波器。设谐振单元的基频为 f_e，一次杂散响应频率为 f_{e1}，可计算得到

$$\frac{f_{e1}}{f_e}=\frac{\pi}{\arctan\sqrt{R_{Z0}}}-1 \tag{2.21}$$

依据式(2.21)计算得到相应的阻抗比，可以根据需要来选择利用第一次杂散响应频率作为第二通带或者是让第一次杂散响应频率远离第一通带，最后 $\lambda_g/4$ 型 SIR 的物理尺寸可以通过相应的波长和阻抗计算公式确定。

2. 二分之一波长 SIR 谐振特性

在日常设计中，除了经常设计的 $\lambda_g/4$ 型 SIR 外，还有 $\lambda_g/2$ 型 SIR，分析了解 $\lambda_g/2$ 型 SIR 的谐振特性对后期设计的作用至关重要。$\lambda_g/2$ 型 SIR 主要有两种常用结构：一是阻抗比 $R_{Z0}=Z_2/Z_1<1$，总电长度 $\theta_{TA}<\pi$(半波长)；二是阻抗比$R_{Z0}=Z_2/Z_1>1$，总电长度 $\theta_{TA}>\pi$，其结构图如图 2-6 所示。

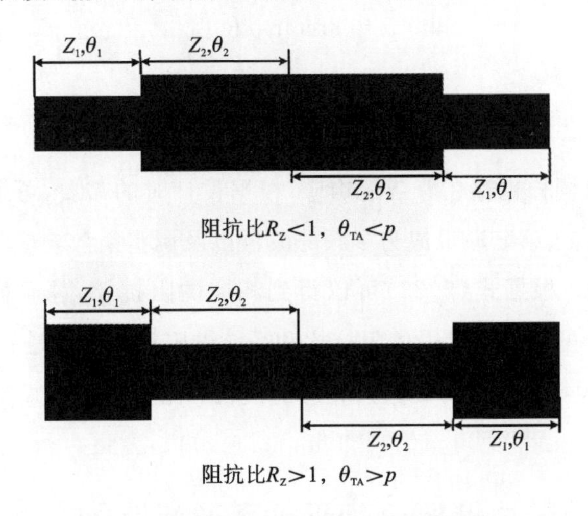

图 2-6　两种二分之一波长 SIR 结构示意图

从左边的开路面看向右可以得到 $\lambda_g/2$ 型 SIR 的输入阻抗 Z_{in}，忽略各种影响，把谐振器视为理想谐振器，可以得到输入阻抗的数学表达式：

$$Z_{in}=jZ_1\frac{R_{Z0}(1-\tan^2\theta_1)(1-\tan^2\theta_2)-2(1-R_{Z0}^2)\tan\theta_1\tan\theta_2}{2(R_{Z0}\tan\theta_2+\tan\theta_1)(R_{Z0}-\tan\theta_1\tan\theta_2)} \tag{2.22}$$

所以谐振器的输入导纳为

$$Y_{in}=\frac{1}{Z_{in}}=\frac{2(R_{20}\tan\theta_2+\tan\theta_1)(R_{20}-\tan\theta_1\tan\theta_2)}{jZ_1[R_{20}(1-\tan^2\theta_1)(1-\tan^2\theta_2)-2(1-R_{20}^2)\tan\theta_1\tan\theta_2]} \tag{2.23}$$

当输入导纳 $Y_{in}=0$ 时,谐振器处于谐振状态,式(2.23)中的分子应为 0,即

$$2(R_{Z0}\tan\theta_2+\tan\theta_1)(R_{Z0}-\tan\theta_1\tan\theta_2)=0 \tag{2.24}$$

可知 $\lambda_g/2$ 型 SIR 谐振时的条件为

$$R_{Z0}=\tan\theta_1\tan\theta_2 \tag{2.25}$$

从式(2.25)可以看到,电长度 θ_1 和电长度 θ_2 以及阻抗比 R_{Z0} 共同影响着 $\lambda_g/2$ 型 SIR 的谐振状态。通过和基础结构 $\lambda_g/4$ 型 SIR 谐振关系式相对比,可以发现二者关系式相同。

在实际设计时,常取电长度相同的两段微带线,让 $\theta_1=\theta_2=\theta$,则输入阻抗 Z_{in} 可进一步简化为

$$Z_{in}=jZ_1\frac{R_{Z0}-2(1+R_{Z0}+R_{Z0}^2)\tan^2\theta+R_{Z0}\tan^4\theta}{2(R_{Z0}+1)(R_{Z0}-\tan^2\theta)\tan\theta} \tag{2.26}$$

根据谐振条件可计算出:

$$\theta=\arctan\sqrt{R_{Z0}} \tag{2.27}$$

那么总电长度 $\theta_{总}$ 为

$$\theta_{总}=2(\theta_1+\theta_2)=4\theta=4\arctan\sqrt{R_{Z0}} \tag{2.28}$$

$\lambda_g/2$ 型 SIR 同样也存在着杂散响应,根据设计时的需要,可通过调整杂散响应频率设计成第二、第三通带成为多频滤波器以及调整杂散响应频率远离基频通带改善带外抑制。根据式(2.22)可以得到相应的阻抗比,进而得到相应的电长度,阻抗 Z_1 和 Z_2 可以根据求得的阻抗比和系统的阻抗要求来进行适当的选择,最后 $\lambda_g/2$ 型 SIR 的物理尺寸可以通过相应的波长和阻抗计算公式来确定。

2.2 基于贴片谐振器的平衡带通滤波器

随着无线通信技术的飞速发展,对于通信系统中信息传输的质量、容量和速度的要求日益提高。贴片式的谐振器由于具有导体损耗小、质量轻、成本低、功率容限高,以及易于加工等优势,在实际的电路中得以广泛应用。而对于贴片式平衡滤波器而言,其除了具有滤波的功能之外,还可以提高通信系统的功率容限和抗电磁干扰能力,使得信号能够在系统中更加稳定准确地传输,极大地改善了滤波器性能,同时还能实现小型化、宽 CM 抑制等特点[7,8]。

2.2.1　基于贴片谐振器的平衡单通带滤波器

1. 半圆形贴片谐振器的特性分析

图 2-7(a)所示的是传统圆形贴片谐振器的结构图,其半径为 a。由公式(2.29)知谐振器主模的谐振频率为

$$f_{\mathrm{TM110}} = \frac{1.8412c}{2\pi a\sqrt{\varepsilon_{\mathrm{r}}}} \tag{2.29}$$

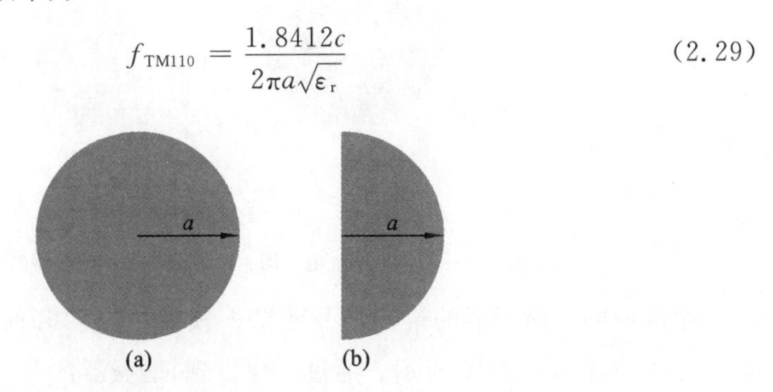

图 2-7　谐振器结构图

(a)传统圆形贴片谐振器;(b)半圆形贴片谐振器

在基于圆形贴片谐振器的基础上进行改进,提出了如图 2-7(b)所示的半圆形贴片谐振器。通过对半圆形贴片谐振器的仿真分析得到半圆形贴片谐振器的谐振频率与理论计算出的圆形贴片谐振器的谐振频率基本一致。图 2-8 所示的实线和虚线分别表示为半径为 8 mm 的圆形与半圆形贴片谐振器的频率响应。从图 2-8中可以看到它们的主模谐振频率基本相同。因此,采用半圆形贴片谐振器可以在保持原有谐振频率不变的情况下能实现滤波器设计小型化。

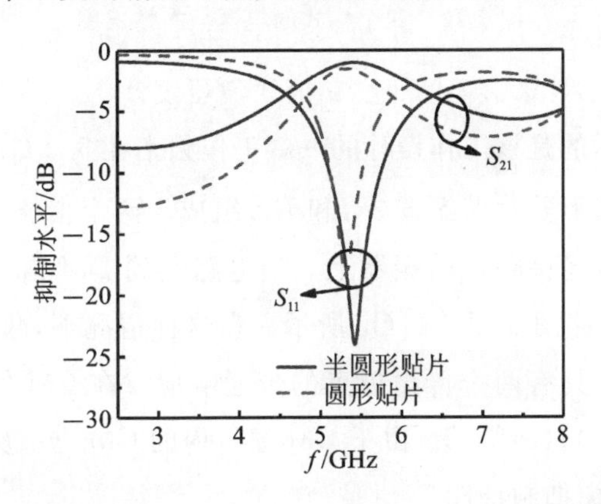

图 2-8　半径为 8 mm 时两种结构的频率响应对比图

如图 2-9(a)所示，圆形贴片谐振器主模处的电流呈偶对称分布特性，因此谐振器的中间切割对该模式的电流分布将不会产生较大影响。通过比较图 2-9(a)和 2-9(b)的电流分布情况，可以观察到半圆形贴片谐振器与圆形贴片谐振器的电流分布基本相似。

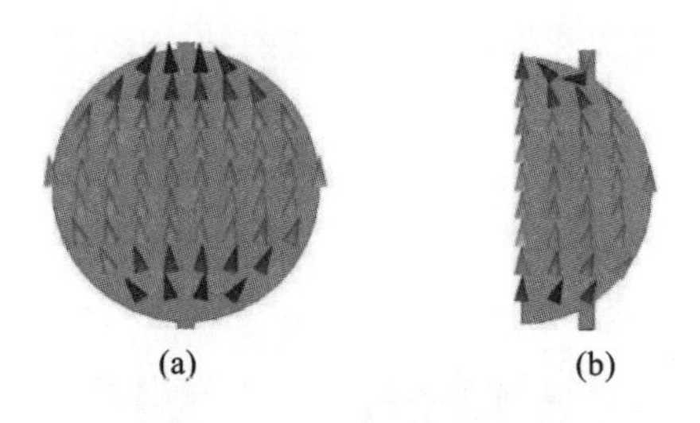

图 2-9 谐振器电流图

(a)圆形贴片谐振器的 TM_{110} 电流图；(b)半圆形贴片谐振器的 TM_{110} 电流图

半圆形贴片谐振器的第一个 DM 谐振模式（主模）和前三个 CM 谐振模式的电流分布情况如图 2-10 所示。通过对比发现，谐振器的 CM 谐振频率均远离 DM 谐振频率，因此根据该分布特点，所设计的平衡 BPF 的 DM 通带内将具有天然的高 CM 抑制。

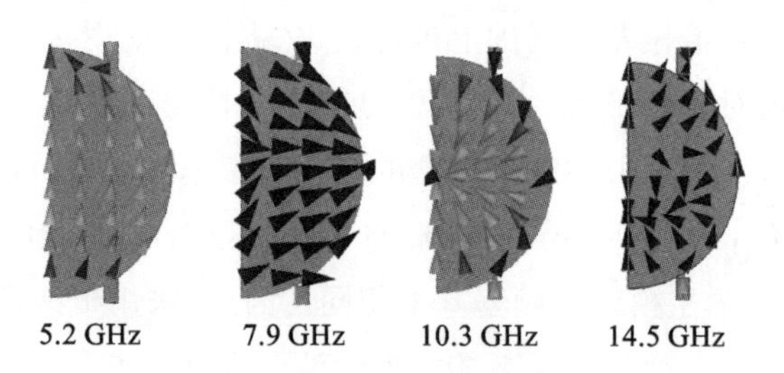

图 2-10 四个模式的电流分布情况图

2. 基于半圆形贴片谐振器的平衡带通滤波器设计

图 2-11(a)所示的是该工作设计的一款工作频率在 5.2 GHz 的平衡带通滤波器，它是由两个半圆形贴片谐振器(R_1 和 R_2)组成。两个谐振器之间的间隙为 g，输入/输出馈线直接连接贴片谐振器上。当电路受到 DM 信号的激励时，对称面等效为电壁，DM 电路图如图 2-11(b)所示。在这种情况下，两个短路的贴片谐振器级联，实现了一个具有两个传输极点的带通响应。在 CM 信号激励下，对称面等效为磁壁，如图 2-11(c)所示。由于 DM 通带内的 CM 谐振频率不能被激发，故可以实现良好的共模抑制特性。

图 2-12 所示的是基于半圆形贴片谐振器的平衡带通滤波器的耦合拓扑图，其

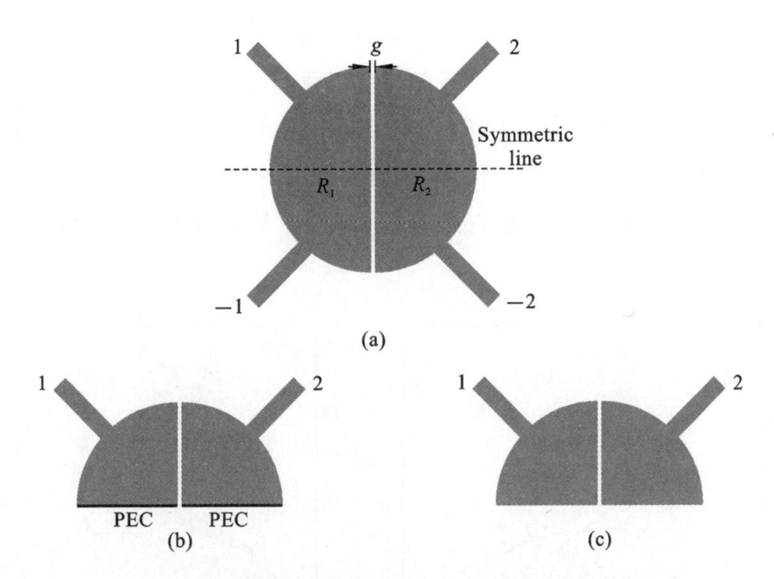

图 2-11　基于半圆形贴片谐振器的平衡带通滤波器结构图

(a)滤波器整体电路图；(b)DM 电路图；(c)CM 电路图

中谐振器之间产生的耦合以耦合系数 m 表示，谐振器与馈电机构的耦合以外部 Q 值表示。此外，平衡带通滤波器(见图 2-13)中每个输入输出端口处的馈电结构被嵌入到槽线中以实现所需的外部 Q 值。

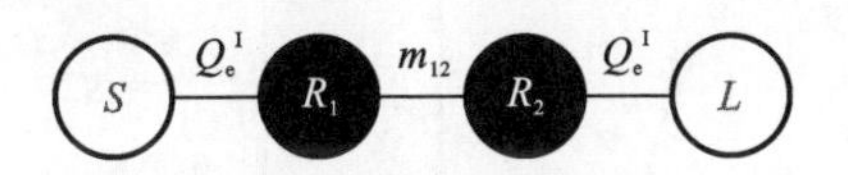

图 2-12　平衡滤波器的耦合拓扑图

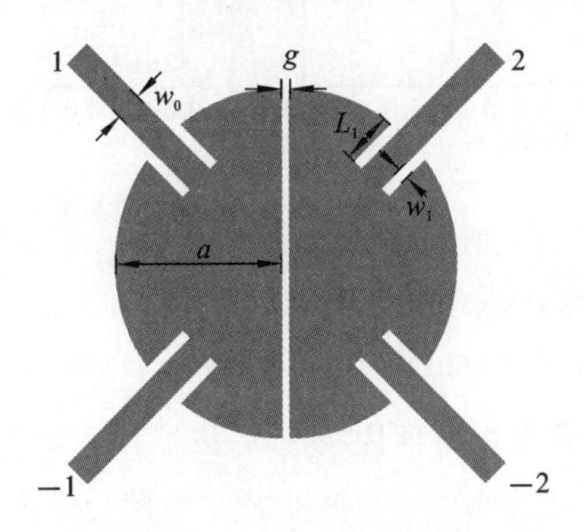

图 2-13　基于半圆形贴片谐振器的平衡带通滤波器结构图

图 2-14(a)所示的是在 DM 激励下耦合系数和谐振器间距 g 的关系图。可以发现，耦合系数随着谐振器间距 g 的增大而逐渐减小。通过对电路进行适当的优

化，最后确定的谐振器之间的耦合间距 $g=0.3$ mm 可满足理论所需耦合系数值。图 2-14(b)所示的是在 DM 激励下外部品质因数 Q 随参数 L_1 和 W_1 的变化图。在图 2-14(b)中可以看到 Q 随着 L_1 的增加而逐渐递增，同时，外部品质因数 Q 随着 W_1 的减小而逐渐降低。因此，通过调节插入槽线的长度 L_1 和宽度 W_1，匹配 DM 通带所需的外部 Q 值，以此产生更好的通带效果。最终获得的参数值为 $L_1=3.95$ mm 和 $W_1=1.3$ mm。

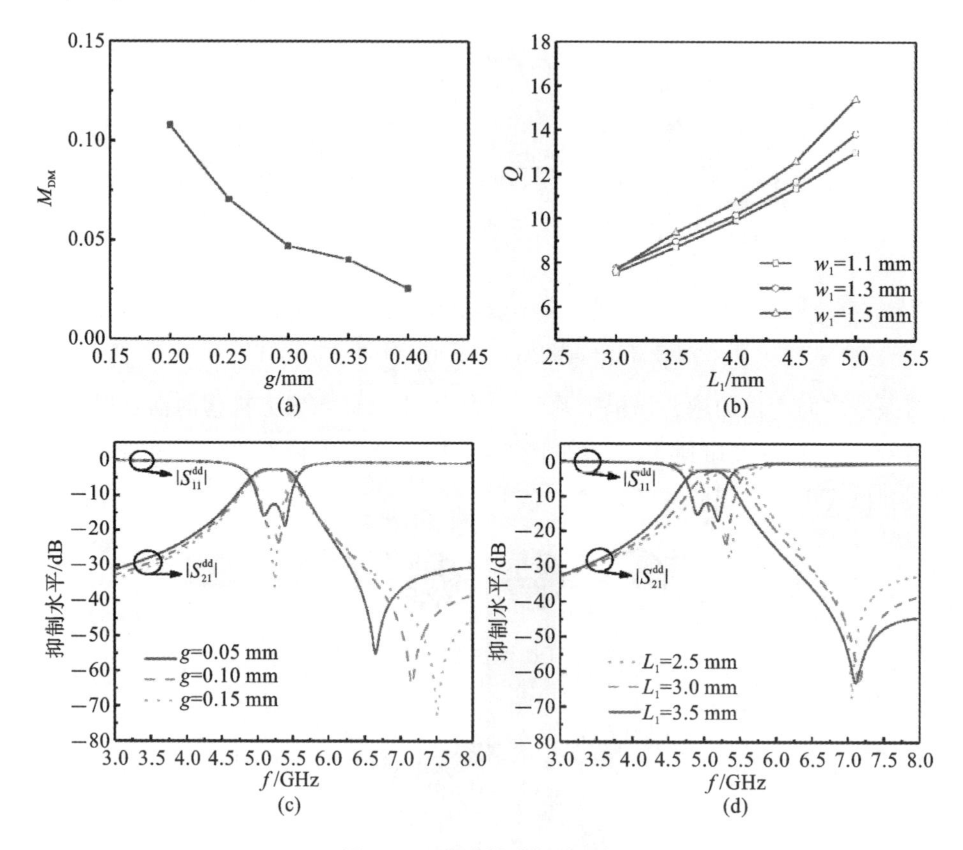

图 2-14 滤波器的相关系数

(a)DM 激励下耦合系数与谐振器间距 g 的关系图；(b)DM 激励下的外部 Q 值随 L_1 和 W_1 的变化曲线图；(c)间距 g 对平衡滤波器频率响应的变化图；(d)参数 L_1 对平衡滤波器频率响应的变化图

图 2-14(c)所示的是谐振器间距 g 对滤波器频率响应的变化图。由图 2-14(c)可以看到，随着间距 g 的增大，谐振器之间的耦合强度变弱，滤波器差模通带的带宽逐渐变窄。并且，可明显观察到通带右侧存在一个传输零点，提高了 DM 通带的选择性。图 2-14(d)所示的是馈线嵌入槽线的深度 L_1 对滤波器频率响应的变化图。可以看到，参数 L_1 主要控制滤波器的外部 Q 值，实现滤波器的阻抗匹

配。除此之外，通过改变长度 L_1 可以有效地调节工作中心频率，有利于实现电路小型化。

基于以上对该滤波器的分析，最终电路优化后的参数值为 $a=8$，$g=0.15$，$L_1=3.98$ 和 $W_1=1.3$（单位：mm）。为了验证所提出的设计方法，将图 2-13 中所构建的滤波器进行加工及测试，所采用的介质基板的厚度为 0.5 mm，介电常数为 4.4的 FR4，滤波器整体的尺寸为 8.0 mm×8.0 mm，即 0.23 λ_g×0.23 λ_g。

图 2-15(a)所示的是该平衡滤波器电路被加工后的实物图。图 2-15(b)所示的是滤波器仿真和测试的频率响应对比图，图中实线为仿真曲线，虚线为测试曲线。从图 2-15(b)中可以清楚地看到滤波器的中心频率为 5.25 GHz，相对带宽为 12.5%，回波损耗在－20 dB 左右，插入损耗为－1.89 dB，DM 通带内的共模抑制达到－40 dB 左右，并且 CM 抑制在－20 dB 以下的相对带宽达到 181%。

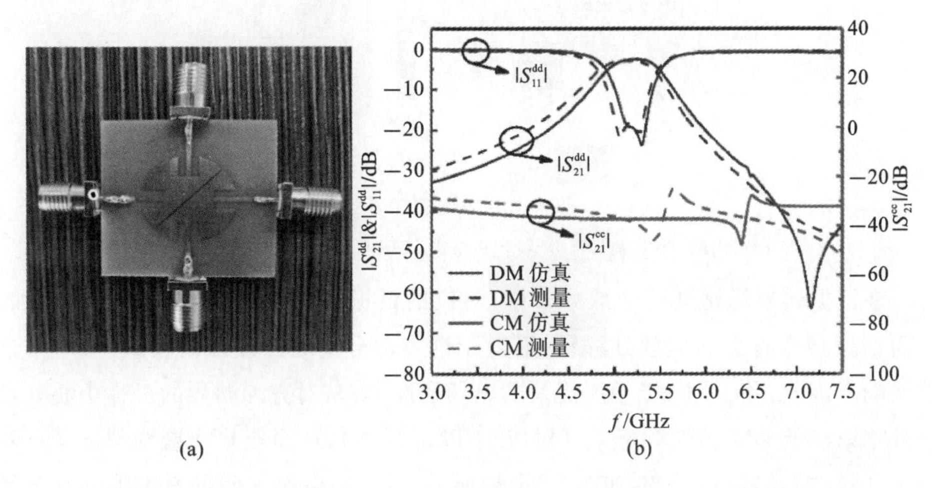

图 2-15　基于半圆形贴片谐振器的平衡带通滤波器电路加工实物图及仿真与测试对比图
(a)基于半圆形贴片谐振器的平衡带通滤波器电路加工实物图；(b)平衡带通滤波器的仿真与测量对比图

2.2.2　基于微带线嵌入方形贴片谐振器的双通带平衡滤波器

伴随着现代多标准无线通信网络的建立以及日益稀缺的频谱资源，对于多频段微波器件的需求也日益增大。多通带平衡带通滤波器作为平衡式多通带通信系统的关键器件之一，因其具有降低频道间的信号串扰以及可进一步简化通信设备体积的优点，为通信系统的高质量运转提供了可靠的保障条件[9]。该小节提出了一种微带线嵌入方形贴片谐振器的双通带谐振器，并基于该谐振结构设计了一款具有紧凑的平面结构和宽 CM 抑制特性的双通带平衡 BPF。

1. 方形贴片开槽谐振器的特性

图 2-16(a)所示的是方形贴片谐振器，当 DM 信号输入时，所激励出的模式为 TM_{01}，而模式 TM_{10} 则在 CM 信号输入时被激励出。然而，由于 TM_{01} 模和 TM_{10} 模互为简并模，它们的谐振频率是相等的，这将导致由 TM_{01} 模形成的 DM 通带内的 CM 抑制糟糕。因此，在利用方形贴片谐振器设计平衡滤波器前，首先需要采用一些方法来解决这一问题。

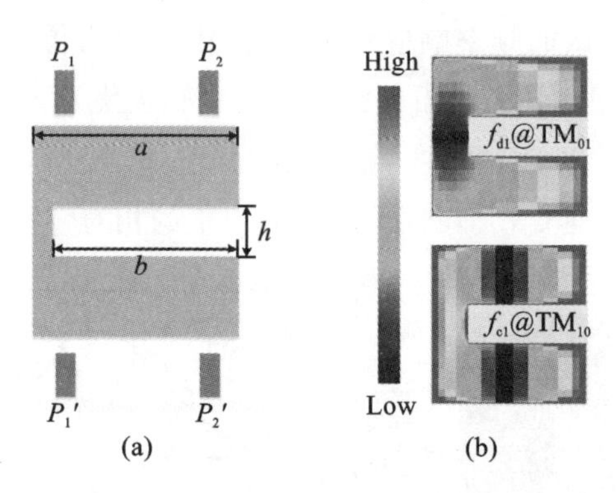

图 2-16　SSPR 结构及其电场密度分布

(a)所提出的 SSPR 结构；(b)SSPR 在模式 TM_{01} 和 TM_{10} 处的电场密度分布

在谐振器电场密度弱的部分开槽，对应的谐振模式的相对电长度将会增加，从而谐振频率将会向低频处移动，而对于这一部分电场密度强的模式，基本不产生影响。因此，基于图 2-2 中所提及的电场密度分布，对方形贴片的对称中心处进行开槽以降低 DM 谐振频率 f_{d1}(对应于 TM_{01} 模式)，从而使 CM 谐振频率 f_{c1}(对应于 TM_{10} 模式)保持不变，如图 2-16(a)所示。图 2-16(b)所示的是方形贴片开槽谐振器(Slotted Square Patch Resonator，SSPR)在 f_{d1} 和 f_{c1} 处的电场密度分布，能够观察到它与传统贴片谐振器相比，电场密度的分布规律并未发生变化。

图 2-17 所示的是开槽的长度 b 和宽度 h 对 DM 谐振频率 f_{d1} 和 CM 谐振频率 f_{c1} 的影响。当 $h=2$ mm 且 b 从 0 mm 增加到 8.3 mm 时，f_{d1} 从 8.95 GHz 单调下降到 3.27 GHz，而 f_{c1} 的变化很小，如图 2-17(a)所示。当 $b=7.9$ mm 且 h 从0.05 mm 增加到 2.4 mm 时，f_{d1} 从 4.55 GHz 单调下降到 3.61 GHz，而 f_{c1} 几乎没有变化，如图 2-17(b)所示。因此，随着被开槽的尺寸的增大，不仅可以降低 DM 谐振频率 f_{d1} 以获得紧凑的电路，而且还可以使 f_{d1} 远离 CM 谐振频率 f_{c1}，实现宽 CM 抑制效果。在分析过程中，方形贴片谐振器的边长 a 被设置为 8.5 mm，采用的介质基板是 Taconic RF35，其相对介电常数为 3.5，厚度为 0.8 mm。

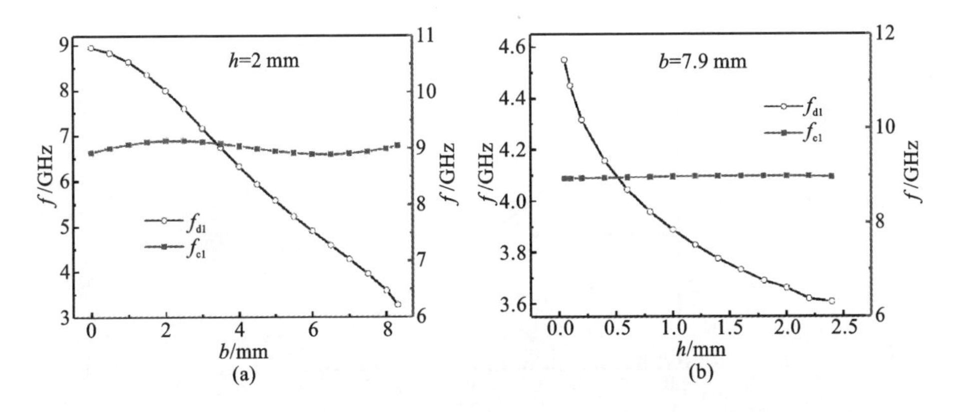

图 2-17　所开槽的长度 b 和宽度 h 对 DM 谐振频率 f_{d1} 和 CM 谐振频率 f_{c1} 的影响

(a)b;(b)h

2. 微带线嵌入贴片谐振器

基于 SSPR 谐振特性的分析,发现该谐振器适用于平衡 BPF 的设计。并且,在 SSPR 的槽中嵌入了一个发夹型半波长微带线谐振器(Hairpin Half-Wavelength Microstrip Resonator,HHMR),用来形成第二个通带并获得具有双通带滤波响应的平衡 BPF,其构造过程如图 2-18 所示。因此,所提出的双通带谐振器(微带线嵌入贴片谐振器)是基于 SSPR 和 HHMR 的组合。当 $L_2=0.65$,$L_3=4.65$,$L_4=0.7$,$w_1=0.2$,$b=7.9$,$h=2$,$a=8.5$ 时(单位:mm),参数 L_1 对双通带谐振器的 DM 谐振频率的影响如图 2-19 所示。观察到,随着 L_1 的增加,f_{d2} 被单调减小,而 f_{d1} 几乎不发生改变,这表明由 SSPR 产生的谐振频率 f_{d1} 和由 HHMR 产生的谐振频率 f_{d2} 是能够被独立控制的。

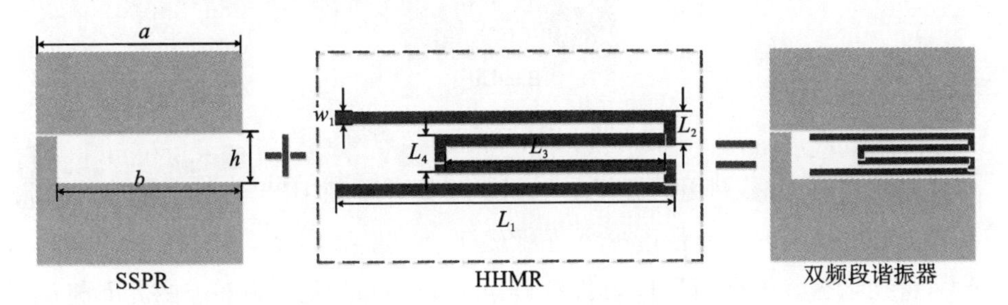

图 2-18　双通带谐振器及其构造过程

3. 双通带平衡 BPF 的设计

基于上述讨论,我们提出了一款双通带谐振器,它将被用于构建工作在 3.5 GHz 和 4.9 GHz 的双通带平衡 BPF。滤波器的两个 DM 通带具有带内纹波系数为0.04321 dB 切比雪夫频率响应,相对应的相对带宽(Fractional Bandwidths,

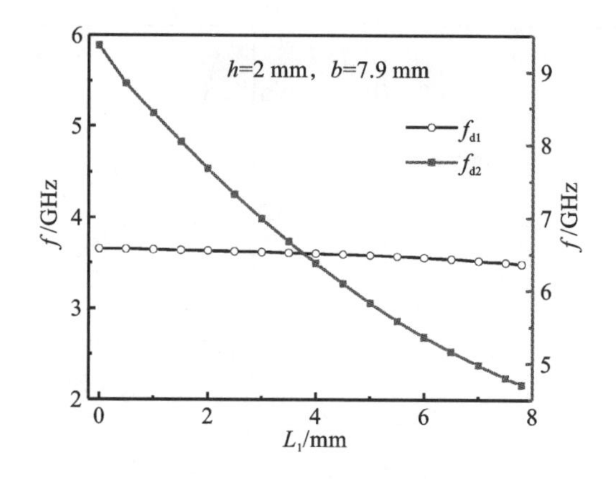

图 2-19　参数 L_1 对 DM 谐振频率 f_{d1} 和 f_{d2} 的影响

FBW)分别为 1.3%和 0.5%。图 2-20 所示的是两个 DM 通带的设计方案，其中节点 S 和 L 分别表示输入和输出端口，R_1 和 R_2 表示被采用的两个双通带谐振器。由 SSPR 产生的谐振频率 f_{d1} 构成第一个通带(band Ⅰ)，由 HHMR 产生的谐振频率 f_{d2} 构成第二个通带(band Ⅱ)。f_{d1} 与 f_{d2} 之间有微弱的耦合，用虚线表示。基于经典的滤波器设计理论，所需的耦合系数为 $m_{12}^{\mathrm{I}}=0.0216$，$m_{12}^{\mathrm{II}}=0.0083$ 和外部品质因数为 $Q_{ex}^{\mathrm{I}}=51.14$，$Q_{ex}^{\mathrm{II}}=133.0$。

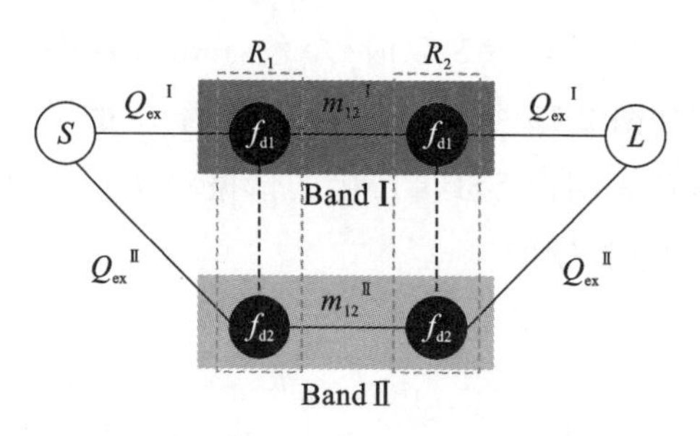

图 2-20　DM 通带的设计方案

根据前文的讨论，利用谐振频率 f_{d1} 和 f_{d2} 设计平衡 BPF 的两个通带。因此，需要首先对所提出的双通带谐振器进行优化，使得 f_{d1} 和 f_{d2} 分别在 3.5 GHz 和 4.9 GHz 处谐振。根据图 2-17 和图 2-19 可以很容易地通过调整参数 h、b 和 L_1 获得所需的 DM 谐振频率。调整后的双通带谐振器的尺寸为 $h=2$，$b=7.93$，$L_1=7.2$(单位：mm)，其他的参数和上述内容中给出的相同。

图 2-21 所示的是调节后的双通带谐振器在弱耦合下的频率响应，f_{d1} 和 f_{d2} 分别在 3.5 GHz 和 4.9 GHz 处谐振，满足设计要求。此外，f_{d3} 和 f_{d4} 分别是 DM 激励下 SSPR 和 HHMR 的第一个高次模，f_{c2} 是 HHMR 的第一个 CM 谐振频率。

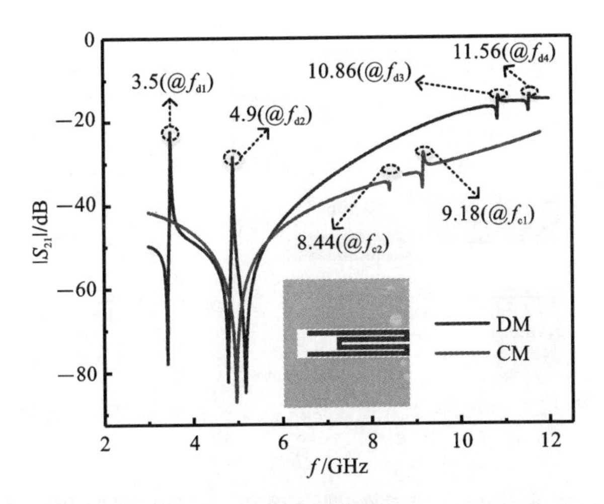

图 2-21　采用的双通带谐振器在弱耦合下的频率响应

它们皆远离所需被设计的两个 DM 通带，说明所提出的双通带谐振器具有实现宽阻带和宽 CM 抑制的潜力。

基于调节后双通带谐振器，一个双通带平衡 BPF 被建立起来，其布局如图 2-22所示，由两对馈线和一对双通带谐振器组成。

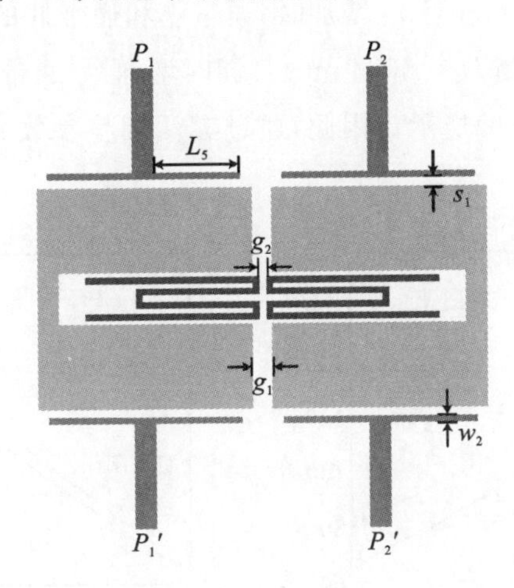

图 2-22　基于微带线嵌入贴片谐振器的双频带平衡带通滤波器

图 2-23 所示的是仿真提取得到的耦合系数随 g_1（SSPR 之间的间隙）和 g_2（CHMR 之间的间隙）的变化关系。当 g_1（$g_1=g_2$）增加时，通带Ⅰ和通带Ⅱ的耦合系数随之单调下降，如图 2-23(a)所示。当 $g_1=0.2$ mm 且 g_2增加时，只有通带Ⅱ的耦合系数会随之单调减小，而 band Ⅰ的耦合系数几乎不发生变化，如图 2-23(b)所示。因此，在设计谐振器之间的耦合时，可以先通过调整 g_1满足通带Ⅰ的耦

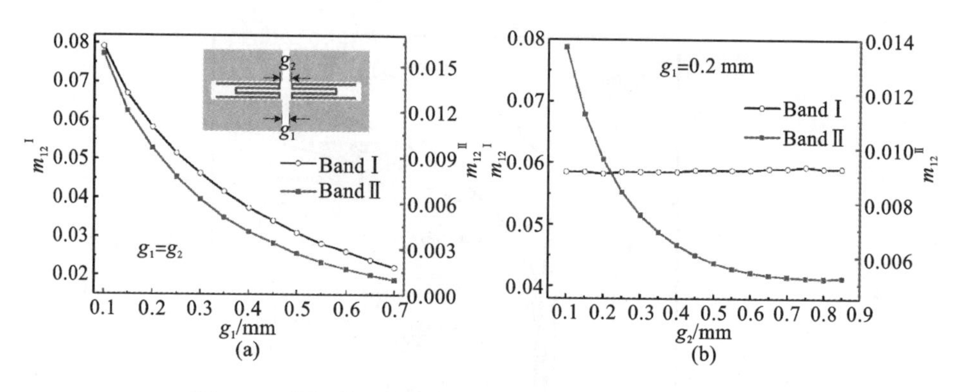

图 2-23　提取得到的耦合系数随参数 g_1 和 g_2 的变化关系

(a)g_1;(b)g_2

合系数,再通过调整 g_2 满足通带Ⅱ的耦合系数,从而实现对两个通带带宽的独立控制。

图 2-22 中所采用的馈电结构由阻抗为 50 Ω 的主馈线和加载在其上的两根等长的开路枝节组成。当选定开路枝节的宽度 $w_2=0.2$ mm,关键参数 L_5(枝节的长度)和 s_1(馈电结构与谐振器之间的间隙)与外部品质因数 Q_{ex} 之间的关系如图 2-24 所示。当 $s_1=0.2$ mm 且 L_5 增加时,通带Ⅰ和通带Ⅱ的 Q_{ex} 都随之单调下降,如图 2-24(a)所示。而当 $L_5=6.85$ mm 且同时增加 s_1,通带Ⅰ和通带Ⅱ的 Q_{ex} 会随之单调增加,如图 2-24(b)所示。因此,通过灵活调整参数 s_1 和 L_5,能得到设计所需要的 Q_{ex}。

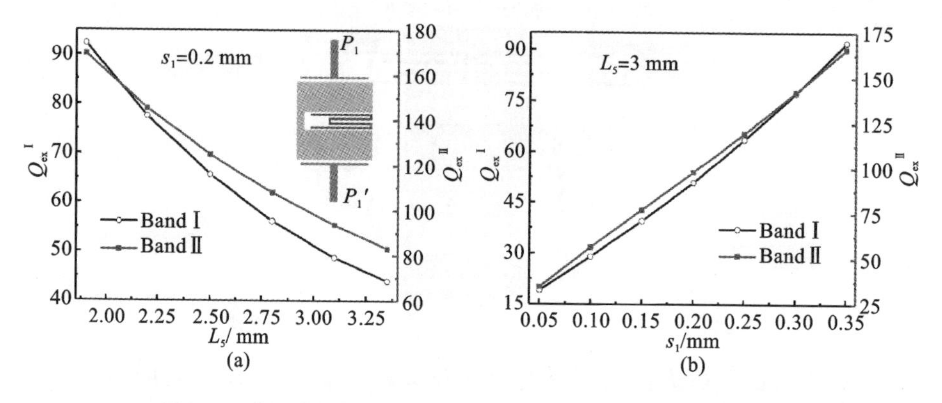

图 2-24　提取得到的外部品质因数随参数 L_5 和 s_1 的变化关系

(a)L_5;(b)s_1

基于上述讨论并借助电磁仿真软件优化后,滤波器最终的参数如下:$a=8.5$, $b=7.8$, $h=2$, $L_1=7.2$, $L_2=0.65$, $L_3=4.6$, $L_4=0.7$, $L_5=3.25$, $w_1=0.2$, $w_2=$

0. 2，s_1＝0. 2，g_1＝0. 65，g_2＝0. 1（单位：mm），不包括馈电结构的电路尺寸为 17. 65 mm×8. 5 mm，约为 0. 33 λ_g×0. 17 λ_g（λ_g是谐振频率为第一个通带中心频率时 50 Ω 传输线在自由空间中导波波长）。

仿真得到的双通带平衡 BPF 的频率响应和通带内的放大图如图 2-25 和图 2-26 所示。两个通带分别工作在频率为 3. 50 GHz 和 4. 90 GHz，对应的相对带宽为1. 31％和 0. 503％，满足所规定的设计指标，同时验证了所提出的设计方法的正确性。工作带宽内的最小插入损耗分别为－0. 63 dB 和－1. 37 dB，带内回波损耗优于－20 dB，并且 4 个 TZs 分布在通带两侧，提升了通带的选择性。

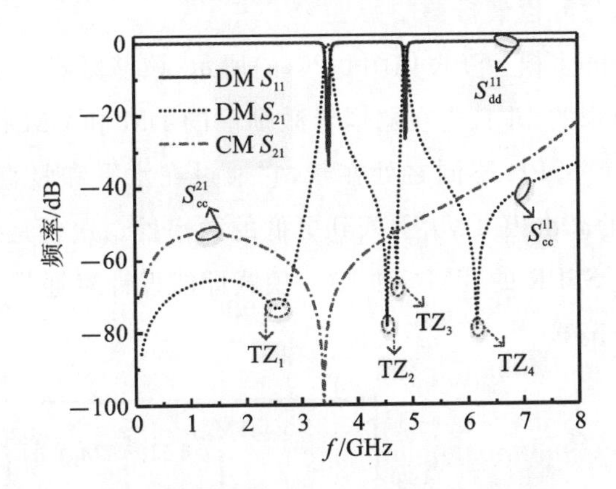

图 2-25　双通带平衡 BPF 的频率响应结果

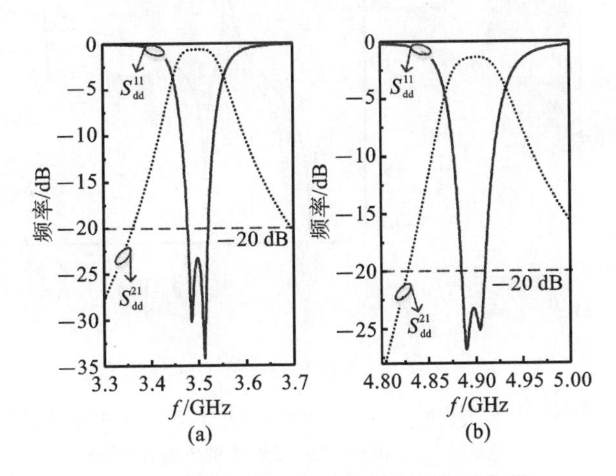

图 2-26　两个 DM 通带内的结果的放大图

(a)通带Ⅰ；(b)通带Ⅱ

此外，由于在设计之初便考虑共模谐振频率 f_{c1} 和 f_{c2} 远离 DM 谐振频率 f_{d1} 和 f_{d2}，在无需对 CM 抑制进行任何额外的设计情况下，所设计的两个通带中的最小

CM 抑制仍然分别为−73.8 dB 和−50.6 dB,并且在 0～8 GHz 范围内 CM 抑制均优于−20 dB,从而实现了宽 CM 抑制能力。

2.2.3 基于多模方形贴片开槽谐振器的双通带平衡滤波器

本小节为了充分发掘 SSPR 的多模谐振特性,将仅采用 SSPR 用于构建具有中心频率独立可控和高 CM 抑制特性的双通带平衡 BPF。

1. 多模方形贴片开槽谐振器的特性

本小节所提出的多模 SSPR 如图 2-27(a)所示,该谐振器也是从典型的方形贴片谐振器上开槽而来的,并且它在弱耦合激励下的 DM 和 CM 传输响应如图2-27(b)所示。与上一个 SSPR 不同之处在于,它通过在水平和竖直方向上都进行开槽,将贴片谐振器的高次模 TM_{11} 引入到更低的频率处。也就是说,只单独采用本章节所提出的多模 SSPR 的 TM_{01} 和 TM_{11} 模式即能设计双通带平衡 BPF,而不需要再引入额外的谐振器[10]。

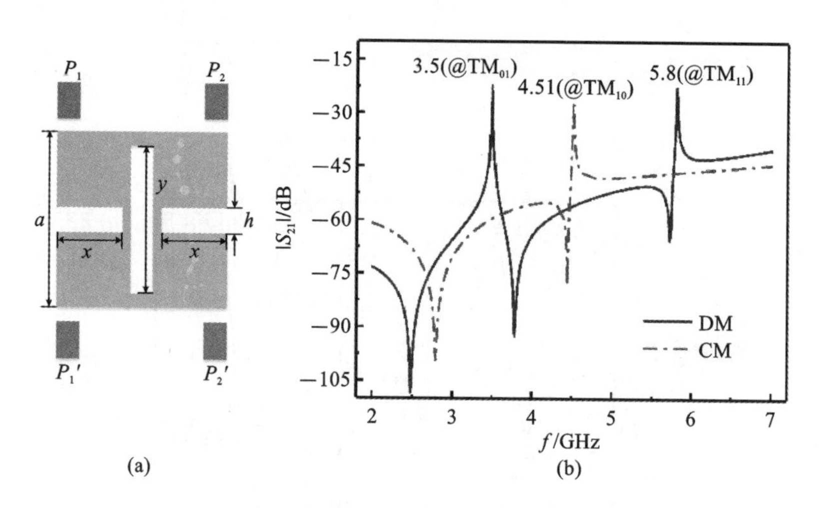

图 2-27 多模 SSPR 及其 OM 和 CM 传输响应

(a)多模方形贴片开槽谐振器;(b)当 a=13.4,x=4.84,y=9.5,h=2.4(单位:mm)被给定时,弱耦合情况下谐振器的传输响应

图 2-28 所示的是被刻蚀的槽对 DM 谐振频率的影响(a=13.4 mm,h=2.4 mm 被给定)。如图 2-28(a)所示,当 y=0 且 x 从 0 增加到 6 mm 时,谐振频率 TM_{01} 从 5.84 GHz 降低到 3.04 GHz,谐振频率 TM_{11} 从 8.46 GHz 降低到 6.16 GHz。而当 x=4.5 mm 保持不变时,随着 y 被增加,谐振频率 TM_{11} 仍在减小,但

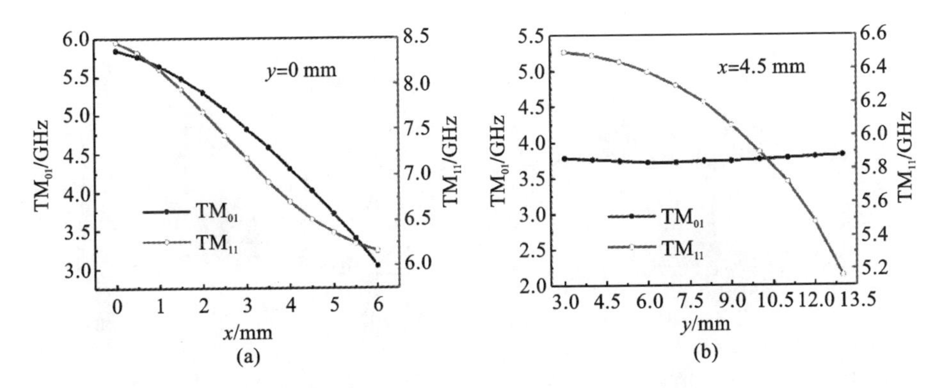

图 2-28　谐振频率 TM_{01} 和 TM_{11} 随参数 x 和 y 的变化关系

(a) x;(b) y

谐振频率 TM_{01} 几乎不发生改变,如图 2-28(b)所示。这种现象产生的原因是如图 2-2 所示的方形贴片谐振器的 TM_{01} 模的电场密度主要呈直线集中在谐振腔的水平方向,而 TM_{11} 模的电场密度呈十字形集中在谐振腔上。因此,通过灵活调控水平和竖直方向上被刻蚀的槽的长度,不仅 DM 谐振频率 TM_{01} 和 TM_{11} 将向低频处移动使得电路更紧凑,而且谐振频率 TM_{01} 和 TM_{11} 能够被独立调控。

2. 双通带平衡带通滤波器的设计

基于上述讨论,所提出的多模 SSPR 将被用于构建工作在 3.5 GHz 和 5.8 GHz 的双通带平衡 BPF。采用介质基板的相对介电常数为 3.5,厚度为 0.8 mm,损耗角正切(tanδ)为 0.0018。

所设计的两个通带具有带内纹波系数为 0.04321 dB 切比雪夫频率响应,FBW 分别为 0.82%和 2%。双通带平衡带通滤波器的两个 DM 通带的设计方案如图 2-29(a)所示,第一个通带由谐振频率 TM_{01} 形成,第二个通带由谐振频率 TM_{11} 形成。计算得到的所需的耦合系数 $m_{12}^{\mathrm{I}}=0.0136$,$m_{12}^{\mathrm{II}}=0.032$,外部品质因数 $Q_{ex}^{\mathrm{I}}=81.07$,$Q_{ex}^{\mathrm{II}}=33.92$。

如前文所讨论的,DM 谐振频率 TM_{01} 和 TM_{11} 被用于形成平衡滤波器的两个通带,因此双模 SSPR 的谐振频率 TM_{01} 和 TM_{11} 需要被设置为 3.5 GHz 和 5.8 GHz。由图 2-28 可知,当 $x=4.84$ mm,$y=9.5$ mm 时,满足所需要的谐振频率。

基于调整后的多模 SSPR,所设计的双通带平衡 BPF 的结构被随之建立,其布局如图 2-29(b)所示,由两对馈线和一对多模 SSPR 组成。借助电磁仿真软件的帮助,参数 g(g 是两个多模 SSPR 之间的间隙)对两个通带的耦合系数的影响如图 2-30(a)所示,以获得与理论值相匹配的耦合系数值。随着参数 g 从 0.25

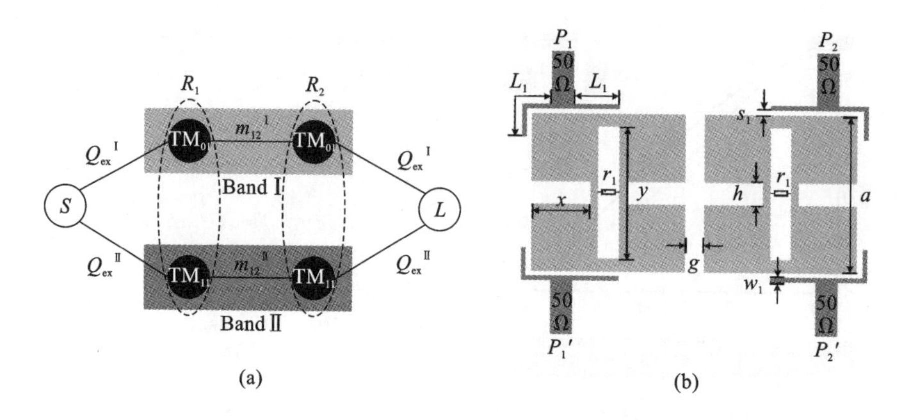

图 2-29　两个 DM 通带及双通带平衡 BPF

(a)两个 DM 通带的设计方案;(b)基于双模 SSPR 的双通带平衡 BPF 结构

mm 被增加 0.8 mm,通带Ⅰ的耦合系数从 0.034 减小到 0.0108,通带Ⅱ的耦合系数从 0.053 减小到 0.019。此外,图 2-29(b)中的滤波器布局中所采用的馈电结构同样由 50 Ω 的主馈线和加载在其上的两根开路枝节组成。图 2-30(b)所示的是被加载的开路枝节的长度 L_1 对 Q_{ex} 的影响,当 L_1 从 1.2 mm 增加到 4.8 mm 时,通带Ⅰ的 Q_{ex} 从 157.8 减小到 28.1,通带Ⅱ的 Q_{ex} 从 100.8 减小到 17.2。因此,通过灵活调节参数 g 和 L_1,即可获得所需的两个 DM 通带的期望带宽。

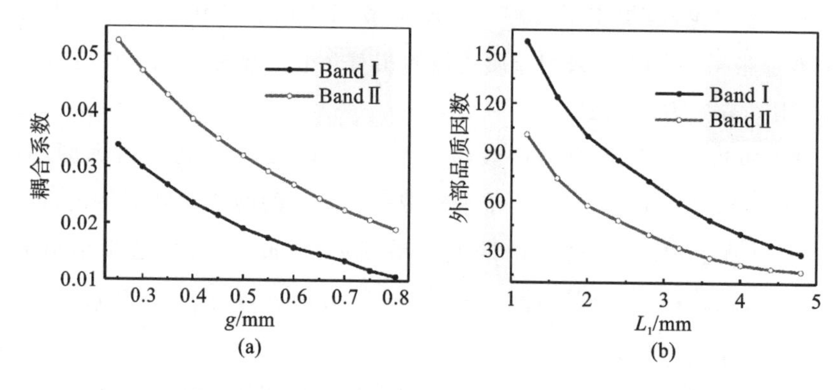

图 2-30　参数 g 与参数 L_1 的影响

(a)耦合系数随参数 g 的变化关系;(b)外部品质因数随参数 L_1 的变化关系

根据上述讨论所得到的初始尺寸参数,经过电磁仿真软件优化后,平衡滤波器布局中各参数值如下:x=4.75,y=9.2,h=2.4,a=13.4,g=0.55,L_1=3.25,s_1=0.1,w_1=0.2(单位:mm)。整个电路不包括馈电结构的尺寸为 27.35 mm×13.4 mm(0.53 λ_g×0.26 λ_g)。

基于优化后的电路仿真得到的 CM 频率响应如图 2-31(a)所示的虚线。不添

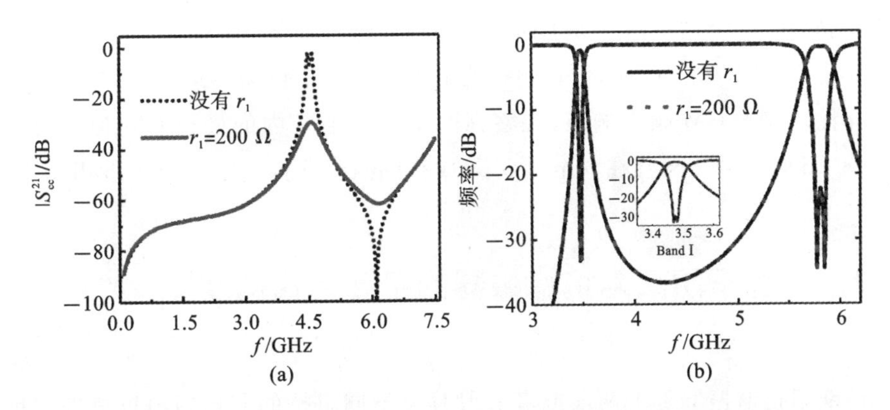

图 2-31　无隔离电阻时和 $r_1 = 200\ \Omega$ 时平衡 BPF 的频率响应

(a)CM 响应;(b)DM 响应

加隔离电阻时,两个 DM 通带内的最小 CM 抑制为 −55.8 dB 和 −62 dB,其具有高的 CM 噪声抑制能力。然而,CM 谐振频率 TM_{10} 在 4.5 GHz 处存在一个不希望的谐振峰。

为了抑制这个谐振峰,进一步提高平衡滤波器的噪声抑制能力,并加载在了双模 SSPR 的对称中心处,其仿真结果如图 2-31(a)所示的实线。当加载 200 Ω 的隔离电阻 r_1 后,CM 谐振峰被显著衰减了,从而实现了频率范围内的宽 CM 抑制。此外,图 2-31(b)中展示了被添加的隔离电阻对 DM 频率响应的影响,未隔离电阻时和 $r_1 = 200\ \Omega$ 时,得到的结果几乎未发生变化,说明被添加的隔离电阻对 DM 通带只有细微的影响。

本小节所设计的双通带平衡 BPF 的仿真结果如图 2-32 所示,两个通带分别工作在 3.48 GHz 和 5.81 GHz,对应的 FBW 为 0.816% 和 1.96%,与所规定的设

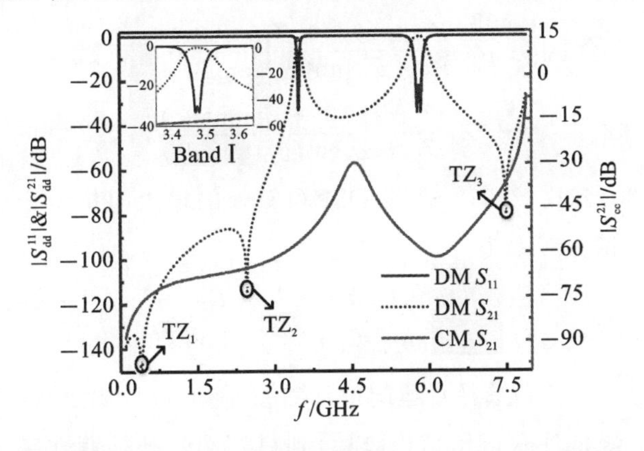

图 2-32　基于双模 SSPR 的双通带平衡 BPF 的频率响应

计指标吻合。两个通带内的最小插入损耗分别为－0.88 dB和－0.47 dB,带内回波损耗优于－22 dB。此外,仿真频率范围内存在三个传输零点,从而提高了通带的选择性。对于CM频率响应,观察到两个DM通带内的最小CM抑制分别为－55.8 dB和－62 dB,且在0至7.8 GHz范围内CM抑制皆大于－25 dB。

2.3 基于阶跃阻抗谐振器的平衡带通滤波器

阶跃阻抗谐振器是由两段或者多段具有不同阻抗的非均匀阻抗特性的传输线微带线组成。与均匀阻抗谐振器(Uniform Impedance Resonator,UIR)相比,SIR不仅具有更小的尺寸和更多影响谐振频率的结构参数,并且能够通过改变阻抗比和电长度来改变主模和次模谐振频率的频率差,更适用于高性能滤波器或者多频带滤波器的设计[11]。

2.3.1 基于SSPP馈电和非对称SIR结构的平衡带通滤波器设计

1.非对称SIR结构

本工作电路所提出的非对称SIR结构如图2-33(a)所示,其中$SIR^{Ⅰ}$和$SIR^{Ⅱ}$具有相同的特征阻抗比$R_Z=Z_2/Z_1$和不同的电长度比θ_2/θ_1和θ_4/θ_3。它们的DM和CM等效电路如图2-34(b)和图2-34(c)所示,根据传输线理论[6]可得$SIR^{Ⅰ}$和$SIR^{Ⅱ}$的DM和CM输入阻抗为

$$Z_{\mathrm{in,CM}}^{\mathrm{SIR}}=\mathrm{j}Z_2\frac{Z_1\tan(\theta_n)+Z_2\tan(\theta_m)}{Z_2-Z_1\tan(\theta_n)\tan(\theta_m)},\ {}_{\text{Ⅱ}:n=3,m=4}^{\text{Ⅰ}:n=1,m=2} \tag{2.30}$$

$$Z_{\mathrm{in,CM}}^{\mathrm{SIR}}=-\mathrm{j}Z_2\frac{Z_1\cot(\theta_n)-Z_2\tan(\theta_m)}{Z_2+Z_1\cot(\theta_n)\tan(\theta_m)},\ {}_{\text{Ⅱ}:n=3,m=4}^{\text{Ⅰ}:n=1,m=2} \tag{2.31}$$

根据式(2.30)和式(2.31),假设DM和CM的输入阻抗为无穷大,可以分别得到DM和CM谐振频率为

$$\tan(\theta_{\mathrm{n}})\tan(\theta_{\mathrm{m}})=R_z \tag{2.32}$$

$$\cot(\theta_{\mathrm{n}})\tan(\theta_{\mathrm{m}})=-R_z \tag{2.33}$$

根据公式(2.30)和(2.31)选择合适的设计参数,从而设计出具有相同的基频而高次谐波不同的平衡非对称SIR结构,以得到更宽的带外抑制效果。其中,基频和高次谐波的设计条件分别如下:

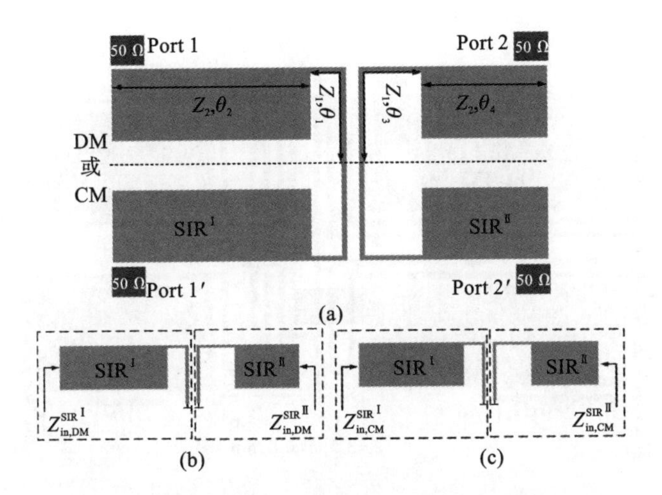

图 2-33　非对称 SIR 结构及其 DM 与 CM 等效电路

(a)非对称型 SIR 结构;(b)DM 等效电路;(c)CM 等效电路

$$f_{0,\text{DM}}^{\text{SIR I}} = f_{0,\text{DM}}^{\text{SIR II}} = f_0 \tag{2.34}$$

$$f_{\text{Si,DM}}^{\text{SIR I}} \neq f_{\text{Si,DM}}^{\text{SIR II}}, i = 1,2,\cdots \tag{2.35}$$

此外,为获得宽 CM 噪声抑制,平衡非对称 SIR 被设计为具有不同的 CM 杂散频率,设计条件如下:

$$f_{\text{Sj,CM}}^{\text{SIR I}} \neq f_{\text{Sj,CM}}^{\text{SIR II}}, j = 1,2,\cdots \tag{2.36}$$

2. 基于 SSPP 馈线的非对称 SIR 平衡滤波器

为验证上述设计方法,基于非对称 SIR 结构设计了一款工作频率在 0.85 GHz 的紧凑型平衡带通滤波器。所设计的 DM 通带具有纹波系数为 0.025 dB 的切比雪夫响应,相对应的 FBW 为 3.65%,所需的耦合系数 M 和外部品质因数 Q_e 分别为 $M=0.07$ 和 $Q_e=16$。

所提出的平衡滤波器结构如图 2-34 所示,相比较于其他基于 SIR 的微波电路,最大的不同之处在于人工表面等离激元(Spoof Surface Plasmon Polaritons, SSPPs)结构被引入到了馈电结构当中,以获得更好的带外抑制效果。为简化电路分析,假设 $2\theta_1=\theta_2$ 和 $\theta_3=\theta_4$,所得到的平衡非对称 SIR 的电参数值如下:SIR^{I} 的阻抗比 $R_z=0.155$,电长度 $\theta_1=15°$,$\theta_2=30°$,SIR^{II} 的阻抗比 $R_z=0.155$,电长度 $\theta_3=\theta_4=21.5°$。图 2-35 所示的是仿真分析得到的非对称 SIR 结构的基频和杂散频率的分布特性的影响。可观察到,虽然 SIR^{I} 和 SIR^{II} 在 DM 激励下,其基模谐振频率均为 0.85 GHz,但是它们的高次谐波并不相同,并且,SIR^{I} 和 SIR^{II} 的 CM

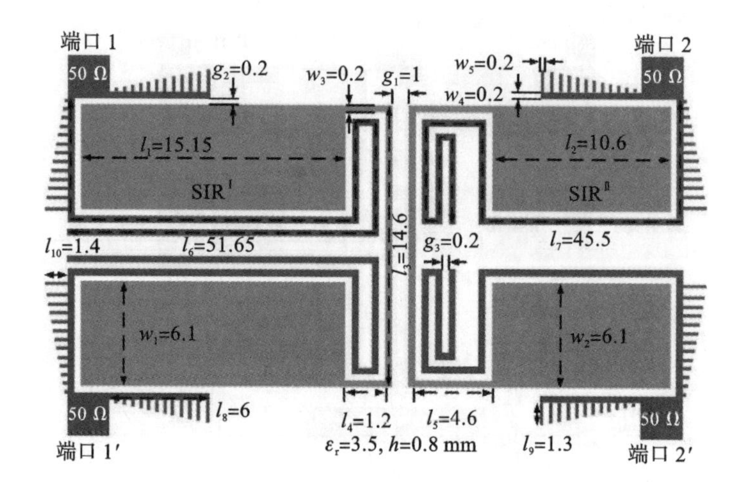

图 2-34　SIR 滤波器结构

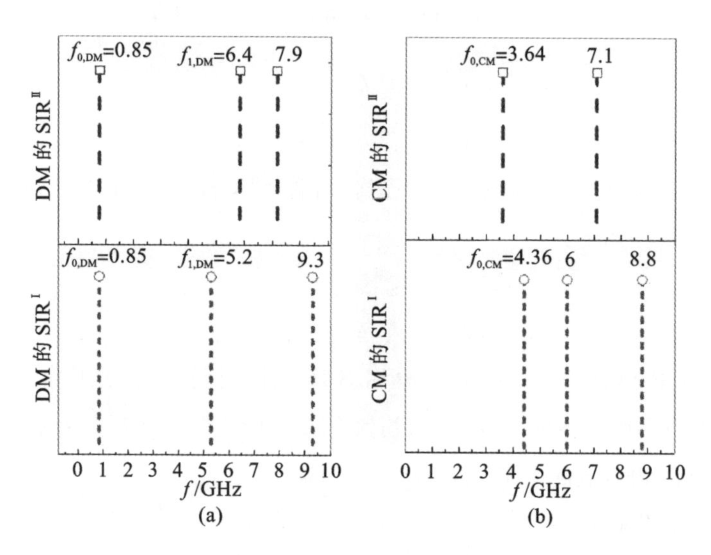

图 2-35　平衡非对称 SLR 对谐振频率的比较

(a)DM 激励；(b)CM 激励

谐振频率也不相同，这符合于式(2.34)至式(2.36)所讨论实现宽阻带效果的条件。因此，基于谐振的频率分布特性，所设计的平衡 BPF 将获得宽上阻带抑制及高 CM 噪声抑制能力。

此外，在图 2-34 中，采用了一种新颖的 SSPP 馈电结构，该结构可视为一个低通滤波器，从而能够进一步拓展上阻带宽度。而且，它还可以作为阻抗匹配部分来改善通带响应。为了验证所提出的 SSPP 馈电结构是否具有实际效果，对采用了 SSPP 馈电结构和未采用 SSPP 馈电结构的平衡 BPF 分别进行了仿真，并对其传输响应进行了比较，如图 2-36 所示。

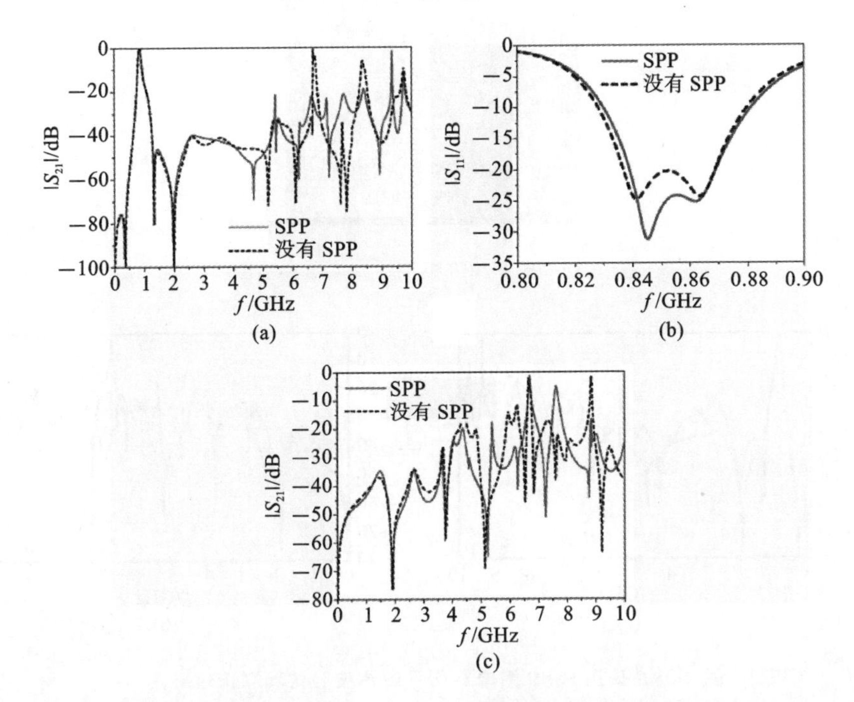

图 2-36　采用 SSPP 馈电结构和不采用 SPP 馈电结构的平衡带通滤波器传输响应比较

(a)DM 激励下的 $|S_{21}|$；(b)DM 激励下的 $|S_{11}|$；(c)CM 激励下的 $|S_{21}|$

如图 2-36(a)所示，对于 DM 响应，采用 SSPP 馈电结构的平衡 BPF 其上阻带抑制度大于－20 dB 范围被扩展到 9.3 GHz(10.94 f_0)，而未采用 SSPP 馈电结构的平衡 BPF 其上阻带抑制度大于－20 dB 范围仅在 6.6 GHz(7.76 f_0)。此外，如图 2-36(b)所示，采用 SSPP 馈电结构的平衡滤波器在 DM 通带内的回波损耗优于－25 dB，而未采用 SSPP 馈电结构的平衡滤波器的回波损耗仅优于－20 dB。并且，这两种平衡 BPF 的－3 dB FBW 均在 9.4%左右，说明采用的 SSPP 馈电结构对带宽的影响是微弱的。

对于 CM 响应的效果图如图 2-36(c)所示，采用 SSPP 馈电结构的滤波器其 CM 抑制效果在 0 到 10 GHz(11.76 f_0)范围内优于－17 dB。而未采用 SSPP 馈电结构的滤波器－17 dB 以上的 CM 抑制范围为 0～7.6 GHz(8.94 f_0)。

本工作电路所提出的具有 SSPP 馈电结构的平衡滤波器的实物图及仿真与测试结果分别如图 2-37 和图 2-38 所示。对于 DM 响应，采用 SSPP 馈电结构的平衡

图 2-37　基于 SPP 馈电的滤波器实物图

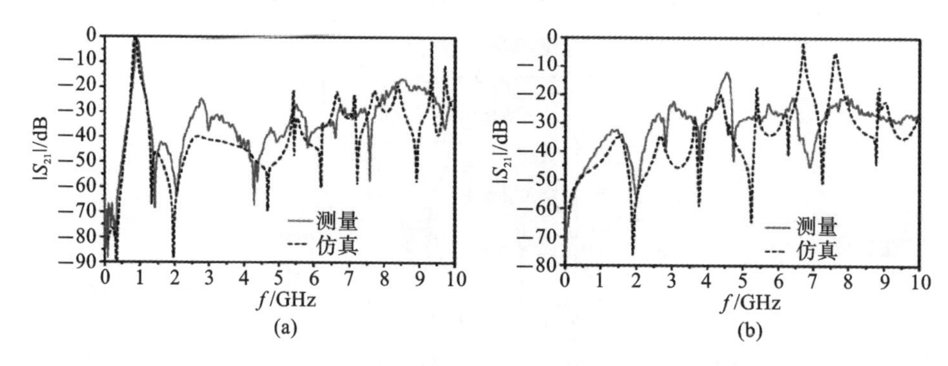

图 2-38　采用 SSPP 馈电结构平衡滤波器仿真测量效果图

(a)DM 响应;(b)CM 响应

BPF 在 0.9 GHz～10 GHz(1.8 f_0)范围内的带外抑制效果均优于－20 dB,且 DM 通带内的插入损耗小于－0.5 dB,如图 2-38(a)所示。此外,由于在馈线处引入了源-负(Source-Load,S-L)耦合的原因,在 0.4 GHz 和 1.2 GHz 处产生了两个传输零点,极大地提高了通带选择性。对于 CM 响应,采用 SSPP 馈电结构的滤波器不仅在 DM 通带内的 CM 抑制度优于－40 dB,并在宽频率范围内实现了高 CM 抑制,如图2-38(b)所示。

2.3.2　基于磁耦合电容加载 SIRs 的高选择性双通带平衡带通滤波器

在该小节中,为了实现多通带平衡滤波电路的设计,一种新颖的电容加载阶跃阻抗谐振器对(Capacitor-Loaded Stepped-Impedance Resonators,CLSIRs)结构被提出。它采用磁耦合的 CM 抑制方法和对电路结构的合理构建,是一款具有高选择性和宽阻带抑制的双通带平衡 BPF。

1. 谐振器分析

CLSIRs 结构的传输线模型如图 2-39(a)所示。它由一对电容连接的两个半波长 SIR 构成，其中所有的电长度均对应于 3.5 GHz，并且谐振器是关于中心平面(红色虚线)对称的。CLSIRs 在 DM 信号和 CM 信号激励下的传输响应如图 2-39(b)所示，前四个 DM 谐振频率被命名为 f_{d1}、f_{d2}、f_{d3} 和 f_{d4}，前三个 CM 谐振频率被定义为 f_{c1}、f_{c2} 和 f_{c3}。

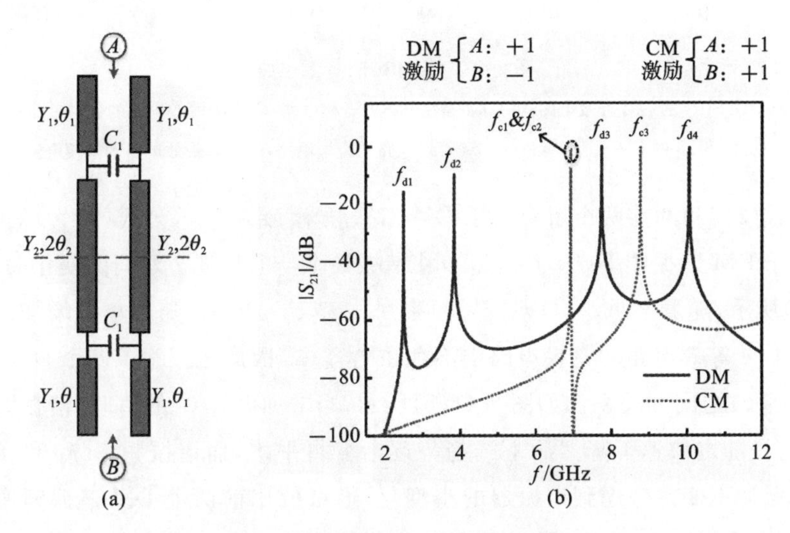

图 2-39 CLSIRs 结构及其传输响应

(a)CLSIRs 的传输线模型；(b)当 $Y_1=0.01$ S，$Y_2=0.014$ S，$\theta_1=45°$，$\theta_2=45°$，$C_1=0.5$ pF 时，弱耦合激励下 CLSIRs 的传输响应

由于谐振器结构存在对称特性，因此可以采用奇/偶模理论对电路结构进行简化分析。被简化后的 DM 等效电路和 CM 等效电路分别如图 2-40(a)和图 2-40(d)所示。又由于该 DM 等效电路和 CM 等效电路依然是对称的，因此奇偶模方法能够被再次使用。DM 等效电路的奇模和偶模电路分别如图 2-40(b)和图 2-40(c)所示，它们的输入导纳分别为($\theta_1=\theta_2=\theta$ 被设置以简化计算量)

$$Y_{\text{in-d1}} = \text{j}Y_1 \frac{Y_1\tan\theta - Y_2\cot\theta + 2\omega C_1}{Y_1 + Y_2 - 2\omega C_1\tan\theta} \tag{2.37}$$

$$Y_{\text{in-d2}} = -\text{j}Y_1 \frac{Y_2 - Y_1\tan^2\theta}{\tan\theta(Y_1 + Y_2)} \tag{2.38}$$

当 $Y_{\text{in-d1}}$ 或 $Y_{\text{in-d2}}$ 的虚部等于零时，DM 等效电路的谐振条件为

$$Y_1\tan\theta - Y_2\cot\theta + 2\omega C_1 = 0 \tag{2.39}$$

$$Y_2 - Y_1\tan^2\theta = 0 \tag{2.40}$$

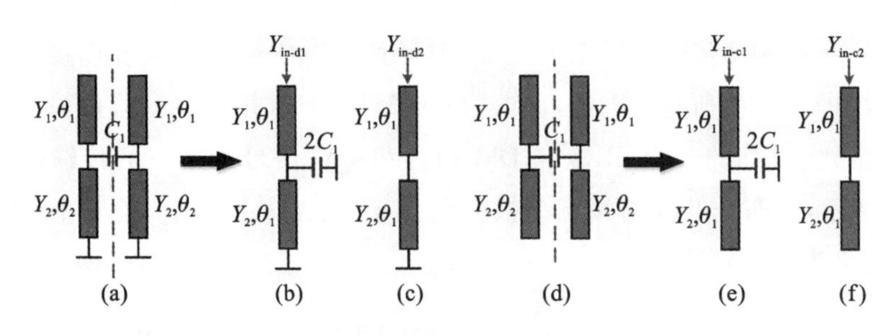

图 2-40 CLSIRs 的等效电路

(a)CLSIRs 的 DM 等效电路;(b)DM 等效电路的奇模电路;(c)DM 等效电路的偶模电路;(d)CLSIRs 的 CM 等效电路;(e)CM 等效电路的奇模电路;(f)CM 等效电路的偶模电路

公式(2.39)的前两个解对应于 DM 谐振频率 f_{d1} 和 f_{d3},公式(2.40)的前两个解对应于 DM 谐振频率 f_{d2} 和 f_{d4}。DM 谐振频率与电长度 θ_1 之间的变化关系如图 2-41(a)所示,随着 θ_1 减小,DM 谐振频率 f_{d1}、f_{d2}、f_{d3} 和 f_{d4} 随之单调增加。此外,由于在 DM 等效电路的奇模电路中不存在电容 C_1,因此也探索了四个 DM 谐振频率与电容 C_1 之间的关系。如图 2-41(b)所示,当增加电容 C_1 的值时,谐振频率 f_{d1} 和 f_{d3} 先是随之快速下降然后下降趋势逐渐变得平缓,而谐振频率 f_{d2} 和 f_{d4} 的位置几乎保持不变。考虑到谐振器的小型化,通常使用前两个 DM 谐振频率 f_{d1} 和 f_{d2} 来设计平衡 BPF 所需的两个通带。要得到所需的 f_{d1} 和 f_{d2},首先需要确定电长度 θ_1 的值,得到所需的 f_{d2},然后根据图 2-41(b),在不影响 f_{d2} 的情况下,调节 C_1 的值以获得所需的 f_{d1}。

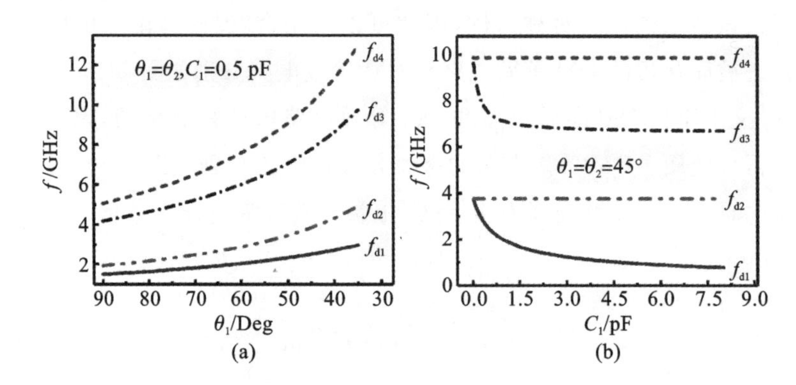

图 2-41 当 $Y_1=0.01$ S,$Y_2=0.014$ S 时,DM 谐振频率 f_{d1},f_{d2},f_{d3},f_{d4} 随电长度 θ_1 和电容 C_1 的变化关系

(a)随 θ_1 的变化;(b)随 C_1 的变化

CM 等效电路的奇偶模电路如图 2-40(e)和图 2-40(f)所示，其输入导纳为

$$Y_{\text{in-c1}} = \mathrm{j}Y_1 \frac{(Y_1 + Y_2)\tan\theta + 2\omega C_1}{y_1 - (Y_2\tan\theta + 2\omega C_1)\tan\theta} \tag{2.41}$$

$$Y_{\text{in-c2}} = -\mathrm{j}Y_1 \frac{\tan\theta(Y_1 + Y_2)}{Y_2\tan^2\theta - Y_1} \tag{2.42}$$

根据类似的方法，CM 等效电路的谐振条件为

$$(Y_1 + Y_2)\tan\theta + 2\omega C_1 = 0 \tag{2.43}$$

$$\tan\theta(Y_1 + Y_2) = 0 \tag{2.44}$$

公式(2.43)的前两个解对应 CM 谐振频率 f_{c1} 和 f_{c3}，公式(2.44)的第一个解对应 CM 谐振频率 f_{c2}。图 2-42(a)和图 2-42(b)所示的是频率差 $\Delta_1 = f_{c1} - f_{d2}$，$\Delta_2 = f_{c2} - f_{d2}$ 和 $\Delta_3 = f_{c3} - f_{d2}$ 随电长度 θ_1 和电容值 C_1 的关系。如图 2-42 所示，频率差 Δ_1、Δ_2 和 Δ_3 始终为一个正数，也就是说，CM 谐振频率始终远离所需要的 DM 谐振频率 f_{d1} 和 f_{d2}。

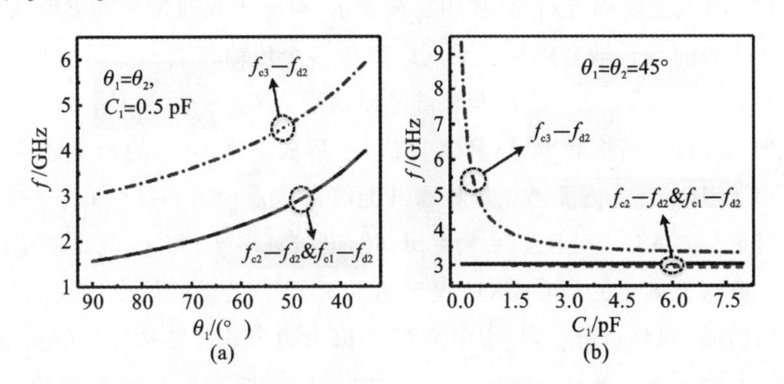

图 2-42　当 $Y_1 = 0.01$ S，$Y_2 = 0.014$ S 时，频率差 $\Delta_1(f_{c1} - f_{d2})$、$\Delta_2(f_{c2} - f_{d2})$ 和 $\Delta_3(f_{c3} - f_{d2})$ 随电长度 θ_1 和电容 C_1 的变化关系

(a)随 θ_1 的变化；(b)随 C_1 的变化

2. 双通带平衡 BPF 设计

在该小节中，所提出的 CLSIRs 将被用于构建一款双通带平衡 BPF。在 SIR 结构中，两个 DM 通带的中心频率为 2.5 GHz 和 3.5 GHz，具有带内纹波系数为 0.04321 dB 的切比雪夫频率响应，对应的 FBW 分别为 2.5%和 3.5%。

平衡滤波器的设计方案如图 2-43(a)所示，在 DM 信号激励时谐振器之间为磁耦合，而在 CM 信号激励时谐振器之间为电耦合。相较于电耦合方式，随着谐振器之间的间隙增加，磁耦合方式对能量的衰减更慢。因此，当谐振器之间存在一个较大的耦合间隙时，可以在实现正常的 DM 信号传输的同时，实现弱 CM 信

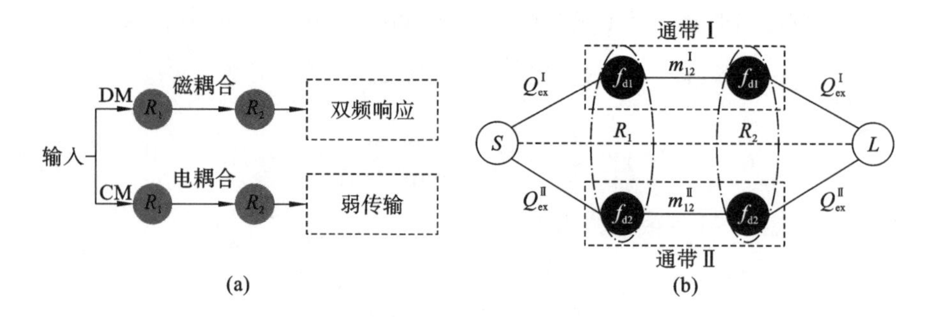

图 2-43　平衡滤波器的设计方案及其 DM 信号激励时的设计方案

(a)采用的设计平衡滤波器的方案；(b)DM 信号激励时平衡滤波器详细的设计方案

号传输，从而实现高 CM 抑制。

此外，在 DM 信号激励下，平衡 BPF 的详细耦合拓扑图如图 2-43(b)所示，其中节点 S 和 L 分别表示输入和输出端口，R_1 和 R_2 表示两个被采用的 CLSIRs。图 2-43(b)中的两条主要耦合路径(被用实线表示)对应于双通带平衡 BPF 的两个通带，并且一条弱的 S-L 耦合路径被引入以产生多个传输零点。所需的理论耦合系数为 $m_{12}^{\mathrm{I}}=0.027$，$m_{12}^{\mathrm{II}}=0.032$ 以及外部品质因数为 $Q_{\mathrm{ex}}^{\mathrm{I}}=41.6$，$Q_{\mathrm{ex}}^{\mathrm{II}}=35.0$。

根据上述讨论，谐振频率 f_{d1} 和 f_{d2} 将用于形成平衡 BPF 的两个通带。因此，所采用的 CLSIRs 首先需要被调整使得其能够在 $f_{\mathrm{d1}}=2.5$ GHz 和 $f_{\mathrm{d2}}=3.5$ GHz 处谐振，当 $\theta_1=\theta_2=49.35°$ 且 $C_1=0.4$ pF 时，谐振频率 f_{d1} 和 f_{d2} 满足期望值。

然后，根据被确定的电参数，所提出的平衡 BPF 的微带线模型随之被搭建完成，其布局如图 2-44(a)所示，其中电容 C_1 的值由两个 SIR 结构之间的交指电容实现。然而，考虑到寄生效应，图 2-44(a)中的结构需要被进行适当优化。图 2-44(b)所示的是 CLSIRs 在不同的参数 L_3 下的 DM 传输响应，随着 L_3 增加，f_{d1} 明显向低频处偏移，而 f_{d2} 几乎不发生改变，即谐振频率 f_{d1} 依然能够被独立调控。

图 2-45 所示的是谐振器在 f_{d1}、f_{d2}、f_{c1} 和 f_{c2} 处的电场密度分布。对于 f_{d1} 和 f_{d2} 来说，电场集中在谐振器的两端，磁场集中在谐振器的中间处。对于 f_{c1} 和 f_{c2} 来说，电场集中在谐振器的两端和中间处，磁场集中在谐振器的四分之一处。当谐振器通过电场强的位置进行耦合时，能够容易地实现电耦合；而当谐振器通过磁场强的位置进行耦合时，能够容易地实现磁耦合[12]。

两个相邻 CLSIRs 之间的耦合示意图如图 2-46(a)所示，且其 DM 和 CM 等效电路分别如图 2-46(b)和图 2-46(c)所示。基于上述的讨论，在 DM 激励下，两个 CLSIRs 之间的耦合方式以电耦合为主；相反地，在 CM 激励下，两个 CLSIRs 之间的耦合方式以磁耦合为主，这与图 2-43(a)中所展示的方案相符合。此外，耦合系

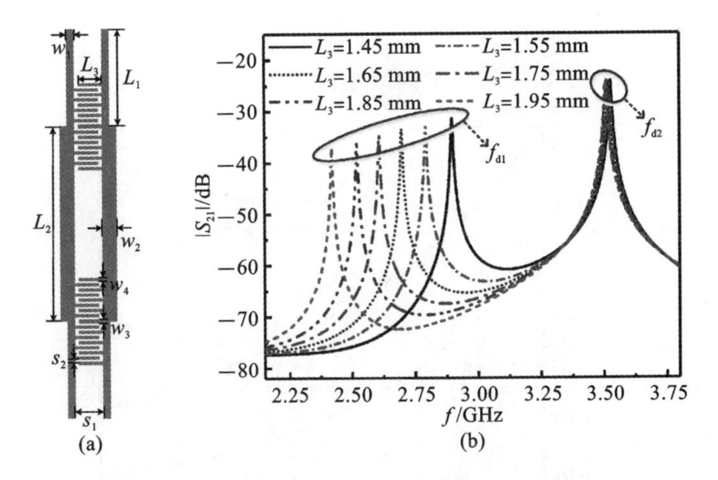

图 2-44　CLSIRs 的微带线模型及其 DM 传输响应

(a)CLSIRs 的微带线模型；(b)当 $L_1=6.6$，$L_2=13.2$，$w_1=0.5$，$w_2=1$，$w_3=0.2$，$w_4=0.15$，$s_1=2$，$s_2=0.15$(单位：mm)，CLSIRs 的 DM 传输响应随参数 L_3 的变化关系

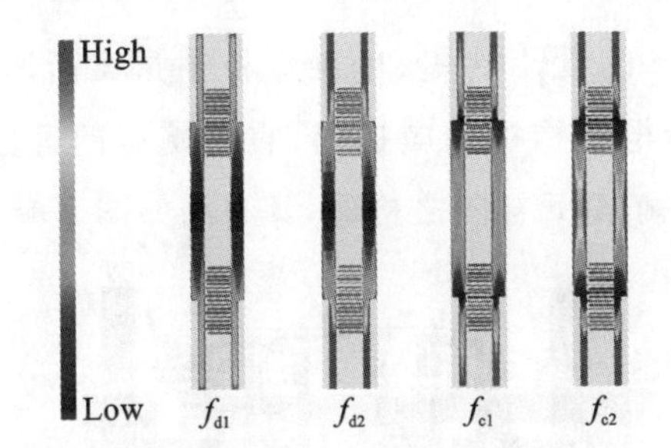

图 2-45　CLSIRs 在谐振频率 f_{d1}、f_{d2}、f_{c1} 和 f_{c2} 处的电场密度分布

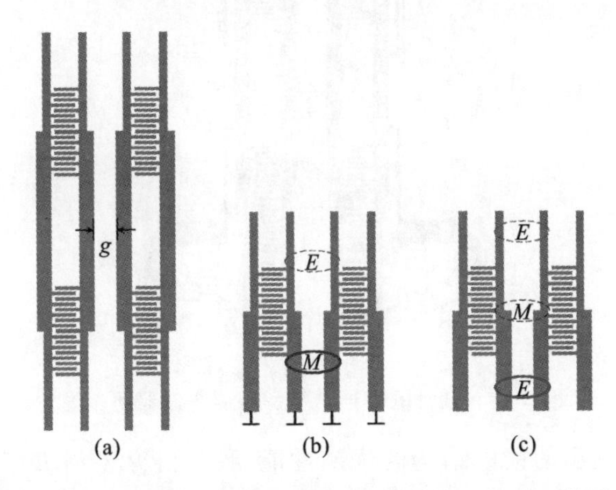

图 2-46　两个相邻 CLSIRs 之间的耦合及其 DM 和 CM 等效电路

(a)两个相邻 CLSIRs 之间的耦合；(b)DM 等效电路；(c)CM 等效电路

数随谐振器之间的耦合间隙 g 的变化关系如图 2-47 所示，随着间隙 g 被增加，通带Ⅰ和通带Ⅱ的耦合系数都随之单调减小。

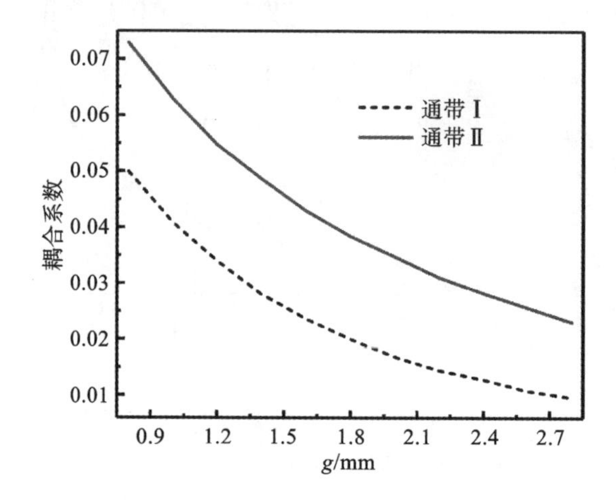

图 2-47　耦合系数随耦合间距 g 的变化关系

在双通带平衡 BPF 的设计中，Q_{ex} 的独立控制是灵活调节两个通带带宽的关键。为此，一种混合馈电结构被相应提出，它由蜿蜒的开路枝节和抽头线组成。基于此，一款双通带平衡 BPF 被随之构建，其布局如图 2-48 所示。

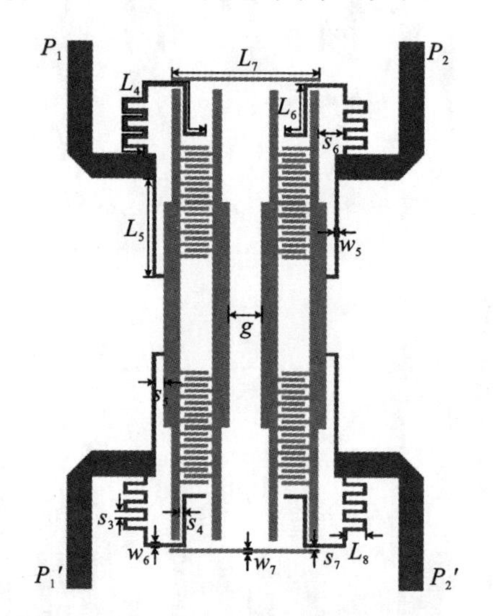

图 2-48　设计的双通带平衡带通滤波器的布局

为了展示所提出的馈电结构的优越性能，我们研究了当 $L_8=1.1$，$w_5=0.2$，$w_6=0.2$，$s_3=0.3$，$s_4=0.15$，$s_5=0.2$，$s_6=1.2$ 时（单位：mm），Q_{ex} 与关键参数 L_5、L_6 之间的关系。图 2-49(a)所示的是两个 DM 通带的 Q_{ex} 随参数 L_5 的变化关系，能

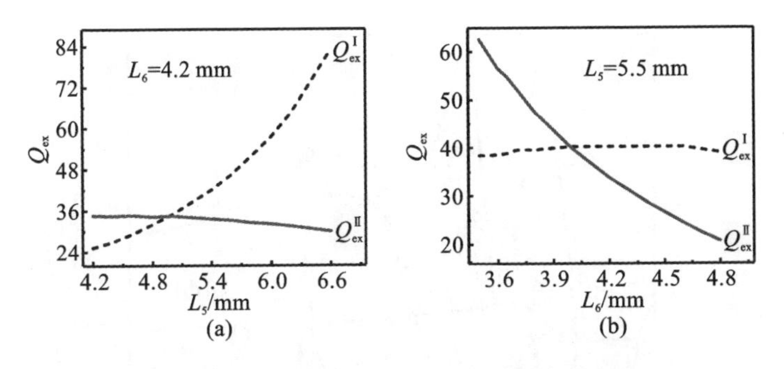

图 2-49　两个 DM 通带的 Q_{ex} 随参数的变化关系

(a)当 $L_6=4.2$ mm 时,Q_{ex}随参数 L_5 的变化关系;(b)当 $L_5=5.5$ mm 时,Q_{ex}随参数 L_6 的变化关系

够观察到,随着 L_5 增加,Q_{ex}^{I} 随之迅速增加,而 Q_{ex}^{II} 仅略有下降。并且,图2-49(b)所示的是 Q_{ex} 随参数 L_6 的变化关系,能够观察到,随着 L_6 增加,Q_{ex}^{II} 随之迅速下降,而 Q_{ex}^{I} 几乎不发生改变。因此,该结构能够首先通过调整 L_5 获得满足理论值所需的 Q_{ex}^{I},然后在不影响所得到的 Q_{ex}^{I} 的情况下通过调整 L_6 来满足所需的 Q_{ex}^{II}。

此外,由图 2-41(b)发现,随着电容 C_1 被增加,谐振频率 f_{d3} 将向低频处移动,因此可以对其进行抑制以获得宽阻带特性。图 2-50 所示的是参数 s_6 的变化对谐波 f_{d3} 的影响,能够观察到,随着 s_6 增加,谐波 f_{d3} 被衰减的幅度越大,而 f_{d1} 和 f_{d2} 只受到轻微的影响。

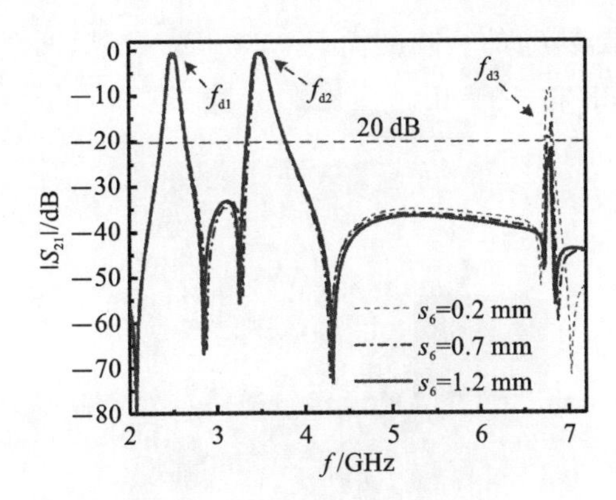

图 2-50　谐波 f_{d3} 的衰减度随参数 s_6 的变化关系

图 2-43(b)中微弱的 S-L 耦合是由长度为 L_7 的微带线引入的,所引入的 S-L 耦合对 DM 和 CM 传输响应的影响如图 2-51 所示。由于引入额外 S-L 耦合产生了多个 TZs,故进一步提高了通带的选择性。并且,虽然由于微带线(L_7,w_7)的引入,部分 CM 信号直接从源传输到了负载,但通带内仍然具有优于−30 dB 的 CM 抑制度。

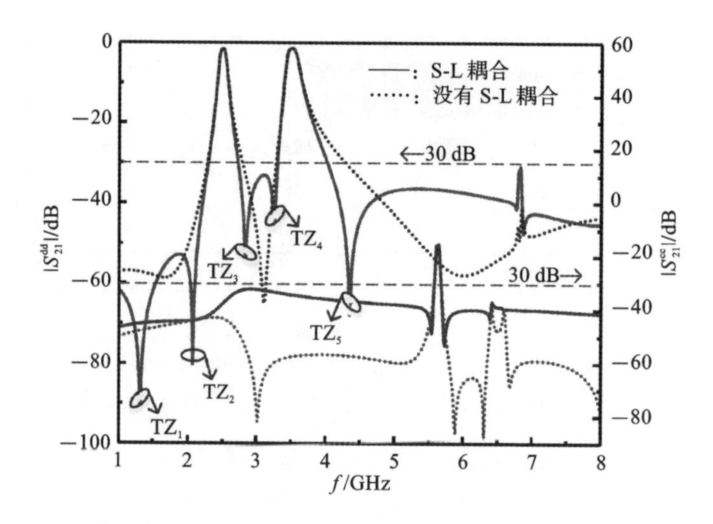

图 2-51　S-L 耦合对 DM 和 CM 传输响应的影响

基于上述讨论，滤波器最终被优化后的尺寸参数为 $L_3=1.85$，$L_5=5.8$，$L_6=4.2$，$L_7=9$，$g=1.8$，$w_7=0.2$，$s_6=1.2$，$s_7=0.15$(单位：mm)，其他的参数与上文中所给出的相同。所设计的双通带平衡 BPF(见图 2-52)的仿真频率响应如图 2-53 所示。其中，两个通带的中心频率分别为 2.495 GHz 和 3.491 GHz，对应的 FBW 分别为1.62%和 1.89%，与所要求的规格相吻合。两个通带内的回波损耗均优于－20 dB，且谐波 f_{d3} 的衰减度优于－30 dB。此外，两个通带内的最小 CM 抑制分别为－36.5 dB 和－34 dB。

图 2-52　双通带平衡 BPF 的实物图

为了进一步验证所提出的设计方法，图 2-48 中的双通带平衡 BPF 被采用微带线工艺制作在表面覆铜的介质基板上。图 2-52 中展示了所被加工的器件的照片，其不包括馈线的尺寸为 9.8 mm×27.9 mm。经测量后获得的结果如图 2-53 所示的虚线，第一个 DM 通带的中心频率为 2.303 GHz，带内最小 IL 为－2.03

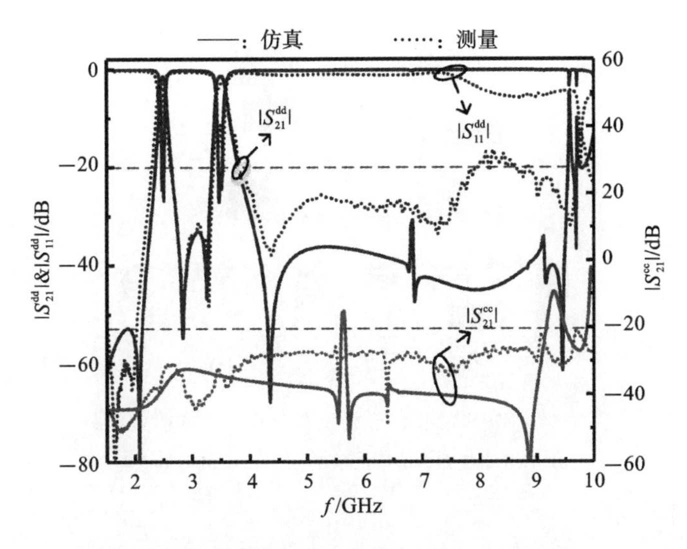

图 2-53　双通带平衡 BPF 的仿真和测量结果

dB;第二个 DM 通带的中心频率为 3.364 GHz,带内最小 IL 为 1.74 dB。与仿真结果相比,其产生偏差主要是由于加工和测量上的误差所导致的。此外,五个 TZs 分布在两个 DM 通带附近,且上阻带在优于−16.5 dB 衰减度的水平下达到了 9.55 GHz。整个测试范围内的 CM 抑制度均优于−20 dB。

2.3.3　基于八节阶跃阻抗环形谐振器的平衡三频带滤波器设计

为了进一步拓展通带个数,简化通信系统所需滤波器件数量,该小节提出了一种多模八节阶跃阻抗环形谐振器(Stepped-Impedance Ring Resonator,SIRR),并基于该谐振器设计了一款具有尺寸紧凑、宽频带 CM 抑制特性的平衡三通带 BPF。

1. 多模式八节阶跃阻抗环形谐振器设计

该工作所提出的八节 SIRR 的几何形状如图 2-54(a)所示,该谐振器由三种不同阻抗和电长度的传输线组成,分别由 Z_1、θ_1,Z_2、θ_2 和 Z_3、θ_3 表示。不同阻抗和电长度的传输线交替分布形成八节的环形谐振器,且谐振器沿着虚线所在的中心面上下左右对称分布。为了研究谐振器的谐振特性,采用奇偶模理论对它进行分析。

在 DM 激励下,对称面短路,其等效电路如图 2-54(b)所示。DM 等效电路的

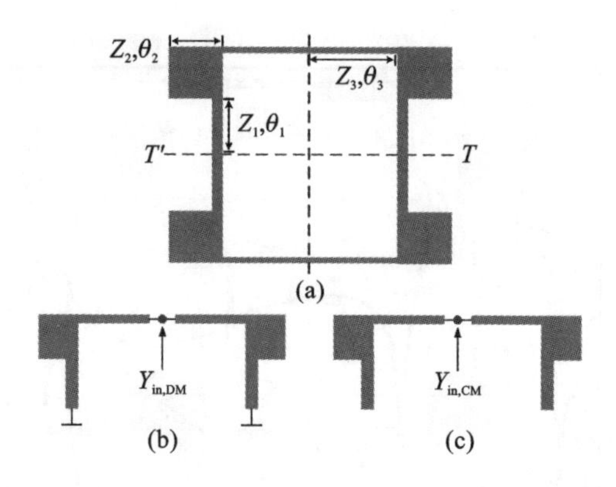

图 2-54　SIRR 的几何形状及其 DM 和 CM 等效电路

(a)SIRR 谐振器；(b)DM 等效电路；(c)CM 等效电路

输入导纳如下所示：

$$Y_{in,DM} = j\frac{2((Z_2+Z_3)Z_1\tan\theta_1\tan\theta_3 - Z_2Z_3 - Z_2^2\tan\theta_2\tan\theta_3)}{Z_2^2Z_3\tan\theta_2 + (Z_1+Z_3)Z_2Z_3\tan\theta_3 - Z_1Z_3^3\tan\theta_1\tan\theta_2\tan\theta_3} \tag{2.45}$$

当输入导纳 $Y_{in,DM}$ 的虚部为 0 时，SIRR 结构的 DM 等效电路的谐振条件为

$$\tan\theta_1\tan\theta_3 + K_2\tan\theta_1\tan\theta_3 - K_1\tan\theta_2\tan\theta_3 - K_1K_2 = 0 \tag{2.46}$$

式中，$K_1 = Z_2/Z_1$，$K_2 = Z_3/Z_2$。当 CM 激励下，CM 等效电路如图 2-54(c)所示。CM 等效电路的输入导纳如下所示：

$$\mathrm{Y}_{in,CM} = j\frac{(\mathrm{Z}_2^2\tan\theta_1\tan\theta_2\tan\theta_3 - \mathrm{Z}_2\mathrm{Z}_3\tan\theta_1 - \mathrm{Z}_1\mathrm{Z}_3\tan\theta_2 - \mathrm{Z}_1\mathrm{Z}_2\tan\theta_3)}{\mathrm{Z}_2^2\mathrm{Z}_3\tan\theta_1\tan\theta_2 + \mathrm{Z}_2\mathrm{Z}_3\tan\theta_1\tan\theta_3 + \mathrm{Z}_1\mathrm{Z}_2\mathrm{Z}_3} \tag{2.47}$$

因此，可类似推导出 SIRR 结构的 CM 等效电路的谐振条件为

$$\tan\theta_1\tan\theta_3 + K_2\tan\theta_1\tan\theta_3 - K_1\tan\theta_2\tan\theta_3 - K_1K_2 = 0 \tag{2.48}$$

根据式(2.46)和式(2.48)可知，所提出的 SIRR 通过改变电长度和特征阻抗的方法可以产生多个不同的 DM 谐振频率和 CM 谐振频率。此外，还可以绘制指定电长度比(U_1和 U_2)或特征阻抗比(K_1 和 K_2)的关系图来设计所需的谐振器。其中，$U_1 = \theta_1/(\theta_1+\theta_2+\theta_3)$，$U_2 = \theta_2/(\theta_1+\theta_2+\theta_3)$。

如图 2-55 所示，在选定电长度比 U_1 和 U_2 的情况下，通过改变阻抗比 K_1 和 K_2 时，可以得到 DM 频率比 f_{d3}/f_{d1} 与 f_{d2}/f_{d1} 及共模频率 f_{c2} 与 f_{c1} 变化图。同理，在选定 K_1 和 K_2 的情况下，同样可以得到类似的曲线图，如图 2-56 所示。因此，根据图 2-55 中指定的电长度比(U_1 和 U_2)或图 2-56 中指定的特性阻抗比(K_1 和 K_2)，可便捷地获得所需的 DM 谐振频率比，并将 CM 谐振频率与 DM 谐振频率分开，造成 CM 谐振频率的耦合系数和外部品质因数的不匹配，从而改善 CM 抑制水平。

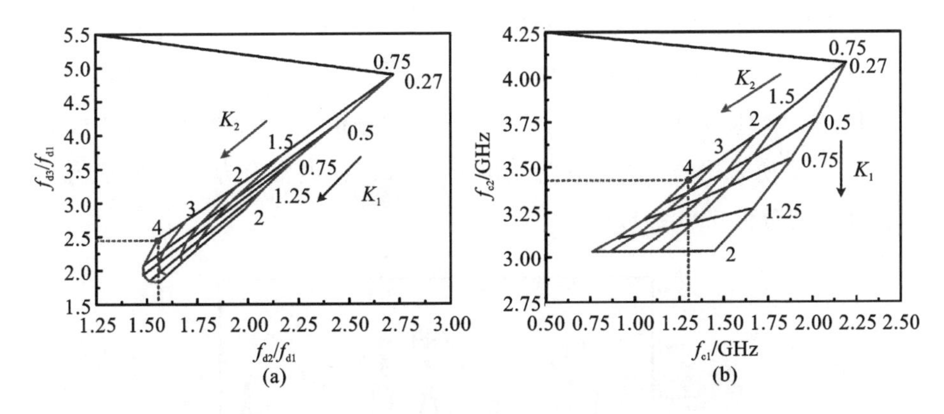

图 2-55　当 $U_1=0.3$ 和 $U_2=0.14$ 时，不同 K_1 和 K_2

(a)频率比 f_{d3}/f_{d1} 与 f_{d2}/f_{d1} 变化关系图；(b)频率比 f_{c2} 与 f_{c1} 变化关系调节图

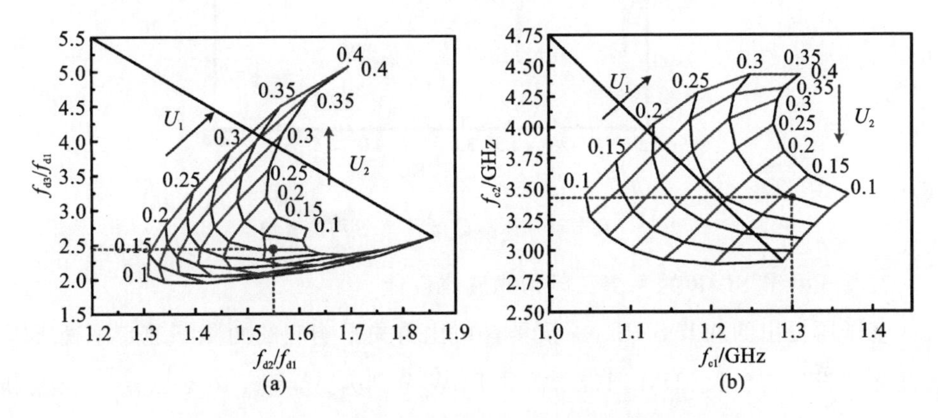

图 2-56　当 $K_1=0.28$ 和 $K_2=4.06$ 时，不同 U_1 和 U_2

(a)频率比 f_{d3}/f_{d1} 与 f_{d2}/f_{d1} 变化关系图；(b)频率比 f_{c2} 与 f_{c1} 变化关系图

为了验证八节 SIRR 结构的优良特性，将基于该谐振器设计一款平衡三通带 BPF。SIRR 被用于形成通带的三个 DM 谐振频率分别选为 1.60 GHz、2.48 GHz 和 3.92 GHz，因此 DM 频率比分别为 $f_{d2}/f_{d1}=2.48/1.60=1.55$ 以及 $f_{d3}/f_{d1}=3.92/1.60=2.45$。根据图 2-55(a)可以发现，当 $U_1=0.3$ 和 $U_2=0.14$ 时，选择阻抗比 $K_1=0.28$ 和 $K_2=4.06$，即可得到所需的 DM 频率比，如图 2-55 所示的点。同时，从图 2-55(b)中可以发现，当选定 $K_1=0.28$ 和 $K_2=4.06$ 后，此时前两个 CM 频率分别为 $f_{c1}=1.3$ GHz 和 $f_{c2}=3.42$ GHz，CM 频率在一定程度上远离 DM 频率。并且，考虑到电路的加工限制，选择 $Z_3=132.45\ \Omega$，然后相应的 $Z_2=32.6\ \Omega$ 和 $Z_1=115.4\ \Omega$ 随之被确定。随之，电长度 θ_1、θ_2、θ_3 分别被计算为 26.93°、12.47°、49.04°。类似地，根据图 2-56 也可获得满足所需频率比的各参数值。

基于上述所获得的电参数值，可随之相应得到八节 SIRR 的物理尺寸，在弱耦合激励下其差共模 $|S_{21}|$ 仿真结果如图 2-57 所示，其中 DM 谐振频率分别为 1.61 GHz、2.48 GHz 和 3.9 GHz，CM 谐振频率分别为 1.32 GHz、3.44 GHz 和 5.42 GHz。其所采用的介质基板为泰康尼 RF-35（介电常数为 3.5，厚度为 0.76 mm，损耗正切角为 0.0019）。

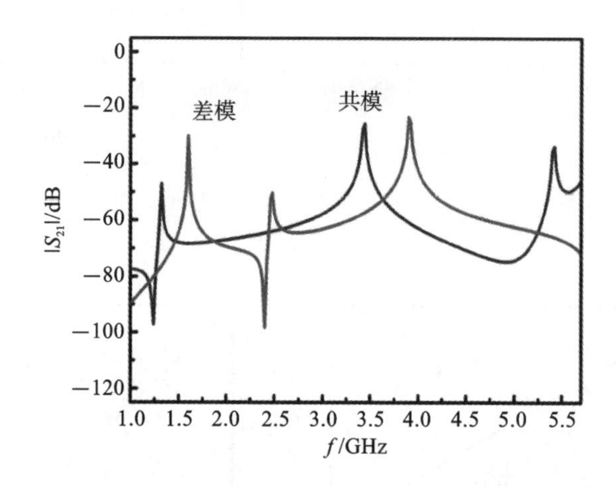

图 2-57　八节环形谐振器差共模 $|S_{21}|$ 仿真结果

2. 基于八节 SIRR 的平衡三频带滤波器设计

基于所提出的八节 SIRR，一款具有切比雪夫平响应的两阶三通带平衡 BPF 将随之被设计，其三个 DM 通带所需的 FBW 分别为 $\Delta_{1st}=0.46\%$、$\Delta_{2nd}=1.8\%$ 和 $\Delta_{3rd}=3.1\%$。

并且，通过将八节 SIRR 进行弯折可以有效减小电路整体尺寸，然后利用双馈线结构，通过多路径耦合设计出如图 2-58 所示的平衡三频带滤波器[17-19]。该平衡滤波器有三条耦合路径，第一条路径和第三条耦合路径沿横向的中心面上下对称分布；可以通过调节两个路径的参数调控谐振器之间的耦合系数，即通过调节物理参数 L_{C1}、L_{C2} 和 S_1、S_2，来满足三个 DM 通带的耦合系数设计；当选定合适的 L_{C1} 与 L_{C2} 的数值，DM 响应中三个通带的耦合系数主要由参数 S_1 和 S_2 调控。耦合系数的提取由下式计算[6]，即

$$M_{i,i+1}=\frac{f_{p2}^2-f_{p1}^2}{f_{p2}^2+f_{p1}^2} \tag{2.49}$$

基于以上公式并通过仿真软件，选定 $L_{C1}=4.35$ mm，$L_{C2}=5.7$ mm。同时，提取了如图 2-59 所示的 DM 响应三个通带的耦合系数与耦合间距 S_1 和 S_2 的变化关

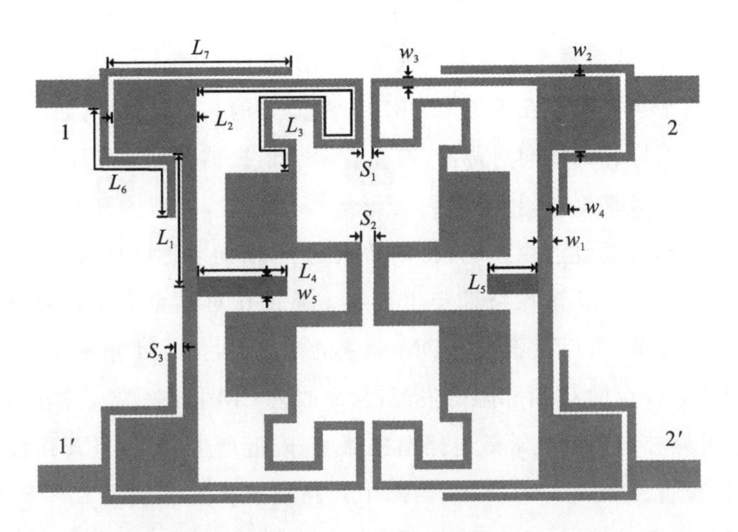

图 2-58　开路枝节加载平衡三通带滤波器结构图

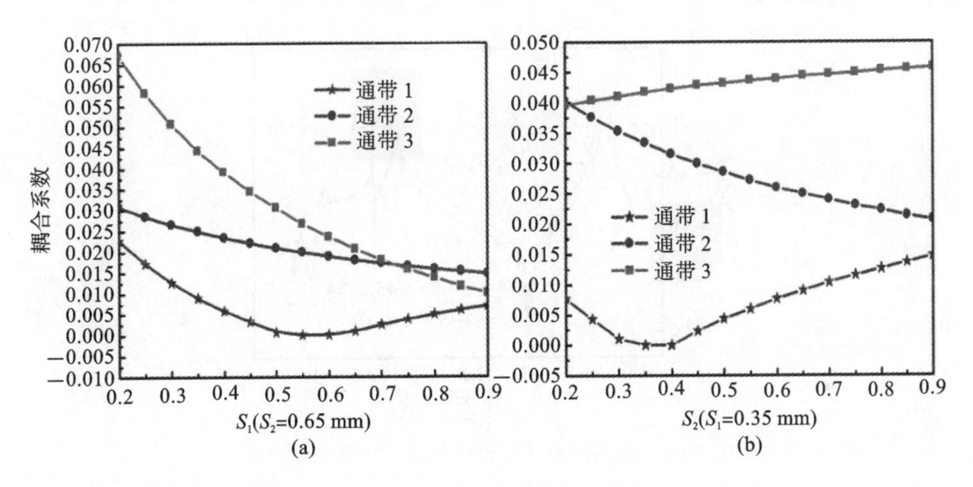

图 2-59　不同参数下的耦合系数提取

(a) S_1；(b) S_2

系图。从图 2-59 中可以发现：①第一个和第二个 DM 通带的耦合系数都可以由 S_1 和 S_2 调控，第三个频带的耦合系数主要通过 S_1 调控；②第一个 DM 通带的耦合系数会随 S_1 和 S_2 增大而减小到一个最小值后又开始增大，而第二个 DM 通带的耦合系数会随 S_1 和 S_2 增大后一直处于减小状态；③第一个 DM 频带的耦合系数处于较小的值。根据以上规律，依据低通原型元件值计算 DM 响应各通带的耦合系数。耦合间距 S_1 = 0.35 mm，S_2 = 0.65 mm 可以满足设计的需求。此外，在外

部 Q 值方面，通过采用双馈线结构对滤波器馈电，提高平衡多频带滤波器外部 Q 值调控的自由度，从而易于满足三个通带所需的外部 Q 值。

为了改善平衡滤波器在第二个 CM 频率 f_{c2} 处的共模抑制度，如图 2-58 所示，在滤波器中虚线标注的横向对称面，给左右两个谐振器分别加载不同长度的开路枝节。因为在 DM 激励下，横向对称面形成等效电壁，加载的开路枝节等效短路点不会对 DM 谐振特性产生影响；在 CM 激励下，横向对称面形成磁壁等效开路，加载的开路枝节对 CM 谐振特性产生影响。通过在对称面给左右两个谐振器加载不同长度的枝节，可以在不影响 DM 频率的情况下，把 CM 频率 f_{c2} 处的两个极点错开，使两个极点的 Q 值和阻抗失配，从而改善 CM 抑制效果。同时，依据仿真发现，加载开路枝节后共模等效电路谐振器 f_{c2} 附近产生零点，且开路枝节长度可调节零点的位置。如图 2-60 所示，当两个开路枝节长度分别为 $L_4=6.45$，$L_5=4$ mm 时，零点位于 $f_{c2}=3.42$ GHz 的两个极点之间，极大地改善了 $f_{c2}=3.42$ GHz 处的 CM 抑制效果。

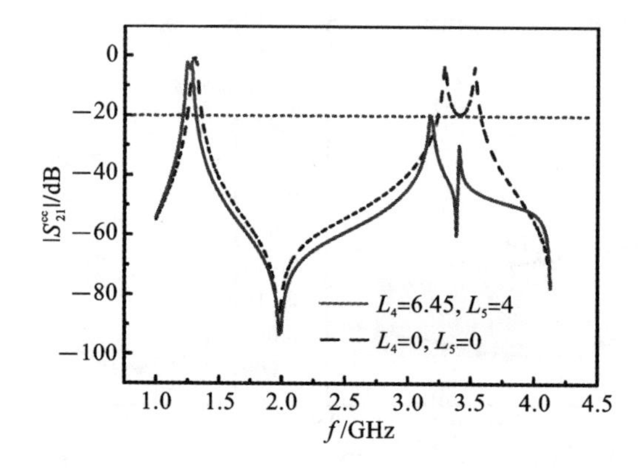

图 2-60　对称面加载开路枝节对 CM 抑制的影响

图 2-61 所示的是平衡三频带滤波器的仿真和实测结果图。可以发现，对于平衡滤波器的 DM 响应，其三个通带中心频率分别为 1.57 GHz、2.4 GHz 和 3.89 GHz，对应的 3 dB-FBW 分别为 1.2%、4.63%和 7.4%。通带内的插入损耗分别为−1.37 dB、−0.42 dB 和−0.32 dB，同时在 1.81 GHz、3.07 GHz 以及 4.61 GHz 处产生了三个零点，进一步提高了 DM 通带的选择性和带外抑制度。在 8 GHz 范围内带外抑制优于−20 dB，具有宽阻带抑制能力。对于 CM 响应，DM 通带内的三个共模抑制效果分别达到−50 dB、−48 dB、−50 dB。且在 1 GHz～5.2 GHz 范围内的共模抑制效果均优于−20 dB。

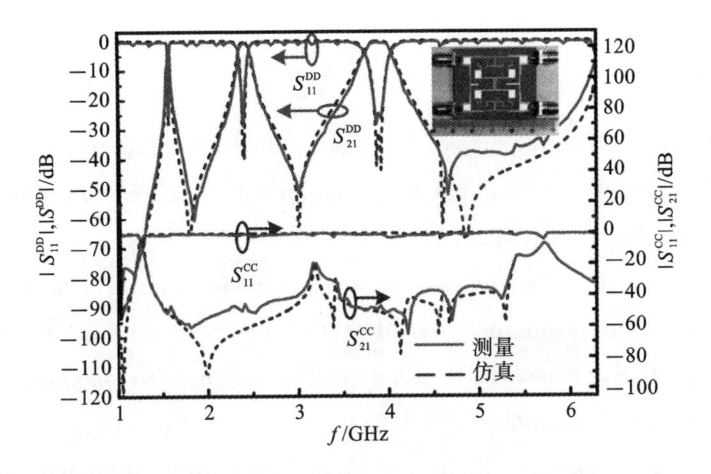

图 2-61　平衡三频带滤波器仿真与实物测试图

2.4　小结

本章讨论了几种经典的贴片及 SIR 的结构特性，并采用奇偶模分析理论对谐振器的谐振特性进行了详细分析。由于贴片谐振器和 SIR 内部蕴含的多模特性使其能很好地应用于平衡 BPF 的设计中。本章首先利用半圆形贴片谐振器的谐振特性设计了一款具有高 CM 抑制特性的平衡 BPF。紧接着，本章采用了单通带滤波器并联的方法组合设计了一款双通带平衡滤波器。随后，为充分发掘贴片谐振器的多模谐振特性，基于方形贴片的 TM_{01} 和 TM_{11} 模提出了另一款尺寸紧凑的双通带平衡带通滤波器。

本章对 SIR 结构在微波滤波电路中的应用同样进行了系列研究，首先基于非对称 SIR 与 SSPP 馈电结构的结合，设计了一款具有宽阻带抑制和宽 CM 抑制特性的平衡 BPF，实现了信号在 DM 通带内的高质量传输；随后基于对 SIR 的多模特性的研究探索，提出了两种新型的谐振单元结构(CLSIRs 和八节 SIRR)，并基于该单元结构分别构建了一款具有通带可控特性的高选择性双通带平衡 BPF 和一款设计灵活的具有紧凑尺寸的三通带平衡 BPF。所构建的两款平衡滤波器的 DM 通带均设计良好，具有高 CM 噪声抑制能力，且测试结果很好地验证了所提出的设计方法与理论。

参考文献

[1] R. Zhang, L. Zhu, S. Luo. Dual-mode dual-band bandpass filter using a single slotted circular patch resonator [J]. *IEEE Microw. Wireless Compon. Lett.*, 2012, 22(5): 233-235.

[2] K. Phaebua, C. Phongcharoenpanich. Characteristics of a microstrip semi-circular patch resonator filter [J]. 2008 *5th International Conference on Electrical Engineering/Electronics, Computer, Telecommunications and Information Technology*, 2008: 273-276.

[3] Q. Liu, J. Wang, G. Zhang, et al. A new design approach for balanced bandpass filters on right-angled isosceles triangular patch resonator [J]. *IEEE Microw. Wireless Compon. Lett.*, 2019, 29(1): 5-7.

[4] R. Garg, P. Bhartia, I. Bahl, et al. *Microstrip Antenna Design Handbook* [M]. MA, Norwood: Artech House, 2001.

[5] Hong, Jia Shen G., Michael J. Lancaster. *Microstrip filters for RF/microwave applications* [M]. State of New Jersey: John Wiley & Sons, 2004.

[6] H. Wang, K. W. Tam, S. K. Ho, et al. Short-ended self-coupled ring resonator and its application for balanced filter design [J]. *IEEE Microw. Wireless Compon. Lett.*, 2014, 24(5): 312-314.

[7] L. L. Qiu, Q. X. Chu. Balanced bandpass filter using stub-loaded ring resonator and loaded coupled feed-line [J]. *IEEE Microw. Wireless Compon. Lett.*, 2015, 25(10): 654-656.

[8] I. Wolff. Microstrip bandpass filter using degenerate modes of a microstrip ring resonator [J]. *Electronics letters*, 1972, 8(12): 302-303.

[9] X. Guo, L. Zhu, W. Wu. Balanced wideband/dual-band BPFs on a hybrid multimode resonator with intrinsic common-mode rejection [J]. *IEEE Trans. Microw. Theory Techn.*, 2016, 64(7): 1997-2005.

[10] Q. Liu, J. Wang, L. Zhu. A new balanced bandpass filter with improved performance on right-angled isosceles triangular patch resonator [J]. *IEEE Trans. Microw. Theory Techn.*, 2018, 66(11): 4803-4813.

[11] Q. Liu, J. Wang, Y. He. Compact balanced bandpass filter using isosceles right triangular patch resonator[J]. *Electronics Letters*, 2017, 53(4): 253-254.

[12] Z. Tan, Q. Lu, J. Chen. Differential dual-band filter using ground bar-loaded dielectric strip resonators[J]. *IEEE Microw. Wireless Compon. Lett.*, 2020, 30(2): 148-151.

[13] T. Gupta, M. J. Akhtar, A. Biswas. Dual-mode dual-band compact balanced bandpass filter using square patch resonator[J]. *Proc. Asia-Pacific Microw. Conf.* (*APMC*), 2016: 1-4.

[14] D. F. Guan, P. You, Q. Zhang, et al. Hybrid spoof surface plasmon polariton and substrate integrated waveguide transmission line and its application in filter[J]. *IEEE Trans. Microw. Theory Techn.*, 2015, 65(12): 4925-4932.

[15] J. Dong, J. Shi, K. Xu. Compact wideband differential bandpass filter using coupled microstrip lines and capacitors[J]. *IEEE Microw. Wireless Compon. Letters*, 2019, 129(7): 444-446.

[16] T. Yan, D. Lu, J. Wang, et al. High-selectivity balanced bandpass filter with mixed electric and magnetic coupling[J]. *IEEE Microw. Wireless Compon. Letters*, 2016, 26(6): 398-400.

[17] W. Feng, W. Che, Q. Xue. Balanced filters with wideband common mode suppression using dual-mode ring resonators[J]. *IEEE Trans. Circuits Syst. I, Exp. Briefs.: Regular Papers*, 2015, 62(6): 1499-1507.

[18] F. Wei, Y. Jay Guo, P. Y. Qin, et al. Compact balanced dual-and tri-band bandpass filters based on stub loaded resonators[J]. *IEEE Microw. Wireless Compon Lett.*, 2015, 25(2): 76-78.

[19] D. Packiaraj, M. Ramesh, A. T. Kalghatgi. Design of a tri-section folded SIR filter[J]. *IEEE Microw. Wireless Compon. Lett.*, 2006, 16(5): 317-319.

第3章　基于分支线多模谐振结构的平衡微波滤波电路

平衡式微波滤波电路因其特殊的双端口输入/输出拓扑结构，对于大多数环境噪声和电路组件产生的电子噪声具有优越的抑制能力，从而为解决通信设备之间的电磁干扰问题以及大幅度提高接收机的信噪比和改善发射机的效率提供了解决思路[1]。然而，随着天文观测、电子对抗等高精度要求应用场景的发展需求，它对滤波电路的选择性(带内插入损耗、带外抑制、过滤带宽度、通带矩形度)提出了更高的要求。根据滤波器经典设计理论[2]，滤波器的阶数越高，越接近于理想的矩形传输特性。因此，为了提高滤波器的选择性，提高阶数是一种直接有效的方法。然而，多数传统谐振单元结构的非完全对称性以及可控参量较少，导致耦合自由度较低，从而较难适应于谐振单元间的多路径耦合级联[3-5]。而且，另一个问题是，滤波器阶数的增加会使得电路总体尺寸增加，而受限于传统覆铜介质基板的固有损耗，电路的高导体损耗反而使得滤波器的选择性更差。

分支线谐振结构具有丰富的谐振模式特性，在满足谐振单元间的多路径耦合的同时，其结构的完全对称特性宜于高阶拓展。并且，随着超导材料研究的进步，基于零电阻特性高温超导(High Temperature Superconductor，HTS)材料的微波滤波器可有效解决因高阶拓展所引起的严重导体损耗问题[6-8]。因此，基于分支线谐振结构和高温超导技术的结合以探索高阶平衡滤波电路的设计方法与理论，并在此基础上研制出多种新型高选择性平衡微波滤波电路，为具有强抗干扰和高灵敏度的平衡式射频前端及无线设备研制提供一定的理论依据和实验途径具有重要意义。

本章讨论了一款基于分支线谐振结构的具有高选择性和宽阻带特性 HTS 平衡滤波电路的设计。另外，考虑到现代通信系统的工作频段通常是多个不连续信道的频率信号，为有效减少使用器件的数量，达到降低能量损耗和降低设备成本的目的，又讨论研究了一些基于分支线谐振结构的多通带滤波电路的设计，包括可系统综合设计的双宽带平衡滤波器、具有高选择性的高阶 HTS 双通带和三通带平衡滤波器。

3.1　分支线谐振结构的基本分析

图 3-1 所示的是传统半波长谐振器演进为分支线谐振结构的示意图，其改变之处在于将半波长谐振器首尾两端的低阻抗线段（Y_1，θ_1）演变为两段并联的相同高阻抗线段（$Y_1/2$，θ_1），具有更多的设计自由度。其中可注意到的是，演变后的两个传输线段导纳为原先的二分之一，而电长度不变。并且，通过求解 $Y_{\mathrm{in}1}=\mathrm{j}Y_1\tan\theta_1$ 以及 $Y_{\mathrm{in}2}=\dfrac{\mathrm{j}Y_1\tan\theta_1}{2}+\dfrac{\mathrm{j}Y_1\tan\theta_1}{2}=\mathrm{j}Y_1\tan\theta_1$，可发现它们的输入导纳是相等的，进一步验证了所演进而来的分支线谐振结构与传统的半波长谐振器之间是等效的。

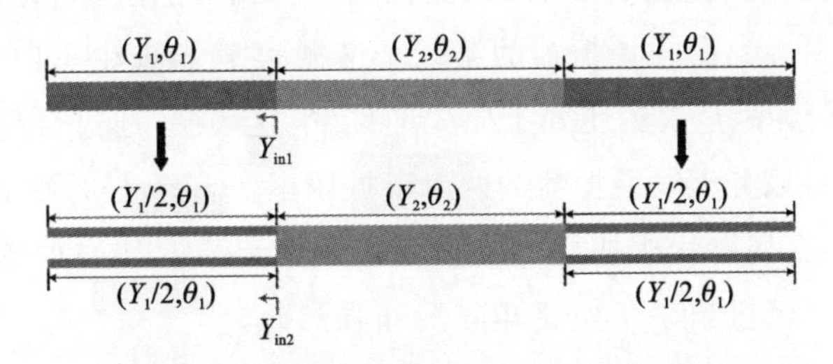

图 3-1　半波长谐振器演变为 SLRS 示意图

类似地，该分支线技术同样可应用于传统的四分之一波长（$\lambda/4$，Quarter Wavelength）谐振器中。图 3-2(a)所示的是传统的 $\lambda/4$ 谐振器，对其首尾两端进

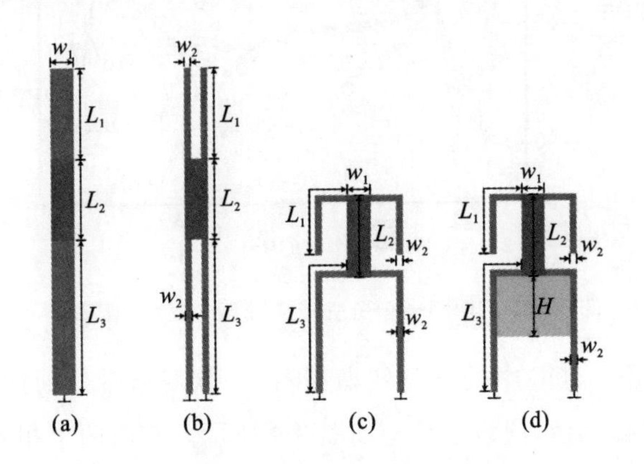

图 3-2　四种类型谐振器结构

(a)传统 $\lambda/4$ 谐振器；(b)$\lambda/4$ 分支线谐振器；(c)折叠的 $\lambda/4$ 分支线谐振器；(d)贴片加载折叠的 $\lambda/4$ 波长分支线谐振器

行演化，得到如图 3-2(b)所示的 $\lambda/4$ 分支线谐振器。并且可观察到的是，演化后枝节的线宽明显减小，这是因为导纳只有原先的二分之一，从而可进行折叠操作减小谐振器尺寸，折叠后的 $\lambda/4$ 分支线谐振器如图 3-2(c)所示。为演示分支线谐振结构的基本谐振特性以及在微波电路设计中的实际应用，本小节将基于 $\lambda/4$ 分支线谐振器设计一款双通带滤波器。

首先，为实现对分支线谐振器中两个用于形成通带的谐振频率的控制，其中一个高度为 H 的金属贴片被加载在折叠后的 $\lambda/4$ 分支线谐振器上，所获得的结构如图 3-2(d)所示。

图 3-3 所示的是图 3-2 中四种类型分支线谐振器在弱激励下的仿真频率响应。由图 3-3 中可以观察到，图 3-2 中的前三个谐振器的两个谐振频率 f_1 和 f_2 位于相同的位置，进一步验证了所展示的演变过程的合理性。同时，由于被加载了一个金属贴片，图 3-2(d)中谐振器的第二个谐振频率 f_2 发生了向低频处的偏移，而其第一个谐振频率 f_1 依然还处于原先的位置，这表明，通过合理调控所加载的金属贴片，可以对该分支线谐振器的两个谐振频率 f_1 和 f_2 进行独立控制。产生该现象的原因在于金属贴片所加载的位置在第一个谐振频率 f_1 处的电压分布较为微弱，而在第二个谐振频率 f_2 处的电压分布强烈[9]。

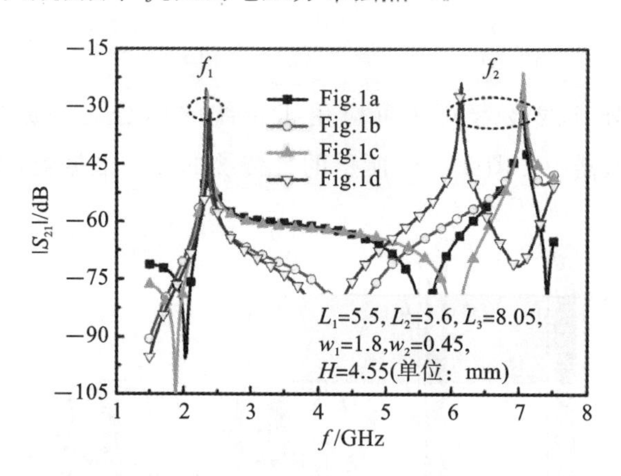

图 3-3　图 3-2 中的四种类型分支线谐振器在弱激励下的频率响应

之后，基于图 3-2(d)中的分支线谐振器，一款双通带带通滤波器(Bandpass Filter，BPF)随之被构建，滤波器结构如图 3-4 所示。它由两个相同的贴片加载折叠的 $\lambda/4$ 分支线谐振器和一对馈电结构所构成，其中 S_1 是上端相邻分支线之间的耦合间隙，S_2 是下端相邻被加载金属贴片的分支线之间的耦合间隙，通过控制这两个耦合间隙实现对两条耦合路径(图 3-4 中的路径Ⅰ和路径Ⅱ)的单独控制。并

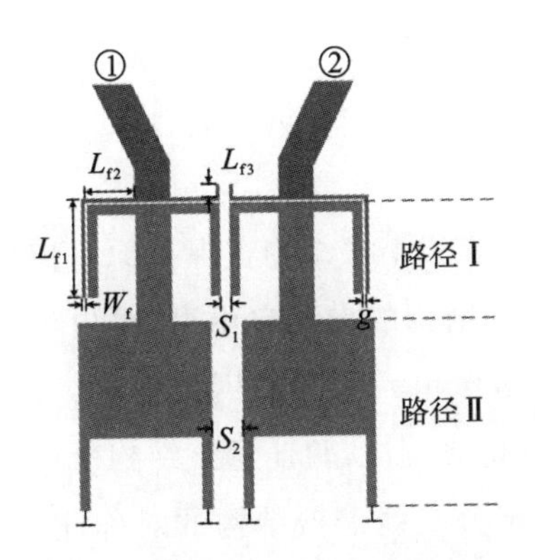

图 3-4　所设计的双通带滤波器结构

且值得说明的是，通过左右灵活移动分支线，在改变耦合间隙 S_1 和 S_2 的同时基本不会影响到谐振器的谐振特性，其耦合自由度高。另外，采用耦合馈电方式实现谐振器与外部馈电结构之间的耦合，通过选择耦合线的长度 $L_{f1}+L_{f2}$ 和间隙 W_f 对耦合强度（外部质量因子）进行调控。

为了验证所提出的分支线谐振器在微波电路设计中的实际可行性，对图 3-4 中的滤波器进行了仿真设计及加工测试，所采用介质基板类型为介电常数 3.38 F/m、厚度 0.813 mm 的罗杰斯 RO4003。图 3-5 所示的是双通带滤波器的仿真与测试结果以及所加工制作的电路的照片，其中电路尺寸分别为 $L_1=5.5$，$L_2=5.6$，$L_3=8.05$，$w_1=1.8$，$w_2=0.45$，$H=4.35$，$L_{f1}=4.25$，$L_{f2}=2.05$，$L_{f3}=0.5$，$W_f=0.15$，$g=0.1$，$S_1=0.3$，$S_2=0.5$（单位：mm）。两个通带的中心频率分别为 2.36 GHz 和 5.83 GHz，相对应的 3 dB 相对带宽（Fractional Bandwidth，FBW）分别为 5.8% 和 3.1%。在两个通带的中心频率位置所测试到的插入损耗分别为 −1.1

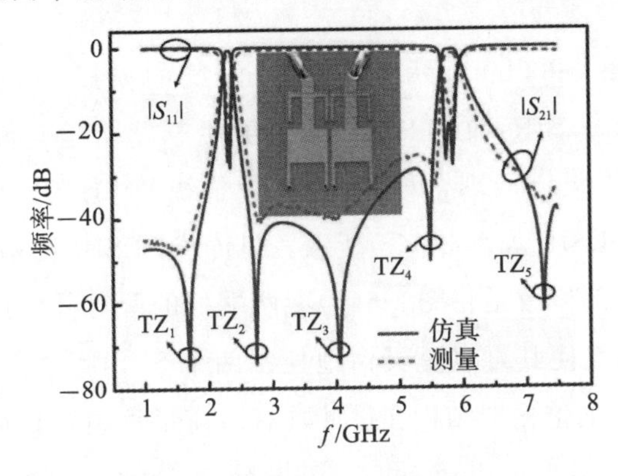

图 3-5　双通带滤波器的仿真、测试结果及其实物图

dB 和−1.6 dB。此外，在观测频率范围内共出现了 5 个 TZs(Transmission Zeros，TZs)，这主要得益于源-负载耦合方法的使用[10]，进一步提高了通带的选择性和通带之间的隔离度。

综上可知，所提出的分支线谐振结构在保持原有传统谐振单元所具有的谐振特性基础上，进一步提升了结构的设计自由度，可更灵活地对其内在多个谐振模式进行控制，以及更方便谐振单元之间的耦合级联。并且，通过对基于分支线谐振结构的双通带滤波器的仿真测试，验证了该结构所讨论的特性在微波电路设计中的可实用性。此外，由于分支线谐振结构的对称性和耦合自由度高的特点，它同样可被应用于高阶电路设计中，这将在之后的小节中进行讨论。

3.2 基于分支线阶跃阻抗谐振器的高阶超导平衡滤波器

本节研究的是一种新型的分支线阶跃阻抗谐振器(Shunted-Line Stepped Impedance Resonator，SLSIR)，并将其应用于具有低插入损耗和高 CM 噪声抑制能力的高阶超导平衡滤波器的实现。此外，与传统 SLSIR 拓扑结构相比[11]，本节所提出的新型 SLSIR 拓扑结构不仅可以更灵活地控制相邻谐振单元之间的耦合模式以实现高选择性设计，而且可以为具有低插入损耗和宽阻带特性的高阶滤波器设计过程中谐振器的耦合级联提供更大的自由度。

3.2.1 谐振器分析

图 3-6(a)和图 3-6(b)所示的分别为传统的阶跃阻抗谐振器(Stepped Impedance Resonator，SIR)和 SLSIR。为了更便于设计两个 SLSIR 单元之间的电磁(EM，Electromagnetic)耦合模式，这里对传统的 SLSIR 拓扑结构进行了修改，所提出的新型 SLSIR 如图 3-6(c)所示。与传统 SLSIR 结构相比，所提出的新型 SLSIR 结构做出的修改是将图 3-6(b)中两端处的两对分支线向下弯曲并拉伸成直线结构(l_2)，从而使其可以更灵活地控制两个 SLSIR 单元之间的内部耦合。此外，这也将所提出的谐振器结构在设计具有所需工作频率和带宽的高阶滤波器时更便于耦合级联。

图 3-7(a)所示的是所提出的 SLSIR 的传输线(Transmission Line，TL)模型。

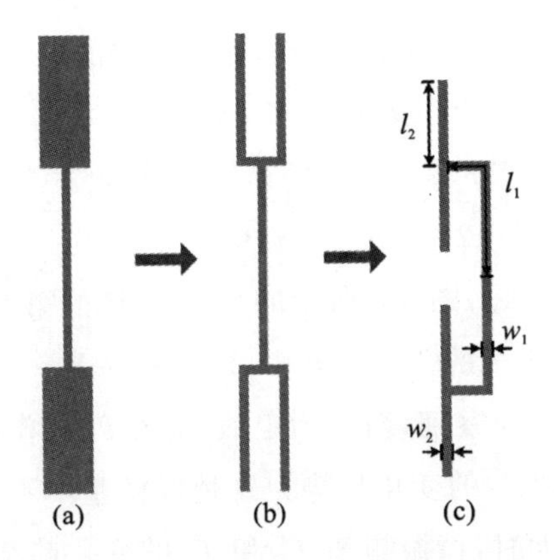

图 3-6　SIR 和 SLSIR

(a)传统 SIR;(b)传统 SLSIR;(c)所提出的新型 SLSIR

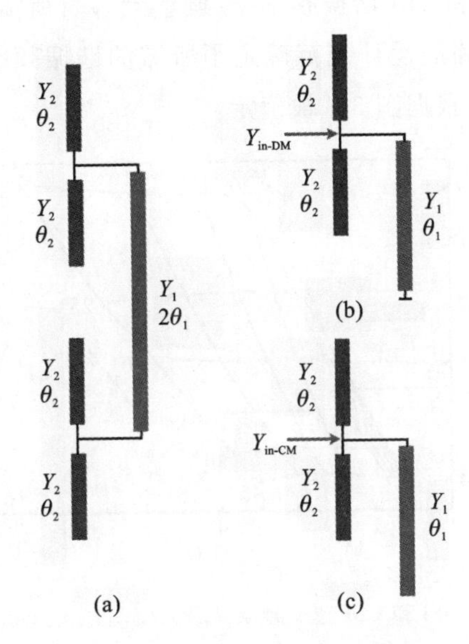

图 3-7　新型 SLSIR 的传输线模型及其 DM 和 CM 等效电路

(a)所提出的新型 SLSIR 的传输线模型;(b)DM 等效电路;(c)CM 等效电路

所提出的 SLSIR 由三个 TL 部分组成,并在水平面方向呈对称结构。θ_1 和 θ_2 分别表示 l_1 和 l_2 的物理长度所对应的电长度。其中,$\theta_1=\beta l_1$,$\theta_2=\beta l_2$,β 为微带线的传播常数。Y_1 和 Y_2 分别表示 w_1 和 w_2 的物理宽度所对应的特征导纳。在差模信号和共模信号的激励下,所提出的新型 SLSIR 的差/共模等效电路模型分别如图 3-7(b)和图 3-7(c)所示。并且,其 DM 和 CM 等效电路的输入导纳可分别被推导如下:

$$Y_{\text{in-DM}}=2\mathrm{j}Y_2\tan\theta_2-\mathrm{j}Y_1\cot\theta_1 \tag{3.1}$$

$$Y_{\text{in-CM}}=2\mathrm{j}Y_2\tan\theta_2+\mathrm{j}Y_1\tan\theta_1 \tag{3.2}$$

令 $Y_{in\text{-}DM}$ 虚部为零，则图 3-7(b)所示的 DM 等效电路的谐振条件为

$$2Y_2\tan\theta_2 - Y_1\cot\theta_1 = 0 \tag{3.3}$$

相应地，图 3-7(c)所示的 CM 等效电路的谐振条件为

$$2Y_2\tan\theta_2 + Y_1\tan\theta_1 = 0 \tag{3.4}$$

根据式(3.3)和式(3.4)，图 3-8 所示的是 SLSIR 的第一个 DM 和 CM 谐振频率 f_{d1} 和 f_{c1} 与电长度 θ_1 和 θ_2 的关系。其中，$Y_1=Y_2=Y_0=0.014$ 被设置以简化设计分析。由图 3-8 中能够观察到，当 θ_2 为定值，随着 θ_1 的增大，DM 谐振频率 f_{d1} 趋于减小，而 CM 谐振频率 f_{c1} 的变化趋势为先是保持基本不变，然后急剧减小。另外，当 θ_1 为定值，θ_2 被增大时，谐振频率 f_{d1} 和 f_{c1} 的变化趋势均是线性减小。为了实现 DM 通带之内较好的性能效果，根据图 3-8 适当地选择 θ_1 和 θ_2 的值，能够便捷地将 DM 谐振频率 f_{d1} 和 CM 谐振频率 f_{c1} 调整到各自所需的位置使得它们被错开。并且，一旦根据电路的设计规范确定了所需的谐振频率，图 3-7 中 SLSIR 电路模型的参数值亦可以根据图 3-8 被确定。

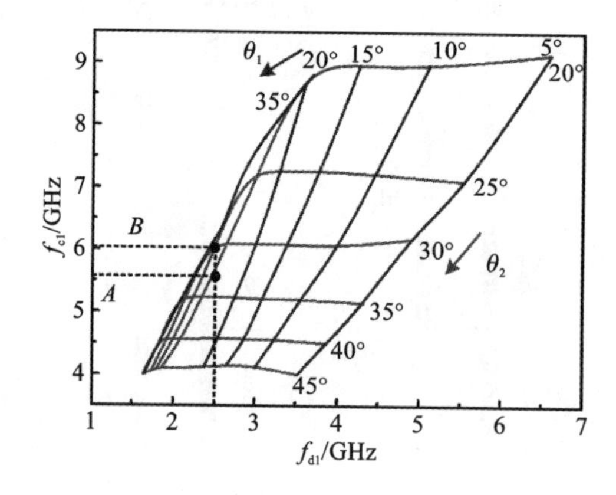

图 3-8　第一个 DM 和 CM 谐振频率 f_{d1} 和 f_{c1} 与电长度 θ_1 和 θ_2 的关系，其中所有的电长度均对应于 2.5 GHz

3.2.2　耦合 SLSIR 理论

在该部分中，所提出的 SLSIR 将被用于构建成一种耦合谐振器结构以设计高性能平衡 BPF。其中，SLSIR 的 DM 谐振频率 f_{d1} 和 CM 谐振频率 f_{c1} 分别为 2.5 GHz 和 5.6 GHz，因此，相对应电长度 θ_1 和 θ_2 分别为 45.4°和 20°，如图 3-8 中的黑点 A 所示。然后，经过电磁仿真软件 Sonnet 优化后，拓扑结构的物理参数如图 3-9(a)所示，分别为 $l_{01}=7.36$ mm，$l_{02}=3.14$ mm 和 $w_{01}=w_{02}=0.2$ mm。所采用的

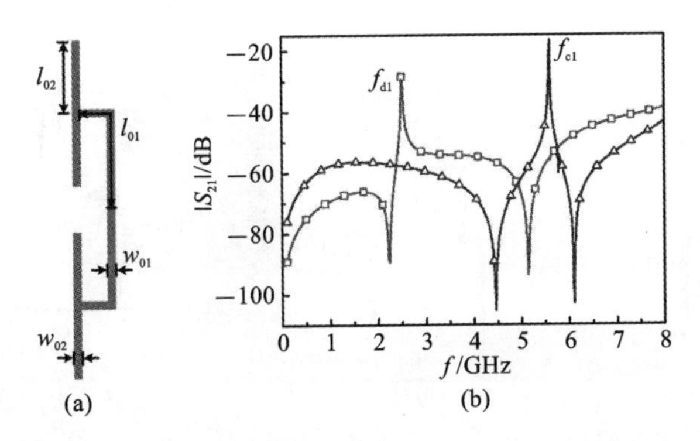

图 3-9 SLSIR 的微带线模型及其 DM 和 CM 频率响应

(a)SLSIR 的微带线模型;(b)SLSIR 优化后所对应的 DM 和 CM 频率响应

介质基板为介电常数 9.78 F/m、厚度 0.5 mm 的氧化镁(MgO)。此外,优化后的 SLSIR 所对应的 DM 和 CM 频率响应如图 3-9(b)所示,能够观察到 $f_{d1}=2.5$ GHz 和 $f_{c1}=5.6$ GHz,符合所需要的设计要求。紧接着,基于该 SLSIR 单元,构建了三种不同类型的耦合 SLSIR,并进行了如下研究。

1. 电耦合 SLSIR

图 3-10(a)所示的是基于电(Electrically,E 型)耦合 SLSIR 的平衡 BPF 的结构布局。在这种情况下,两个 SLSIR 单元之间的主要耦合方式为电耦合,其强度可以通过调节两个 SLSIR 单元之间的间距进行控制。此外,图 3-11(a)和图 3-11

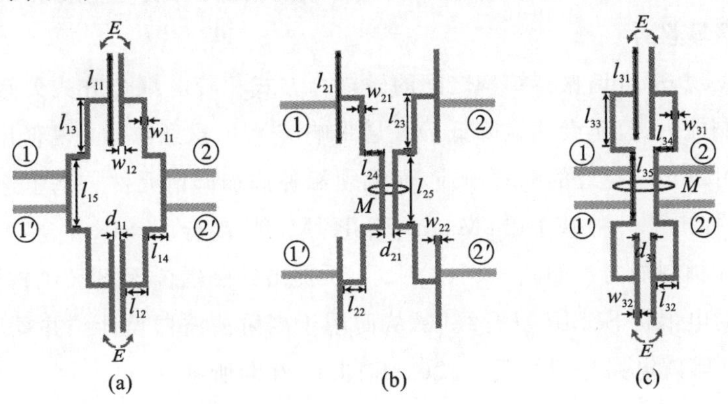

图 3-10 三种平衡 BPF

(a)E 型平衡 BPF 的结构布局,其中 $l_{11}=6.48, l_{12}=1, l_{13}=3.02, l_{14}=1.26, l_{15}=2.35, d_{11}=0.35, w_{11}=w_{12}=0.2$(单位:mm);(b)M 型平衡 BPF 的结构布局,其中 $l_{21}=6.48, l_{22}=1, l_{23}=3.42, l_{24}=0.86, l_{25}=2.35, d_{21}=0.48, w_{21}=w_{22}=0.2$(单位:mm);(c)EM 型平衡 BPF 的结构布局,其中 $l_{31}=6.48, l_{32}=1, l_{33}=3.6, l_{34}=0.6, l_{35}=2.43, d_{31}=0.6, w_{31}=w_{32}=0.2$(单位:mm)

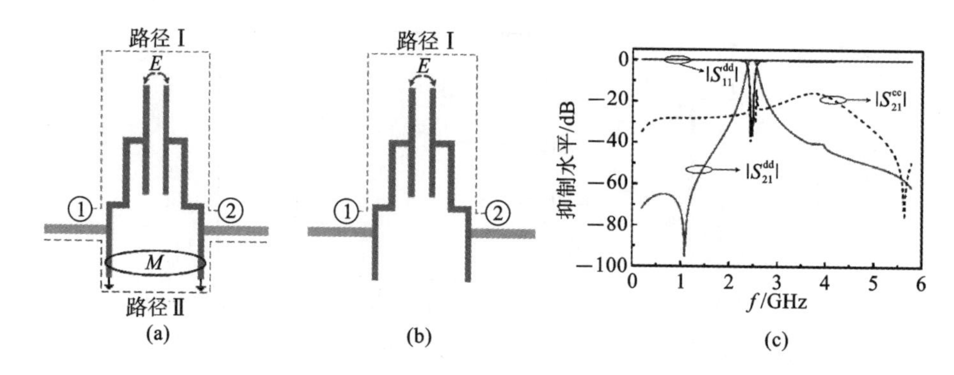

图 3-11　E 型平衡 BPF 的 DM 和 CM 等效电路及其仿真频率响应

(a)E 型平衡 BPF 的 DM 等效电路；(b)E 型平衡 BPF 的 CM 等效电路；(c)仿真频率响应

(b)分别所示的是 E 型平衡 BPF 的 DM 和 CM 等效电路，其仿真频率响应如图 3-11(c)所示。能够观察到第一个 DM 通带的中心频率(f_{d1})为 2.5 GHz，相应的 FBW 为 9.8%。然而，同样能够观察到该类型耦合谐振器对所构建的滤波器的 CM 抑制水平较差，f_{d1}处的 CM 噪声抑制水平仅约为−15 dB。

2. 磁耦合 SLSIR

通常，沿着滤波器的水平对称面引入一些附加元件(如集总电感器、电容器、枝节或缺陷地结构)能够被作为一种方法用于提高 CM 抑制水平。但是，这些引入的元素需要进行额外设计，使得设计过程难度增加，甚至可能限制 SLSIR 结构用于高阶级联设计。

研究发现，耦合谐振器结构之间的磁耦合方式相较电耦合方式天然具有更好的 CM 抑制能力，且不会明显降低 DM 通带响应[12]。这意味着只需使用简单的耦合结构就可以实现良好的 CM 响应，而无须额外添加调谐元件。基于这一研究结果，本小节提出了一种基于磁(Magnetically，M 型)耦合 SLSIR 的新型平衡 BPF 以提高 CM 抑制能力。如图 3-10(b)所示，所提出的磁耦合 SLSIR 结构简单，且易于与先前的电耦合 SLSIR 进行级联，从而用于高阶滤波器设计。并且，其相应的 DM 和 CM 等效电路分别如图 3-12(a)和图 3-12(b)所示。

M 型平衡 BPF 的 DM 和 CM 仿真频率响应如图 3-12(c)所示。第一 DM 通带中心频率 f_{d1}为 2.5 GHz，相对应的 FBW 为 9.9%。并且，从图 3-12(c)中能够发现，在 f_{d1}处的 CM 抑制水平约为−60 dB。因此，在水平对称面上未增加额外元素的情况下，M 型平衡 BPF 的 CM 噪声抑制效果相比之前的 E 型平衡 BPF 显著提高了 45 dB。也就是说，所提出的 M 型平衡 BPF 在 DM 通带之内具有天然的高 CM 噪声抑制能力。

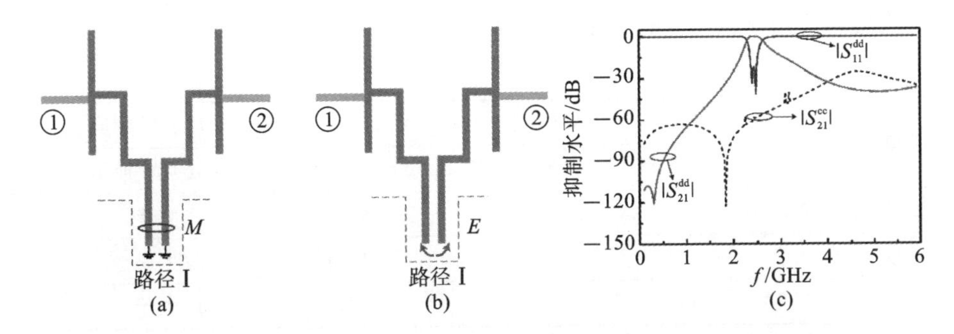

图 3-12　M 型平衡 BPF 的 DM 和 CM 等效电路及其仿真频率响应

(a)M 型平衡 BPF 的 DM 等效电路；(b)M 型平衡 BPF 的 CM 等效电路；(c)仿真频率响应

3. 电磁耦合 SLSIR

图 3-10(c)所示的结构布局为基于电磁耦合(EM 型)SLSIR 所构建的平衡滤波器。这种新结构是为了获得混合电磁耦合特性而设计的，其 DM 和 CM 等效电路分别如图 3-13(a)和图 3-13(b)所示，并且，所得到的仿真频率响应分别如图 3-13(c)中的实线和虚线所示。能够观察到，f_{d1} 处的 CM 噪声抑制水平为－30 dB。并且，该平衡 BPF 同样具有优良的 DM 通带响应，以及高选择性和高带外抑制水平。

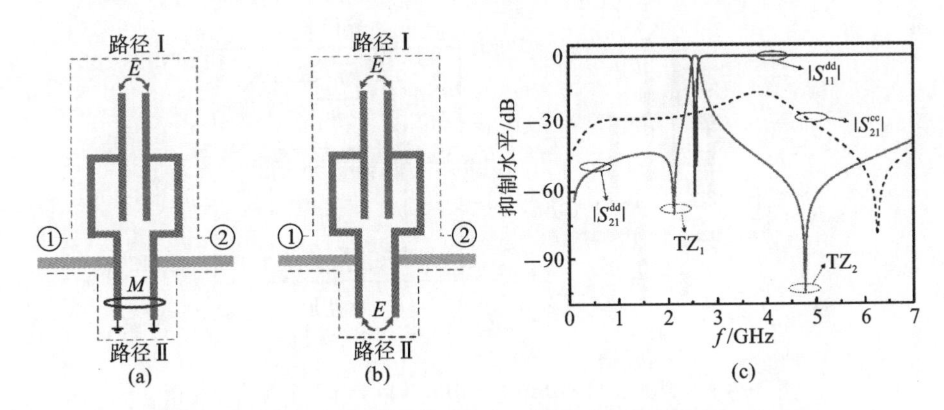

图 3-13　EM 型平衡 BPF 的 DM 和 CM 等效电路及其仿真频率响应

(a)EM 型平衡 BPF 的 DM 等效电路；(b)EM 型平衡 BPF 的 CM 等效电路；(c)仿真频率响应

表 3-1 所示的是本小节中所提出的 E 型、M 型和 EM 型三种耦合 SLSIR 的比较。由表 3-1 可知，E 型滤波器具有优良的 DM 响应，但其通带之内的 CM 抑制水平仅为－15 dB 左右。此外，虽然 M 型滤波器在不增加额外元素的情况下，其 CM 抑制度达到了－60 dB，但其 DM 通带的选择性有待进一步提高。与 E 型和 M 型滤波器相比，EM 型滤波器同时具有优良的 DM 通带选择性以及较好的 CM 抑制水平。因此，在 CM 抑制水平和 DM 通带选择性之间的权衡后，EM 型 SLSIR 将

被优先选择应用于高阶平衡滤波器设计。

表 3-1 E 型、M 型和 EM 型三种耦合 SLSIR 的比较

类型	DM 响应				CM 响应
	f_{d1}/GHz	3 dB FBW/(%)	TZ	$\Delta f_{20\ dB}/\Delta f_{3\ dB}$	f_{d1}处 CM 抑制度/dB
E 型	2.5	9.8	1	3.22	大于−15
M 型	2.5	9.9	1	3.83	大于−60
EM 型	2.5	9.7	2	3.01	大于−30

为了进一步阐明图 3-13(c)中 EM 型耦合 SLSIR 在 DM 激励下所获得的传输零点 TZs 的产生机理，横向信号干扰理论被随之引入。图 3-14(a)和图 3-14(b)所示的分别是 E 型耦合 SLSIR 结构的 DM 等效电路及其耦合拓扑图，其中节点 S 和 L 分别代表源和负载，节点 R 代表谐振，J 和 K 变换器分别表示为+90°相移的电耦合(路径Ⅰ)以及−90°相移的磁耦合(路径Ⅱ)。由于 EM 型耦合 SLSIR 结构是由上部的电耦合路径部分(路径Ⅰ)和下部的磁耦合路径部分(路径Ⅱ)形成的，因此 TZs 由混合电磁耦合产生[13]。

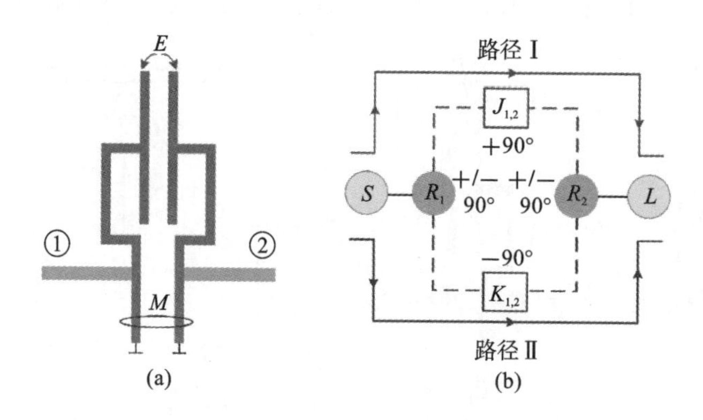

图 3-14 E 型耦合 SLSIR 结构的 DM 等效电路及其耦合拓扑图

(a)E 型耦合 SLSIR 结构的 DM 等效电路；(b)耦合拓扑图

综上所述，在 DM 信号激励下，等效电路中信号有路径Ⅰ和路径Ⅱ两条传输路径。当这两条路径的相位差为 180°或 180°的奇数倍时，将产生一个 TZ。表 3-2 所示的是 EM 型耦合 SLSIR 结构中两条信号路径的相移变化。能够发现，在 $f<f_{d1}$ 的情况下，两条路径之间的相位差为 180°；同样的，在 $f>f_{d1}$ 的情况下，两条路径之间的相位差也为 180°。因此，两个 TZs 将分别产生在 DM 通带的上边带和下边处，如图 3-13(c)所示。基于此，TZ 的产生条件可以表示为

$$\Delta\Phi = |\Phi_{\text{II}} - \Phi_{\text{I}}| = n\times 180^\circ\ (n=1,3,5,\cdots) \tag{3.5}$$

式中:Φ_{I} 和 Φ_{II} 分别为路径Ⅰ和路径Ⅱ中源到负载所产生的相移;$\Delta\Phi$ 表示路径Ⅰ和路径Ⅱ之间的相位差。

表 3-2　图 3-14(b)中两条路径的相移

位置	由源到负载产生的相移			结果	
	Φ_{I}	Φ_{II}	$\Delta\Phi$	是否反相	TZ
$f<f_{d1}$	270°	90°	180°	是	TZ_1
$f>f_{d1}$	−90°	−270°	180°	是	TZ_2

3.2.3　高阶平衡带通滤波器设计

1. 基于 SLSIRs 的四阶平衡 BPF

基于前文内容,将二阶平衡 BPF 的设计方法推广到四阶 BPF 的设计中,通过增加谐振器的数量,将进一步提升 DM 通带选择性和 CM 噪声抑制水平。所提出的四阶平衡 BPF 的结构布局如图 3-15(a)所示,以及其 DM 等效电路的耦合拓扑图如图 3-15(b)所示。并且,表 3-3 所示的是图 3-15(b)中两条信号路径的相移变化,能够发现,在大于中心频率处和小于中心频率处,两条信号路径的相位均是反相的。

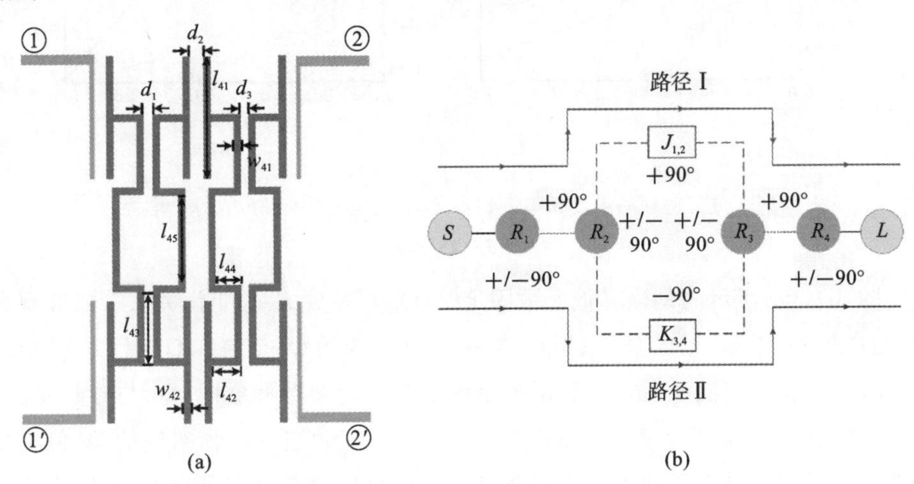

图 3-15　四阶平衡 BPF 的结构布局及其 DM 等效电路

(a)基于 SLSIR 的四阶平衡 BPF 的结构布局,其中 $l_{41}=6.48$,$l_{42}=1$,$l_{43}=3.6$,$l_{44}=0.6$,$l_{45}=2.43$,$w_{41}=w_{42}=0.2$(单位:mm);(b)其 DM 等效电路的耦合拓扑图

表 3-3　图 3-15(b)中两条路径的相移

位置	由源到负载产生的相移			结果	
	Φ_{I}	Φ_{II}	$\Delta\Phi$	是否反相	TZ
$f<f_{d1}$	630°	450°	180°	是	TZ_1
$f>f_{d1}$	−90°	−270°	180°	是	TZ_2

所需平衡 BPF 的设计指标如下：具有带内纹波系数为 0.1 dB 的切比雪夫频率响应，DM 通带的中心频率 $f_{d1}=2.5$ GHz，相对应的 FBW 为 10%。基于经典的滤波器设计理论[2]，将通过提取耦合系数 M_{ij} 和外部品质因数 Q_{ex} 获得所对应的滤波器的物理尺寸。其中，Q_{ex} 被用于确定馈线的长度 l_{40} 和与谐振器之间的间隙 d_{40}，而相邻 SLSIR 之间的间隙 d_{41} 和 d_{42} 由 M_{ij} 确定。借助 EM 仿真软件 Sonnet 的帮助，所提取到的 M_{ij} 和 Q_{ex} 分别如图 3-16 和图 3-17 所示。图 3-16 所示的是其他参数固定时，耦合系数随谐振器之间的间隙 d_{41} 和 d_{42} 的变化关系。能够观察到，随着 d_{41} 和 d_{42} 的增加，所对应的耦合系数均随之单调减小。

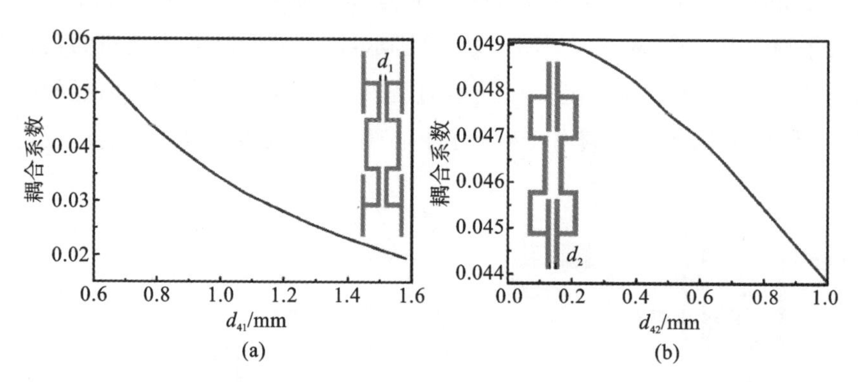

图 3-16　仿真得到的耦合系数随谐振器之间的间隙 d_{41} 和 d_{42} 的变化关系

(a)d_{41}；(b)d_{42}

图 3-17(a)所示的是当其他参数固定时，Q_{ex} 与参数 l_{40} 的变化关系。能够观察到，当参数 l_{40} 在 6.5 mm 至 8.5 mm 之间时，所对应的 Q_{ex} 值将在 60 到 110 这个范围内进行变化。相似地，图 3-17(b)所示的是当其他参数固定时，Q_{ex} 与参数 d_{40} 的关系。能够观察到，当参数 d_{40} 在 0.2 mm 至 0.5 mm 之间时，所对应的 Q_{ex} 值将在 5 到 85 这个范围内进行变化。虽然图 3-17 中 Q_{ex} 的调谐范围是有限的，但在需要时，通过选择 l_{40} 和 d_{40} 的不同组合，更多的数据可以被提取。由此可知，即使给定的设计需求不同时，依据图 3-16 和图 3-17 依然能够寻找到适宜的 M_{ij} 和 Q_{ex}。

图 3-15(a)中结构所需的耦合系数和外部品质因数分别为 $Q_{ex}=9.33$，$M_{12}=$

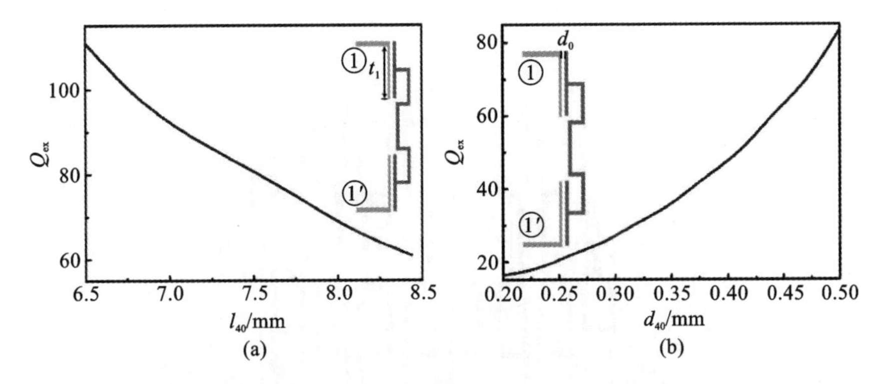

图 3-17　仿真得到的外部品质因数随馈线的长度 l_{40} 和与谐振器之间的间隙 d_{40} 的变化关系

(a) l_{40}；(b) d_{40}

$M_{34}=0.083$，$M_{23}=0.065$。将该计算得到的 Q_{ex}、M_{12}、M_{34} 和 M_{23} 与图 3-16 和图 3-17中所提取得到的值进行对应后，从而将得到所需的参数 l_{40}、d_{40}、d_{41} 和 d_{42}，并经过一定优化后随之获得最终的物理尺寸。

图 3-18 所示的是四阶平衡滤波器的 DM 和 CM 响应结果。能够观察到，其 DM 性能具有显著的提高，且其通带内回波损耗低于 25 dB。并且，在 DM 通带两侧，能够明显观察到位于 2.25 GHz 和 2.7 GHz 处的两个 TZs，两个 TZs 由横向信号干扰产生，如表 3-3 所示。此外，同样能够观察到 DM 通带之内的 CM 噪声抑制度约为－70 dB。结果表明，该四阶平衡 BPF 具有良好的 DM 和 CM 性能。

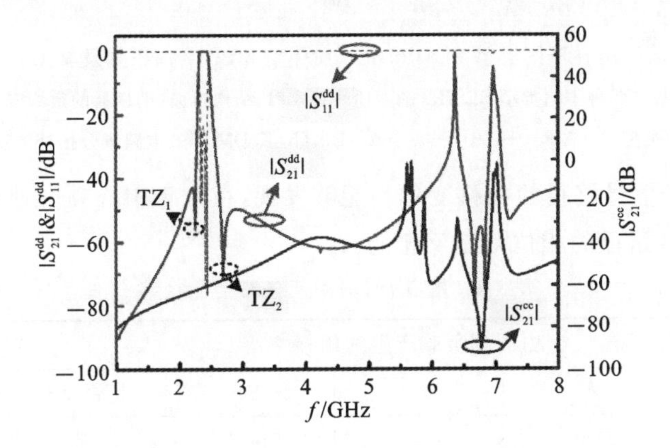

图 3-18　所设计的四阶平衡 BPF 的仿真频率响应结果

2. 基于 SLSIRs 的八阶平衡 BPF

为了提高 DM 通带选择性和 CM 噪声抑制能力，进一步将滤波器的阶数扩展到八阶。图 3-19(a)所示的是基于 SLSIRs 所设计的八阶平衡 BPF 的结构布局，以及其 DM 等效电路的耦合拓扑图(见图 3-19(b))。此外，表 3-4 所示的是图

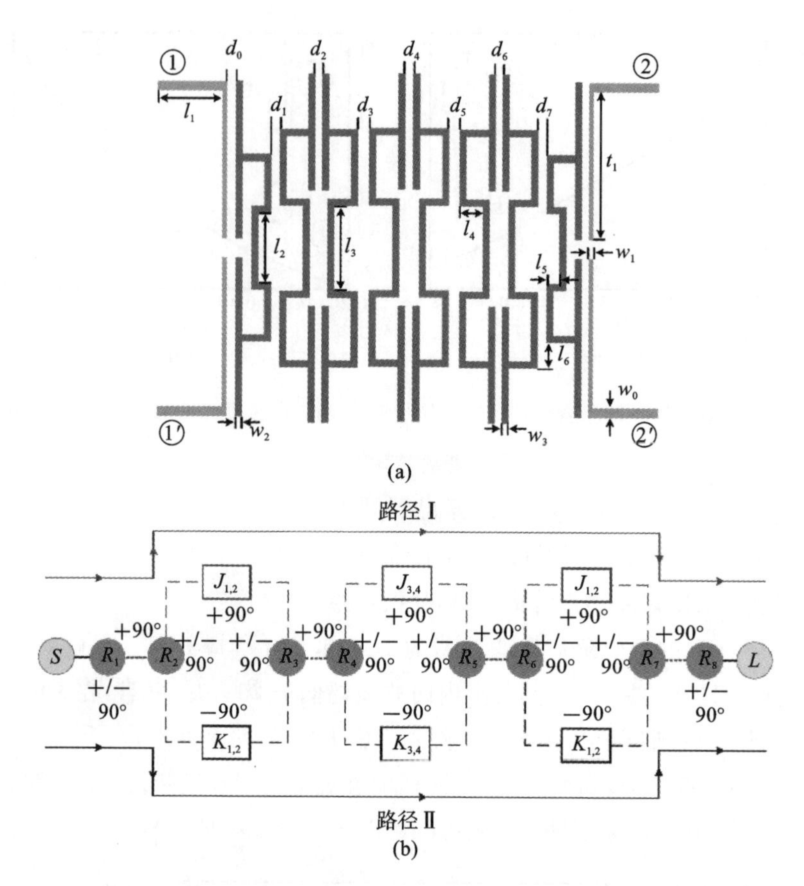

图 3-19　基于两种不同类型 SLSIRs 的八阶平衡 BPF 结构布局及其 DM 等效电路

(a)基于两种不同类型 SLSIRs 的八阶平衡 BPF 结构布局(谐振器的组织安排：类型 B+A+A+A+A+A+A+B)；(b)其 DM 等效电路耦合拓扑图

3-19(b)中两条信号路径的相移变化。能够发现，在大于中心频率处和小于中心频率处，两条信号路径的相位均是反相的。

表 3-4　图 3-19(b)中两条路径的相移

位置	由源到负载产生的相移			结果	
	Φ_{I}	Φ_{II}	$\Delta\Phi$	是否反相	TZ
$f<f_{d1}$	1350°	810°	540°	是	TZ_1
$f>f_{d1}$	−90°	−630°	540°	是	TZ_2

并且，为了进一步抑制 CM 噪声，以及提高 DM 带外抑制能力，本小节设计了两种具有不同电长度(θ_1 和 θ_2)的 A 型和 B 型 SLSIRs，如图 3-20(a)所示。两种 SLSIR 被设计为具有相同的第一个 DM 谐振频率 f_{d1}(2.5 GHz)，并对其谐波分布

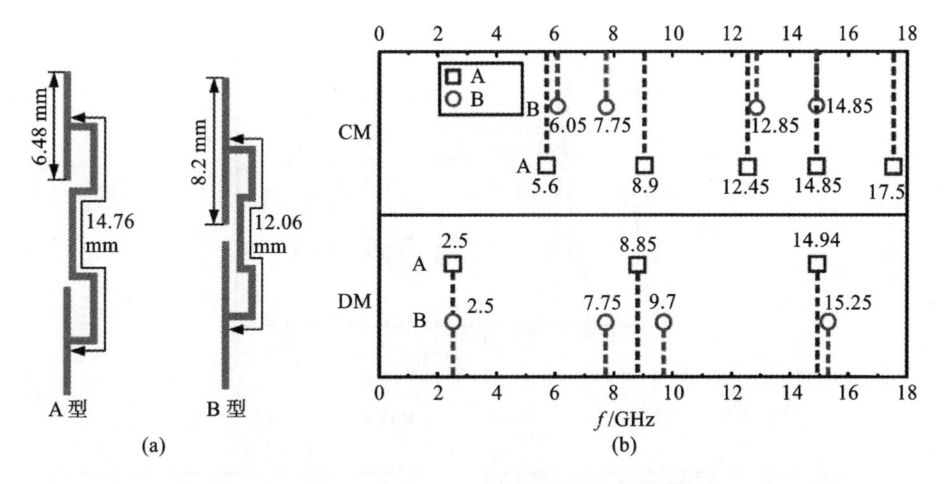

图 3-20　两种不同类型 SLSIR 结构及其 DM 和 CM 激励

(a)两种不同类型 SLSIR 结构；(b)DM 和 CM 激励下的基频和高次谐波的分布

进行了精心安排，如图 3-20(b)所示。此外，A 型和 B 型两种 SLSIRs 的第一个 CM 谐振频率分别为 5.6 GHz 和 6.05 GHz。这意味着使用不同类型的谐振器可以在不影响 DM 通带响应的情况下改善 CM 带外抑制。

相似地，图 3-19(a)所示的电路结构中所需的耦合系数和外部品质因数也可以通过相同的方法被计算得到，分别为 $Q_{ex}=12.48$，$M_{12}=M_{78}=0.067$，$M_{23}=M_{67}=0.048$，$M_{34}=M_{56}=0.045$，$M_{45}=0.044$。将该计算得到的 Q_{ex}、M_{12}、M_{23}、M_{34} 和 M_{45} 与所提取得到的值进行对应后，从而得到所需的初始物理参数，并经过一定优化后获得最终的物理尺寸。所设计的八阶平衡 BPF 结构的最终物理尺寸为 $w_0=0.5$ mm，$w_1=0.1$ mm，$w_2=w_3=0.2$ mm，$l_1=4.88$ mm，$l_2=4$ mm，$l_3=4.38$ mm，$l_4=0.6$ mm，$l_5=0.34$ mm，$l_6=0.78$ mm，$t_1=8.04$ mm，$d_0=0.24$ mm，$d_1=d_7=0.68$ mm，$d_2=d_6=0.54$ mm，$d_3=d_5=0.98$ mm，$d_4=0.56$ mm。

图 3-21 所示的是在使用了两种不同类型谐振器和未使用两种不同类型谐振器的情形下八阶平衡 BPF 的 DM 和 CM 仿真频率响应。能够观察到，在使用了两种不同类型谐振器的情况下，DM 带外抑制度得到了显著的提高，在阻带抑制度大于−35.5 dB 的条件下，其阻带宽度达到了 9 GHz。DM 通带的矩形系数($\Delta f_{20\text{ dB}}/\Delta f_{3\text{ dB}}$)约为 1.116。此外，DM 通带的放大图如图 3-22(a)所示。能够观察到，DM 通带内回波损耗均大于 20 dB，并且能够明显观察到两个 TZs 的存在，即 TZ_1 和 TZ_2，两个 TZs 的产生如表 3-4 所示。并且，由图 3-22(b)可知，与未使用两种不同类型谐振器的 BPF 相比，其 CM 抑制度在 5 GHz 至 9 GHz 范围内提高了约 8 dB。另外，在 DM 通带之内的仿真 CM 抑制度约为−75 dB。

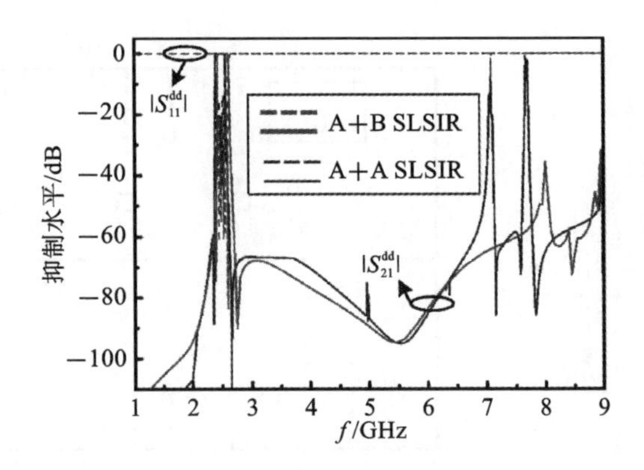

图 3-21 所设计的八阶平衡 BPF 的 DM 和 CM 仿真频率响应

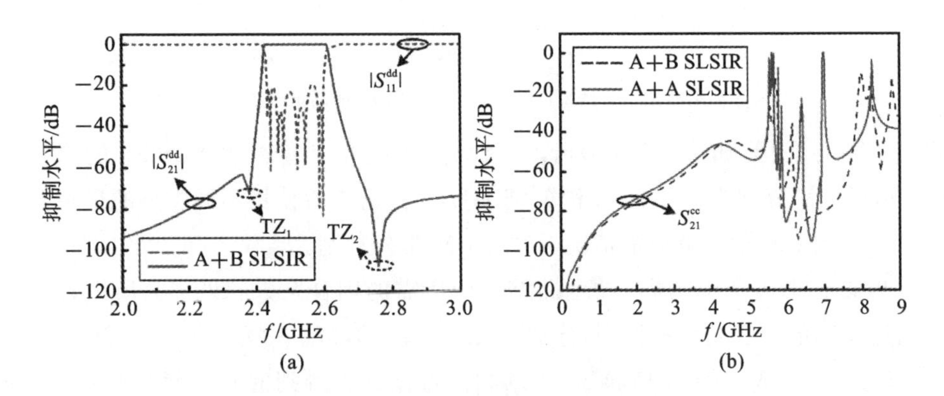

图 3-22 DM 通带的放大图及 CM 性能的比较

(a)DM 通带的放大图；(b)使用和未使用不同类型的 SLSIRs 情况下 CM 性能的比较

表 3-5 所示的是基于 EM 型 SLSIR 所设计的二阶、四阶和八阶平衡 BPF 的一些性能对比。可以观察到，随着滤波器阶数的增加，其 DM 阻带性能、矩形系数和 CM 噪声抑制水平均得到了显著提升。

表 3-5 三种不同阶数的平衡 BPF 的比较

阶数	DM 响应				CM 响应
	f_{d1}/GHz	3 dB FBW /(%)	抑制水平大于−18 dB 条件下的阻带宽度	$\Delta f_{20\ dB}/\Delta f_{3\ dB}$	f_{d1}处 CM 抑制水平 /dB
二阶	2.5	9.8	3.32 f_{d1}	3.014	大于−30
四阶	2.5	10.0	2.48 f_{d1}	1.525	大于−60
八阶	2.5	10.6	5.69 f_{d1}	1.116	大于−75

3.2.4　滤波器的制作与测试

为了进一步验证所提出的设计理论和方法，将所设计的图 3-19(a)中的八阶平衡 BPF 在双侧沉积氧化钇钡铜(Yttrium Barium Copper Oxide，YBCO)薄膜的 MgO 晶圆(直径为 2 英寸(1 英寸约等于 2.54 厘米)，厚度为 0.5 mm，介电常数为 9.78 F/m)上进行制作。YBCO 薄膜使用标准的光刻法制作而成，再采用离子刻蚀技术对正面薄膜进行刻蚀，形成电路结构，并将电路安装在镀金金属载体上，然后精心封装到屏蔽盒中。图 3-23 所示的是打开屏蔽盒顶部盖后的八阶 HTS 平衡 BPF 的照片。电路的整体尺寸为 15.1 mm×17.56 mm(不包含馈线)，即 0.319 λ_g×0.372 λ_g(λ_g 为介质板上 50 馈线在第一个通带的中心频率处的导波波长)。之后，制作得到的器件被置于 77K 的低温冷却板上，并通过型号为 Agilent E5071C 的矢量网络分析仪进行测试。

图 3-23　八阶 HTS 平衡滤波器的实物图

图 3-24(a)所示的是电路的仿真与测试结果，在 2.63 GHz～14.5 GHz 范围内，DM 响应中阻带抑制度均大于－18.6 dB，表明该滤波器具有达到 5.69 f_{d1} 的宽阻带抑制能力。此外，在0.1 GHz～18 GHz 范围内，CM 抑制度均大于－12.5 dB。图 3-24(b)所示的是 DM 通带的局部放大图，能够观察到，DM 通带的中心频率为 2.53 GHz，3 dB FBW 为 7.5％，通带内最小插入损耗为－0.1 dB，且回波损耗均大于－19 dB。此外，DM 通带内的最小 CM 抑制度为－70 dB。并且，通带两边均能够明显观察到存在一个 TZ，分别为 2.41 GHz 和 2.74 GHz 处，进一步提高了通带的选择性，电路的通带滚降度(20 dB 带宽与 3 dB 带宽的比值)为 1.116。

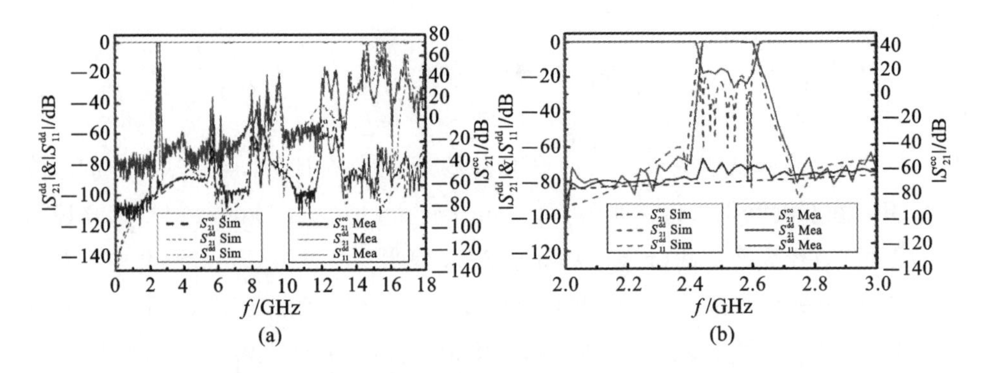

图 3-24　电路的仿真与测试的结果及 DM 通带的局部放大图

(a)具有宽阻带特性的八阶 HTS 平衡 BPF 的频率响应结果;(b)DM 通带的放大图

3.3　基于分支线结构的双宽带平衡带通滤波器

随着无线通信业务需求的不断增长,具有多功能服务能力的多通带微波电路受到研究人员们的关注。因此,在多模射频系统中,安装多通带平衡器件逐渐成为新的需求[14-16]。本节基于分支线结构提出了一种新型的双宽带平衡 BPF,通过系统的设计和优化,实现了所需的两个 DM 宽带频率响应,且通带之内具有良好的 CM 抑制能力。

3.3.1　双通带带通滤波器的设计方法

图 3-25(a)所示的是具有导纳变换器(J 变换器)的 n 阶双通带 BPF 的基本拓扑结构,其中 $B_n(n=1,2,3,\cdots)$表示并联谐振器[17]。本小节中所采用的双通带谐振器如图 3-25(b)所示,它由两条开路分支线和一条短路分支线并联构成[18]。Y 和 θ 表示相应的特征导纳和电长度,图 3-26(b)所示的下方的开路分支线和短路分支线具有相同的电长度 θ_L,两个通带的中心频率分别表示为 f_1 和 f_2。将所提出的双通带谐振器代入图 3-25(a)中以替换 B_n,级联多个双通带谐振器的双通带滤波器的电路模型如图 3-26 所示。所有的电长度均在频率为 f_1 处被确定。并且注意到,通过使 $J_0=1/Z_0$ 可以忽略第一个和最后一个导纳变换器,其中 Z_0 是终端特征阻抗。

对于图 3-26 中的谐振器 1(R_1),五个变量 Y_{U1}、θ_{U1}、Y_{S1}、Y_{O1} 和 θ_{L1} 被用来满足

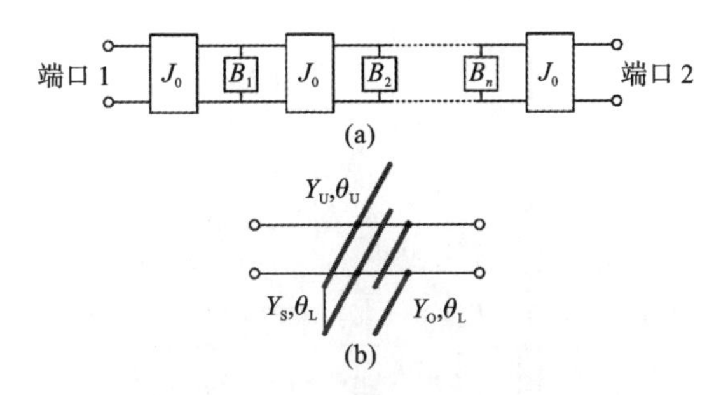

图 3-25　双通带谐振器

(a)典型的 n 阶双通带滤波器原型;(b)采用的双通带谐振器

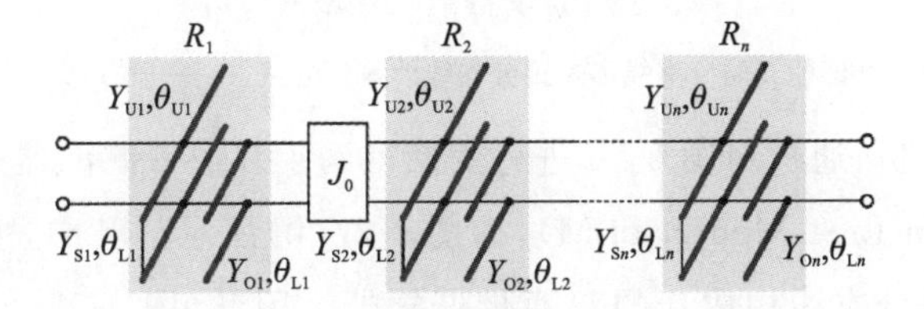

图 3-26　具有双通带谐振器的双通带滤波器的拓扑图

两个通带的谐振频率和斜率参量的要求。根据经典的滤波器综合方法[19],可以写成如下联立方程:

$$Y_{U1}\tan\theta_{U1}+Y_{O1}\tan\theta_{L1}-Y_{S1}\cot\theta_{L1}=0 \tag{3.6}$$

$$Y_{U1}\tan(\alpha\theta_{U1})+Y_{O1}\tan(\alpha\theta_{L1})-Y_{S1}\cot(\alpha\theta_{L1})=0 \tag{3.7}$$

$$Y_{U1}\theta_{U1}\sec^2\theta_{U1}+Y_{O1}\theta_{L1}\sec^2\theta_{L1}+Y_{S1}\theta_{L1}\csc^2\theta_{L1}=2b_1 \tag{3.8}$$

$$Y_{U1}\alpha\theta_{U1}\sec^2(\alpha\theta_{U1})+Y_{O1}\alpha\theta_{L1}\sec^2(\alpha\theta_{L1})+Y_{S1}\alpha\theta_{L1}\csc^2(\alpha\theta_{L1})=2b_2 \tag{3.9}$$

$$b_1=G(g_0g_1/\Delta_1),b_2=G(g_0g_1/\Delta_2) \tag{3.10}$$

式中:α 为 f_2 与 f_1 之比;b_1、b_2 为谐振频率时的电纳斜率参量;$g_i(i=0,1,2,\cdots)$为低通原型值,Δ_1、Δ_2 为两个通带的相对带宽。此外,变换器被要求在 f_1 和 f_2 处相同,由此可以得到 $1/\sin2\theta_{L1}=1/\sin2\alpha\theta_{L1}$。相同的综合方法也适用于设计图 3-26 中其他的谐振器。

通过求解方程式(3.6)至式(3.10),一个有用的解被随之发现,即当 $b_2=\alpha b_1$ 时,有

$$\theta_{U1}=\pi/(\alpha+1)=2\theta_{L1},Y_{S1}=Y_{O1} \tag{3.11}$$

此时,所有不确定的变量都能够根据给定的设计指标进行计算得到。此外,当 $Y_{S1}=Y_{O1}$ 时,下方两条并联的开路分支线和短路分支线可以被等效为一条短路分支线,如图 3-27(a)所示。

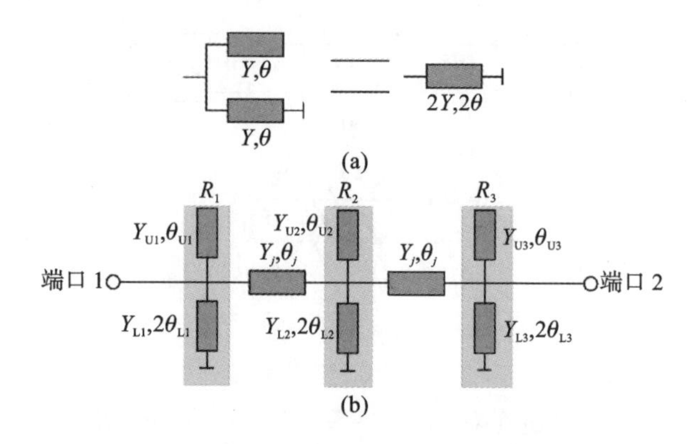

图 3-27　等效电路和传输线模型

(a)并联的具有相同电长度的开路分支线和短路分支线的等效电路；(b)三阶双通带滤波器的传输线模型

基于以上分析，通过对图 3-26 进行变换得到了双通带滤波器的三阶传输线模型(Transmission Line Model，TLM)，如图 3-27(b)所示。其中，上方的开路分支线和下方的短路分支线构成新的双通带谐振器。因此，图 3-27(b)中的整体电路由三个双通带谐振器和两个中间级联的 TL 组成。中间级联的 TL 被用于代替图 3-26 中的导纳变换器 J_0，其长度为频率 f_m 处的四分之一波长，其中 f_m 是两个通带的平均频率，即$(f_1+f_2)/2$。特征导纳 Y_j 等于 0.02 S，既是为了实现 J_0 又是为了与信号端口有良好的阻抗匹配。

此外，由条件 $b_2=\alpha b_1$ 和式(3.10)得到 $\alpha\Delta_2/\Delta_1=1$，由此可知 Δ_2 与 Δ_1 是正相关的。因此，在之后的设计中所选择的两个通带的相对带宽需满足这一关系。另一方面，基于公式(3.6)至式(3.11)，相对带宽 Δ_1 与 $Z_{U1}=1/Y_{U1}$ 和 $Z_{L1}=1/Y_{L1}$ 在三个不同频率比 α 下的变化关系如图 3-28 所示。观察到，随着 Z_{U1} 或 Z_{L1} 的增大，Δ_1

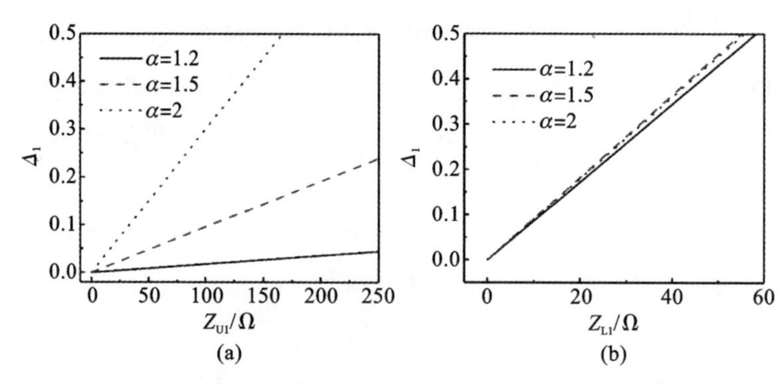

图 3-28　不同频率比 α 下图 3-22(b)中模型被计算得到的参数

(a)Δ_1 与特征阻抗 Z_{U1} 的关系；(b)Δ_1 与特征阻抗 Z_{L1} 的关系

单调增加。然而，在实现相同的 Δ_1 的情况下，当频率比 α 较大时，所需的 Z_{U1} 的值较小，如图 3-28(a)所示，而 Z_{L1} 基本保持不变，如图 3-28(b)所示。另外需要注意的是，当 Δ_1 选择较小时，特征阻抗 Z_{L1} 是一个相对很小的值，导致之后物理结构的实现过程中采用的微带线将会很宽，而使得电路尺寸变大。因此 Δ_1 适合选择较大的值，这意味着所提出的结构更适合设计大频率比和宽带宽的双通带滤波器。

3.3.2　双宽带平衡带通滤波器的实现

基于上述内容中的分析，我们提出了一款三阶双宽带平衡 BPF，其 TLM 如图 3-29(a)所示。所设计的两个通带分别工作在 2.52 GHz 和 4.65 GHz。

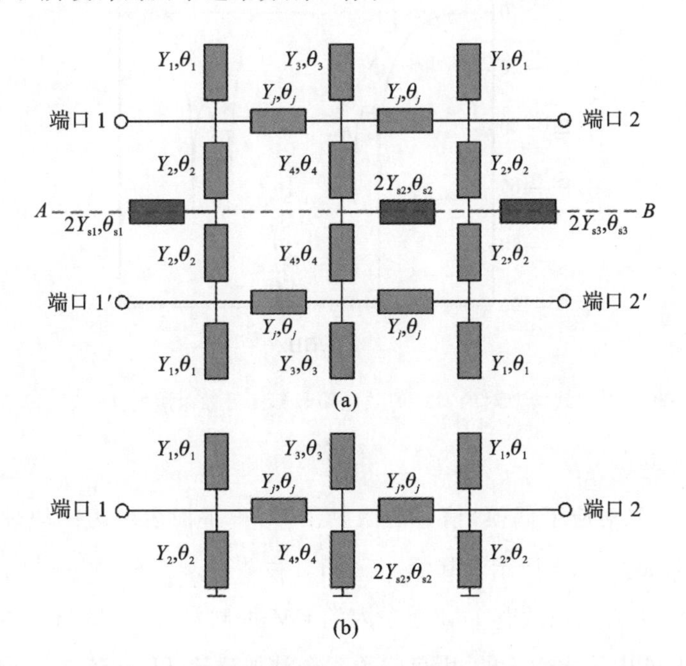

图 3-29　TLM 和 DM 等效电路

(a)提出的三阶双宽带平衡 BPF 的传输线模型；(b)DM 等效电路

1. DM 等效电路

由于图 3-29(a)所示的滤波器关于虚线 A-B 对称，因此可以使用奇偶模分析方法对电路进行简化。在一对 DM(对应于奇模)信号的激励下，对称平面 A-B 表现为一块理想电壁，然后其 DM 等效电路可以被简化为如图 3-29(b)所示。观察所得到的 DM 等效电路，发现其与图 3-27(b)中的 TLM 具有相同的拓扑结构。因此，上述内容中所讨论的双通带设计方法同样适用于该平衡 BPF 的 DM 等效电路。

滤波器的两个所需要被设计的 DM 通带具有带内纹波系数为 0.01 dB 的切比雪夫频率响应，对应的 FBW 分别为 47.5%和 27%。根据上述所讨论的双通带设计方法，DM 等效电路的 TLM 中各电参数被确定为 $Y_1=0.0048$ S，$Y_2=0.019$ S，$Y_3=0.0096$ S，$Y_4=0.038$ S，$Y_j=0.02$ S，$\theta_1=\theta_2=\theta_3=\theta_4=63.26°$（@$f_1$），$\theta_j=90°$（@$f_m$）。

通过电磁软件仿真得到的 DM 等效电路频率响应结果如图 3-30 所示。观察到，两个通带的中心频率和相对带宽分别为 2.57 GHz（@47.5%）和 4.6 GHz（@27.0%），符合所期望的设计指标。

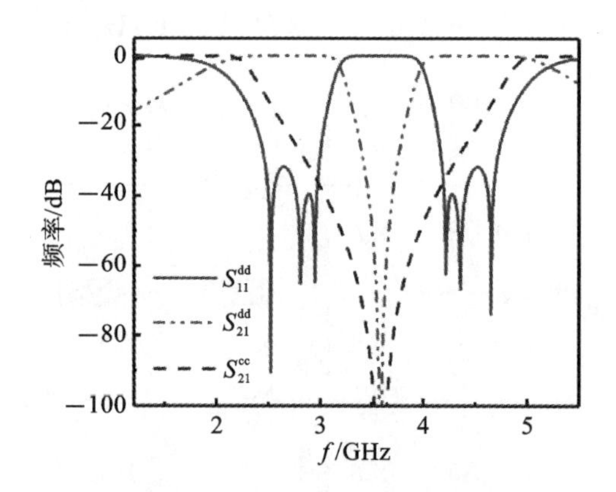

图 3-30 未加载枝节时的 DM 等效电路和 CM 等效电路的 TLM 仿真结果

2. CM 等效电路

在一对 CM（对应于偶模）信号的激励下，对称平面表现为一块理想磁壁，其 CM 等效电路如图 3-31 所示。其中，三个 TL 枝节（Y_{s1} & θ_{s1}，Y_{s2} & θ_{s2}，Y_{s3} & θ_{s3}）被加载在对称中心处以改善 DM 通带内的 CM 抑制。由于 CM 和 DM 等效电路同样是从 TLM 中简化而来的，因此除了三个被加载的 TL 枝节之外，图 3-31 中的电参数很快就能被确定下来，它们都与 DM 等效电路中的保持一致。

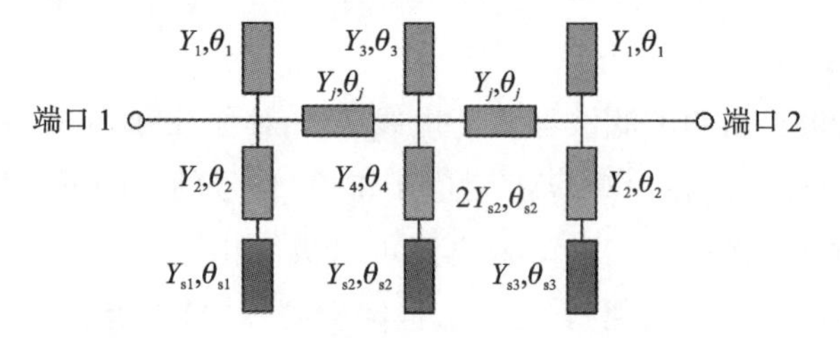

图 3-31 双宽带平衡滤波器的 CM 等效电路

图 3-30 中还展示了排除被加载的枝节后的 CM 等效电路的仿真频率响应。观察到，DM 通带内的 CM 抑制效果并不理想，未能完全覆盖所需要的 DM 通带。因此，接下来将讨论如何进一步改善 CM 抑制能力。

当仅在第一个和第三个谐振器的下方分支线上加载两个 TL 枝节时，CM 频率响应随导纳变化的影响如图 3-32 所示。图 3-32(a)中，当两个相同的枝节被加载时，两个额外的 TZs(f_{a1} 和 f_{b1})随之产生，且它们分别位于两个 DM 通带内。并且，TZ 的位置能够通过改变枝节的特征导纳进行调整。进一步来说，当这两个被加载的枝节的特征导纳不相等时，又有两个 TZ(f_{a2} 和 f_{b2})被分离出来，进一步拓宽了 CM 阻带，如图 3-32(b)所示。此外，两个阻带的带宽依然可以通过改变特征导纳进行调控。

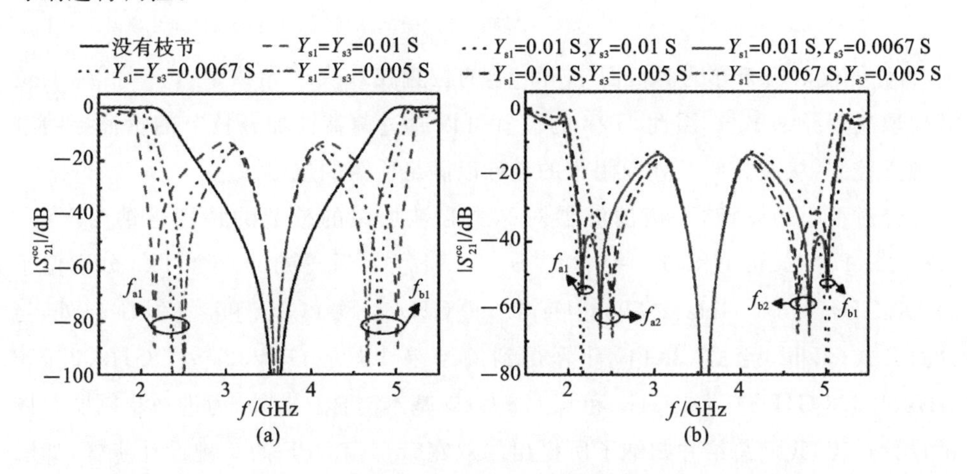

图 3-32　第一个和第三个谐振器上被加载枝节的 CM 等效电路的仿真结果

(a)两个相同的枝节；(b)两个不同的枝节

类似地，当第三个枝节被加载到中间谐振器的下方分支线上时，产生了额外的两个 TZs(f_{a1} 和 f_{b1})，如图 3-33(a)所示。因此，通过在相应的谐振器上加载额外的枝节，总共能够提供六个 TZs 以改善 CM 抑制。为了研究 TZs 的产生机理，建立了如图 3-33(b)所示的电路模型。根据基础的 TL 理论，当 $Z_{in}=0$ 时，产生 TZ。因此，六个 TZs 的频率位置可以分别被计算为

$$f_{ai}/f_1 = \arctan\left(\sqrt{Y_2/Y_{si}}\right)/\theta_1 \ (i=1,2) \tag{3.12}$$

$$f_{a3}/f_1 = \arctan\left(\sqrt{Y_4/Y_{s3}}\right)/\theta_1 \tag{3.13}$$

$$f_{bj}/f_1 = \pi/\theta_1 - f_{aj}/f_1 \ (j=1,2,3) \tag{3.14}$$

由式(3.12)至式(3.14)可知，当 DM 等效电路被设计完善后，传输零点 f_{a1} 和

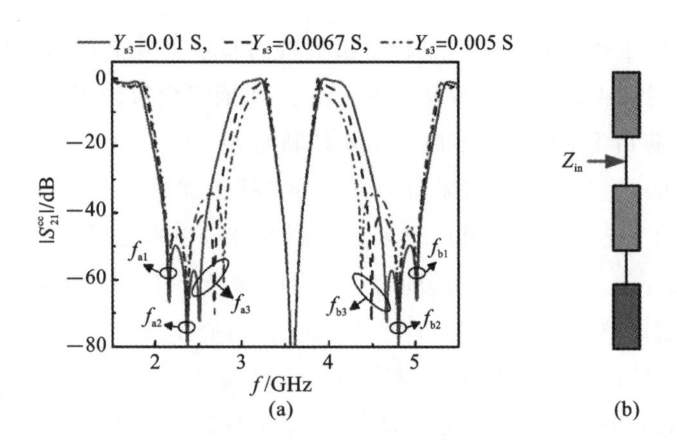

图 3-33 TZs 及其电路模型

(a)当 Y_{s1}=0.01 S,Y_{s2}=0.0067 S时,CM频率响应随 Y_{s3} 的变化;(b)传输零点产生原因

f_{b1} 的位置仅取决于导纳 Y_{s1},而 f_{a2} 和 f_{b2} 的位置仅取决于导纳 Y_{s2},f_{a3} 和 f_{b3} 的位置仅取决于导纳 Y_{s3}。因此,TZs 的位置可以通过调整被加载枝节的特征导纳进行独立控制,从而方便 CM 双阻带的设计以满足所需的规格。

经过精心的设计,平衡滤波器对称中心被加载的枝节的特性导纳为 Y_{s1}=0.013 S,Y_{s2}=0.0067 S,Y_{s3}=0.005 S。TLM 仿真后得到的六个 TZs 分别位于 2.000 GHz、2.370 GHz、2.790 GHz、4.380 GHz、4.800 GHz 和 5.170 GHz 处,与通过公式(3.12)至式(3.14)计算得到的结果 1.996 GHz、2.367 GHz、2.793 GHz、4.378 GHz、4.804 GHz 和 5.175 GHz 基本吻合。此外,为进一步阐明总体的设计过程,我们总结并归纳了所提出的双宽带平衡 BPF 的关键设计步骤,如图 3-34 所示。

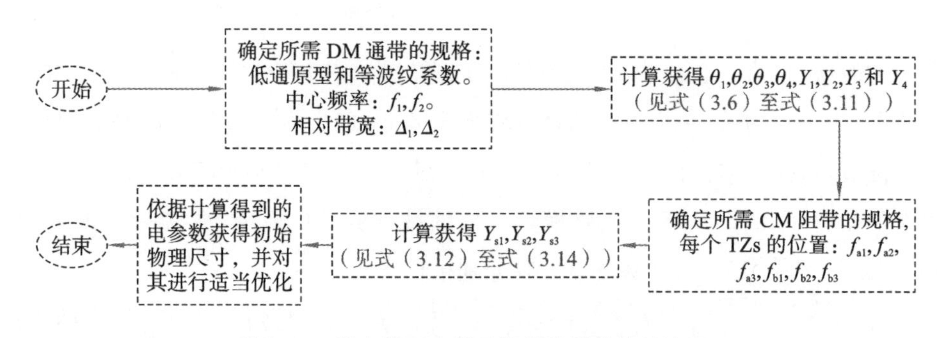

图 3-34 提出的双宽带平衡滤波器的设计流程

3. 微带线结构的实现

基于上述讨论和被确定的电参数,所提出的双宽带平衡 BPF 的微带线模型随之被搭建完成,其布局如图 3-35 所示。它采用的介质基板为 Rogers 4003C,相对

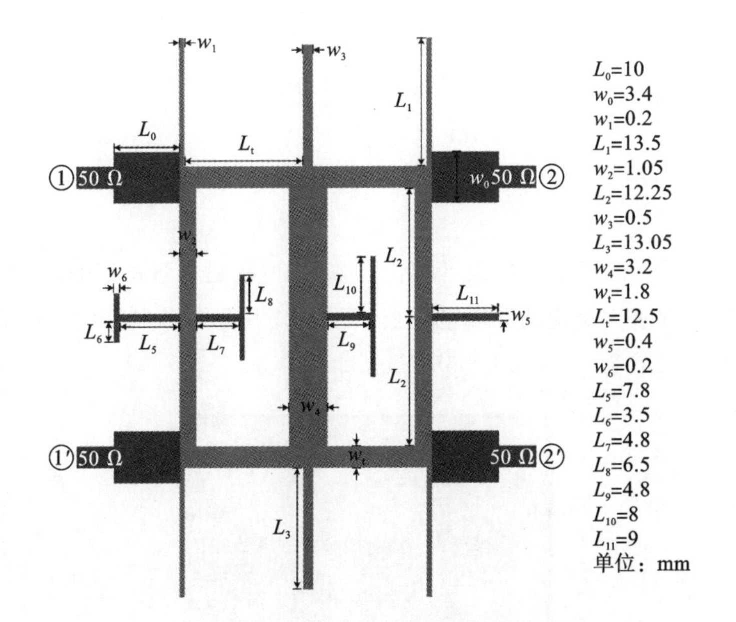

图 3-35　设计的双宽带平衡 BPF 的微带线模型

介电常数为 3.38 F/m，厚度为 0.813 mm，损耗角正切为 0.0027。最终的电路尺寸经由电磁仿真软件进行了一定的优化。并且注意到的是，阶跃阻抗馈电结构的采用被用于降低 DM 通带内的回波损耗。

电磁仿真结果如图 3-36 所示(用实线表示)，观察到两个 DM 通带的中心频率分别为 2.54 GHz 和 4.6 GHz，相对带宽分别为 45.2%和 26.6%。两个通带内的回波损耗均优于－21 dB。此外，CM 阻带能够完全覆盖所对应的 DM 通带，且第一个 DM 通带内的最大和最小 CM 抑制分别为－68 dB 和－15.1 dB，第二个 DM

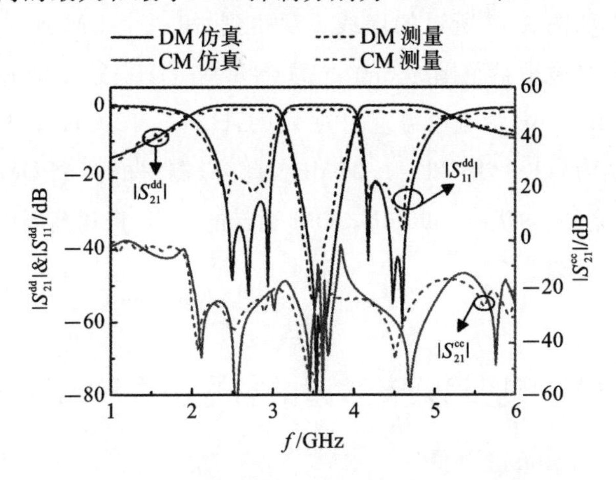

图 3-36　双宽带平衡 BPF 的仿真结果和测量结果

通带内的最大和最小 CM 抑制分别为−56 dB 和−15.4 dB。它与 TLM 模型相比的一些偏差(包括尺寸和仿真结果),归因于微带结构的寄生效应。

3.3.3 双宽带平衡 BPF 的测试结果

为了进一步验证所提出的设计理论和方法,所构建的双宽带平衡 BPF 采用微带线工艺制作在表面覆铜的介质基板上。图 3-37 所示的是制作的器件的照片,其不包括馈线的尺寸为 45.9 mm×55.1 mm。

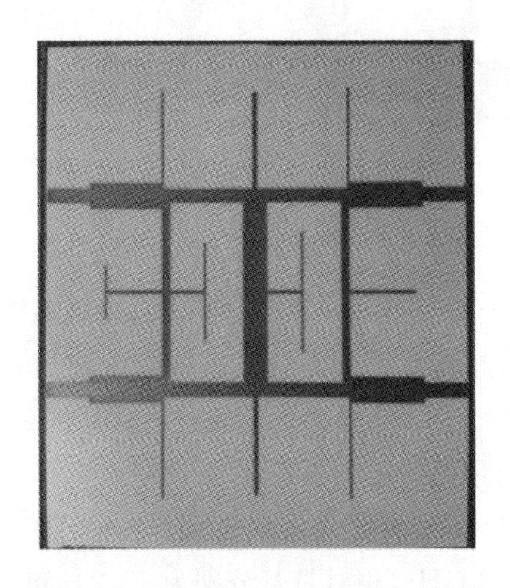

图 3-37　双宽带平衡 BPF 的实物图

被加工制作的滤波器通过型号为 CETC 3671E 的四端口网络分析仪进行测试。其测试结果如图 3-36 所示的虚线。观察到,第一个 DM 通带的中心频率为 2.54 GHz,3 dB 带宽覆盖范围为 2.03 GHz～3.05 GHz;第二个 DM 通带的中心频率为 4.61 GHz,3 dB 带宽覆盖范围为 4.1 GHz～5.12 GHz。两个通带内的最大插入损耗分别为−1.4 dB 和−1.95 dB。此外,测得的两个 DM 通带内的 CM 抑制(通带边缘除外)均优于−20 dB。DM 通带的 3 dB 带宽范围内 CM 抑制的最低水平为−15.3 dB。

3.4 基于枝节加载分支线谐振器的超导双通带平衡滤波器

高阶 HTS 滤波器具有极低插入损耗、陡峭带边特性和高带外衰减等频率特性，本节将基于分支线谐振结构与超导技术的结合探索高阶双通带平衡滤波电路的研究与设计。本节首先提出了一种新型的具有全对称结构特性的多模枝节加载分支线谐振器(Stub Loaded Shunted-Line Resonator，SLSLR)，它不仅能够为高阶滤波电路设计过程中谐振单元间的耦合级联提供充足的设计自由度，而且对其内部谐振模式以及相邻谐振单元之间的内部耦合具有更灵活的控制能力。并且，基于该谐振器，我们提出了一个具有高性能的DM频率响应和高带内CM抑制能力的八阶HTS双通带平衡滤波器。

3.4.1 对称SLSLR结构特性分析

1. 结构分析

图3-38(a)所示的是对称SLSLR结构的TLM，该结构由如图3-38(b)所示的传统的多模枝节加载谐振器(Stub Loaded Resonator，SLR)演变而来。与SLR结构相比，所提出的谐振器结构进行了两个修改：首先，图3-38(b)中SLR结构两侧的两条TL部分被演变为图3-38(a)中具有相同电长度(θ_1)而特征导纳(Y_1)被减半的分支线单元部分；其次，SLR结构中间区域的两个被加载的TL($2Y_s$，θ_s)被分裂成四个相同的TL(Y_s，θ_s)。因此，经过修改后，传统SLR结构被构建为一种具有完全对称特性的谐振结构。该结构将为高阶滤波器的耦合级联设计提供便捷，并具有灵活控制所需通带的工作频率和带宽的优点。

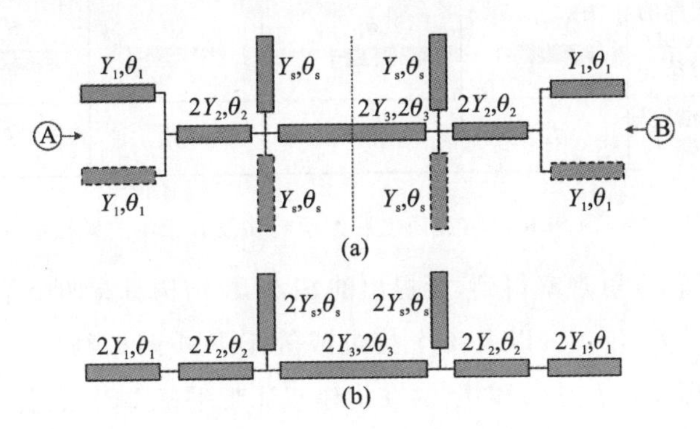

图3-38 对称SLSLR结构

(a)所提出的对称SLSLR结构；(b)传统的多模SLR结构

2. 差/共模谐振特性分析

由于图3-38(a)中的谐振器是一个对称结构，因此可以方便地应用奇偶模方法对其进行分析和研究。当施加奇模(对应于DM)信号激励时，谐振结构的对称面(图 3-38 中虚线所示)可被视为一块电壁,其等效电路如图 3-39 所示的第二行的第二列。当施加偶模(对应于 CM)信号激励时,对称平面可被视为一块磁壁,其等效电路如图 3-39 所示的第二行的第三列。并且能够被观察到的是,简化得到的 DM 和 CM 等效电路相对于水平中心线(虚线所示)仍然是对称的,因此在这种情况下,奇偶模方法将能够被再次使用以简化电路分析。图 3-39 中的第 4 行和第 7 行是 SLSLR 结构再次被简化后所获得的六个子电路结构。

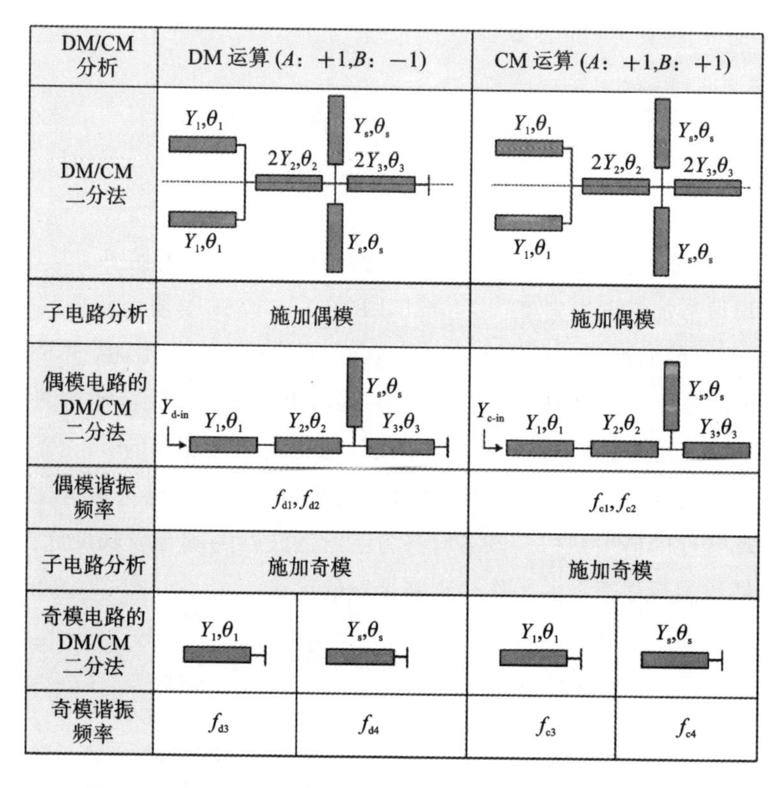

图 3-39　SLSLR 结构被简化后的子电路及其相应的谐振模式

此外,由图 3-39 可观察得到,所提出的 SLSLR 结构具有四个基本的 DM 谐振频率,即 f_{d1}、f_{d2}、f_{d3} 和 f_{d4},以及 4 个接近或等于 DM 谐振频率但并不被需要的 CM 谐振频率,即 f_{c1}、f_{c2}、f_{c3} 和 f_{c4}。在构建双通带平衡 BPF 之前,必须确定两个合适的 DM 谐振频率以用于形成通带效果。考虑到 CM 抑制效果,谐振频率 f_{d3} 和 f_{d4} 显然并不是合适的选择,因为其对应的 DM 子电路与谐振频率 f_{c3} 和 f_{c4} 所对应的 CM 子电路具有相同的 TLM,即 $f_{d3}=f_{c3}$,$f_{d4}=f_{c4}$。因此,DM 谐振频率 f_{d1} 和 f_{d2} 显然是两个更合适的选择,并且也将在后续内容中用于构建所需的两个 DM 通带。

由图3-39可知，谐振频率 f_{d1} 和 f_{d2} 均来自DM等效电路的偶模子电路。为了对其进行分析，该子电路的输入导纳 $Y_{d\text{-}in}$ 被推导为

$$Y_{d\text{-}in}=Y_1(Y_{L1}+jY_1\tan\theta_1)/(Y_1+jY_{L1}\tan\theta_1) \tag{3.15}$$

其中，

$$Y_{L1}=jY_2(Y_s\tan\theta_s-Y_3\cot\theta_3+Y_2\tan\theta_2)/(Y_2-Y_s\tan\theta_s\tan\theta_2+Y_3\cot\theta_3\tan\theta_2) \tag{3.16}$$

当 $\mathrm{Im}(Y_{d\text{-}in})=0$ 时，其解即为所需的DM谐振频率。为了简化计算，假设 $Y_1=2Y_2=2Y_3=Y_s$ 和 $\theta_3=\theta_s$，得到简化后的DM谐振频率（f_{d1}，f_{d2} 和 $f_{d1}<f_{d2}$）的谐振条件为

$$2\tan\theta_s-\cot\theta_s+\tan[\arctan(2\tan\theta_1)+\theta_2]=0 \tag{3.17}$$

式(3.17)的前两个解为谐振频率 f_{d1} 和 f_{d2}，其取决于电长度 θ_1、θ_2 和 θ_s，并可采用数值方法进行求解。

此外，对于CM等效电路的偶模子电路，其两个CM谐振频率 f_{c1} 和 f_{c2}（$f_{c1}<f_{c2}$）同样需要进行协同设计，以避免与所需DM谐振频率的位置相重合。CM谐振频率 f_{c1} 和 f_{c2} 的谐振条件可以采用类似的方法被推导为

$$3\tan\theta_s+\tan[\arctan(2\tan\theta_1)+\theta_2]=0 \tag{3.18}$$

CM谐振频率 f_{c1} 和 f_{c2} 可从公式(3.18)中提取得到。并且，由公式(3.17)和公式(3.18)可以发现，θ_s 是影响四个谐振频率以及DM谐振和CM谐振之间频率差的关键参数。

因此，对上述谐振频率的一些关键频率比随参数 θ_s 的变化关系进行了研究，如图3-40所示。其中，为了简化计算，假设 $\theta_1=28°$，$\theta_2=23°$（或33°）。传输线的电长度都设置在将要设计的双通带平衡滤波器的第一个通带的中心频率1.9 GHz处。

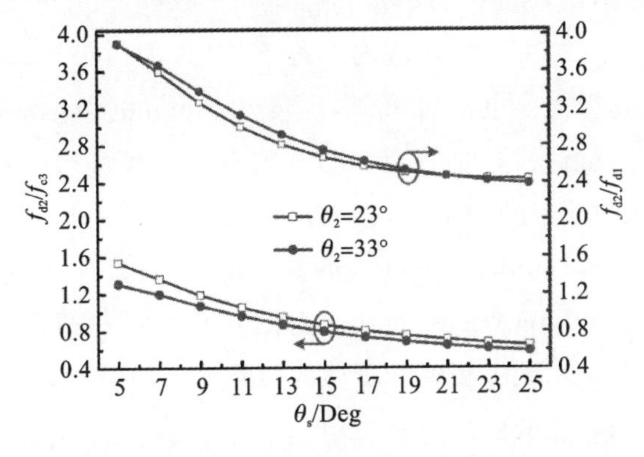

图3-40 频率比 f_{d2}/f_{c3} 和 f_{d2}/f_{d1} 与电长度 θ_s 的变化关系（其中 $\theta_1=28°$，$\theta_2=23°$（或33°））

由图 3-40 可知，随着 θ_s 的增大，频率比 f_{d2}/f_{c3} 随之变小。当选择 θ_s 为 12°或 10.2°时，θ_2 对应为 23°或 33°，则频率比 f_{d2}/f_{c3} 等于 1，这表明当 θ_s 接近 10.2°或 12°时，f_{c3} 将被移动到 f_{d2} 所在的位置。因此，在之后的设计中，考虑到 CM 抑制，应为 θ_s 设置一个可使 CM 谐振频率远离 DM 谐振频率的值。此外，由图 3-40 可知，随着 θ_s 的增大，频率比 f_{d2}/f_{d1} 随之单调减小。因此，一旦两个所需的 DM 谐振频率被选择，就可以快速根据图 3-40 确定两组合适的 θ_s 和 θ_2 的组合，从而得到可满足需要的频率比。并且，从电路尺寸的小型化角度考虑，滤波器的设计建议选用 θ_2 中较小的一个，因为可供选择的两个 θ_s 之间的差值较小，而 θ_2 之间的差值较大。

3.4.2 双通带平衡带通滤波器设计

在上述分析的基础上，基于所提出的对称 SLSLR 设计了一款八阶 HTS 双通带平衡 BPF，所需的两个通带分别工作在 1.9 GHz 和 4.9 GHz 处。完整的设计过程如下。

1. 谐振器单元的设计

如 3.4.1 节所述，DM 谐振频率 f_{d1} 和 f_{d2} 将被用于构成平衡滤波器的两个通带。因此，首先需要合理设计对称 SLSLR，使得 f_{d1} 和 f_{d2} 分别谐振在 1.9 GHz 和 4.9 GH 处，即频率比 f_{d2}/f_{d1} 为 2.58。由图 3-40 可知，电长度 θ_s 具有两个合适的值可满足所需频率比，分别为 17°和 18.2°，电长度 θ_2 与之相对应的分别为 23°和 33°。显然，从电路的小型化角度考虑，$\theta_s=17°$ 和 $\theta_2=23°$ 是更好的组合。并且，由图 3-40 中可观察到在 $\theta_s=17°$ 和 $\theta_2=23°$ 的情况下，频率比 $f_{d2}/f_{c3}\approx0.8$，即 DM 谐振频率 f_{d2} 远离 CM 谐振频率 f_{c3}，可满足 CM 抑制的要求。其中，θ_1 设置为 28°，各段传输线的特征导纳设置为 0.013 S。

根据确定的电参数，可得到相应的对称 SLSLR 的微带结构，如图 3-41(a)所示，所采用的介质基板为介电常数 9.78，厚度 0.5 mm 的 MgO。为了进一步减小谐振器尺寸以及方便谐振器之间的耦合，我们对分支线进行了弯折。图 3-41(a)所示结构的几何尺寸分别为 $L_{11}=0.7$，$L_{12}=3.75$，$L_{13}=1.05$，$L_2=4.15$，$L_3=3.15$，$L_{s1}=2.4$，$L_{s2}=1.05$，$w=0.15$（单位：mm）。在 DM 信号的弱激励下，其 DM 频率响应如图 3-41(b)所示的粗线。由图 3-41 中可观察到，f_{d1} 和 f_{d2} 分别在 1.9 GHz 和4.9 GHz 处谐振，说明弯折后的对称 SLSLR 结构满足设计要求。

2. SLSLRs 间的内部耦合

基于设计完善的对称 SLSLR，采用直接耦合拓扑方式构建了一款八阶双通带

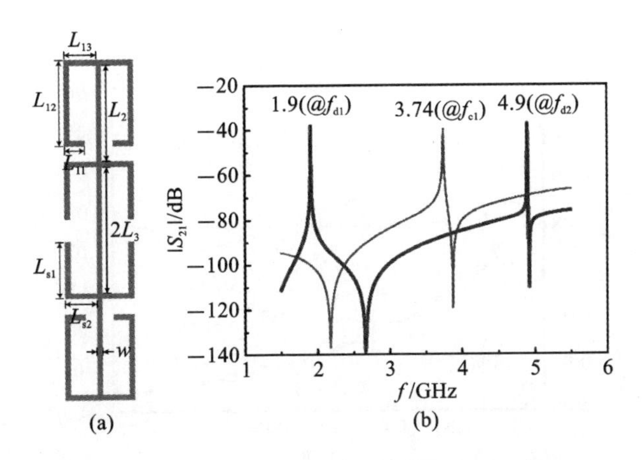

图 3-41　对称 SLSLR 结构及其 DM 和 CM 激励

(a)弯折后的对称 SLSLR 结构；(b)DM 和 CM 弱激励下的 $|S_{21}|$ 响应

平衡滤波器，其结构布局如图 3-42 所示。可观察到，两个相邻的谐振器之间具有两个耦合区域，因此它提供了用于设计所需双通带的两个耦合路径。

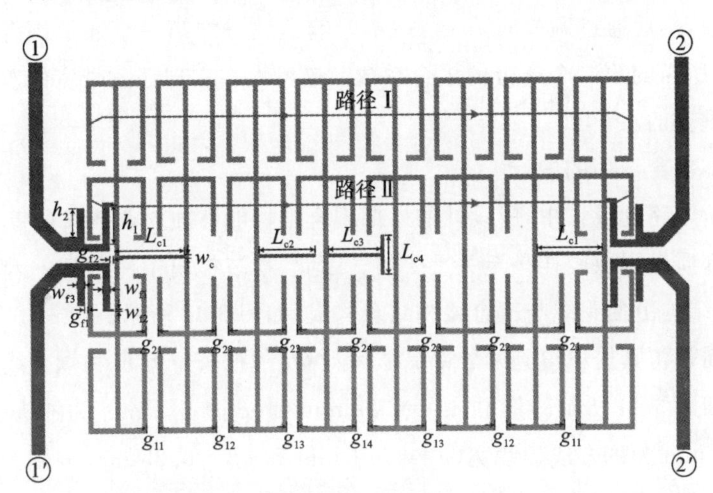

图 3-42　基于 SLSLRs 的八阶 HTS 双通带平衡 BPF

基于电磁仿真软件，提取得到的耦合系数随耦合间隙 g_1 和 g_2 的变化关系如图 3-43 所示。其中，g_1 表示相邻 SLSLR 两端的两个分支线之间的耦合间隙，g_2 表示中间的两个分支线之间的耦合间隙。g_1 和 g_2 分别对应图 3-42 中的 g_{1i} 和 g_{2i}（i=1,2,3,4）。所有这些耦合间隙都将应用于对应两个谐振器之间耦合强度的调节。

由图 3-43 可观察到，两个 DM 通带的耦合系数随着 $g_1=g_2$ 的增大而单调减小。然而，当 g_1=0.51 mm 保持不变时，随着 g_2 的继续增大，发现第一个通带的

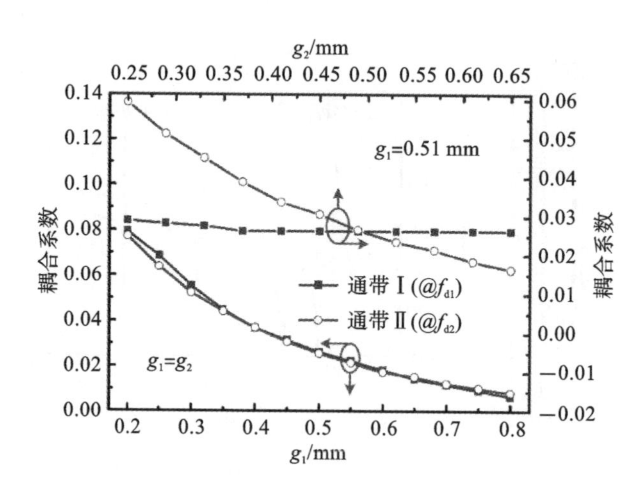

图 3-43　仿真提取得到的耦合系数随间隙 g_1 和 g_2 的变化关系

耦合系数基本保持不变，而第二个通带的耦合系数则迅速降低。该结果表明，两个通带的耦合系数具有独立可控性，可首先通过调节间隙 g_1 获得第一个通带所需的耦合系数，然后通过调节间隙 g_2，在不影响已获得的第一个通带耦合系数的前提下，得到所需的第二个通带的耦合系数。该特性在实现任意带宽的双通带 BPF 时是相当重要的。

3. 外部耦合结构的设计

在高阶电路的设计中，所设计的外部耦合结构能够独立调节双通带 BPF 两个通带的外部质量因数同样是至关重要的。因此，本节提出了一种反 F 型双通带馈电结构，该结构由抽头线与耦合线相结合构成，如图 3-42 所示。

两个通带仿真提取得到的外部品质因数 Q_{ex} 随抽头位置 h_1 和耦合线长度 h_2 的变化关系如图 3-44 所示。其中，$w_{f1}=0.2$ mm 和 $w_{f2}=0.1$ mm 为抽头线的线宽，$w_{f3}=0.25$ mm 为耦合线的线宽，$g_{f1}=0.1$ mm 和 $g_{f2}=0.25$ mm 分别为耦合线和抽头线与谐振器之间的间隙。由图 3-44 中可观察到，随着 h_1 的增大，两个通带的 Q_{ex} 均单调减小，其中第二个通带的 Q_{ex} 变化幅度相对较小。而当 $h_1=1.45$ mm 且为定值时，随着 h_2 的增加，第二个通带的 Q_{ex} 也随之较大幅度增加，而第一个通带的 Q_{ex} 保持不变。该结果表明，两个通带的 Q_{ex} 可以独立调节，验证了所提出的馈电结构在设计双通带滤波器时具有足够的设计灵活性。

4. 八阶 HTS 双通带平衡带通滤波器

所设计的平衡滤波器的两个 DM 通带具有波纹系数为 0.04321 dB 的切比雪夫响应，中心频率为 1.9 GHz 和 4.9 GHz，相对应的纹波相对带宽分别为 3.16%

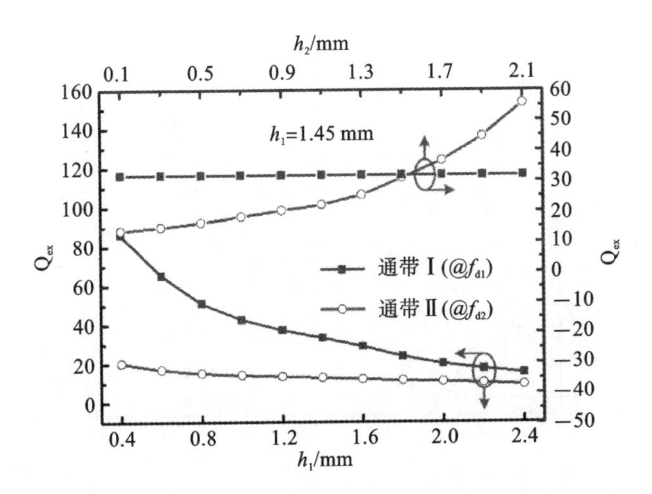

图 3-44　仿真提取得到的外部品质因数随抽头位置 h_1 和耦合线长度 h_2 的变化关系

和 4.08%。

根据经典的多阶 BPF 设计理论，所需的两个通带的耦合系数和外部品质因数 Q_{ex}的理论值可计算得到。由图 3-43 可知，首先可以根据计算得到的第一个通带所需耦合系数确定耦合间隙 g_1，然后根据第二个通带所需耦合系数确耦合间隙 g_2。同样，根据计算得到的所需的外部品质因数 Q_{ex}，可以根据图 3-44 快速确定对应外部耦合结构的尺寸。因此，如图 3-42 所示，耦合间隙 g_{11}、g_{12}、g_{13}、g_{14}、g_{21}、g_{22}、g_{23}、g_{24}分别为 0.51、0.59、0.61、0.61、0.4、0.52、0.53、0.53(单位：mm)，馈电结构中参数 h_1 和 h_2 分别为 1.45 mm 和 1.3 mm，其他物理尺寸与上文描述的保持一致。

所得到的滤波器的最终仿真结果如图 3-45 所示的虚线。可观察到，两个 DM 通带的中心频率分别为 1.9 GHz 和 4.9 GHz，对应的 3 dB 相对带宽分别为 4%和 4.92%。此外，可以注意到，第一个 DM 通带内的最小 CM 抑制度大于－70 dB，第二个 DM 通带内的最小 CM 抑制度大于－78 dB。此外，在所需观测频率范围内，CM 抑制度均大于－31 dB，这得益于频率差异技术的使用[20]。如图 3-42 所示，四根微带线或 T 型枝节被加载在 SLSLRs 的中心位置处。所加载的微带线或 T 型枝优化后的尺寸为 $L_{c1}=2.6$，$L_{c2}=2.35$，$L_{c3}=2.2$，$L_{c4}=0.9$，$w_c=0.1$(单位 mm)。

此外，如图 3-45 所示，在 DM 通带附近观测到 TZ_1、TZ_2、TZ_3 和 TZ_4 四个 TZs。其中，TZ_1 和 TZ_2 是由于横向信号干扰产生的。如图 3-42 所示，每个 DM 通带有两条信号传输路径，即路径Ⅰ和路径Ⅱ。当这两条路径的相位差为 180°或

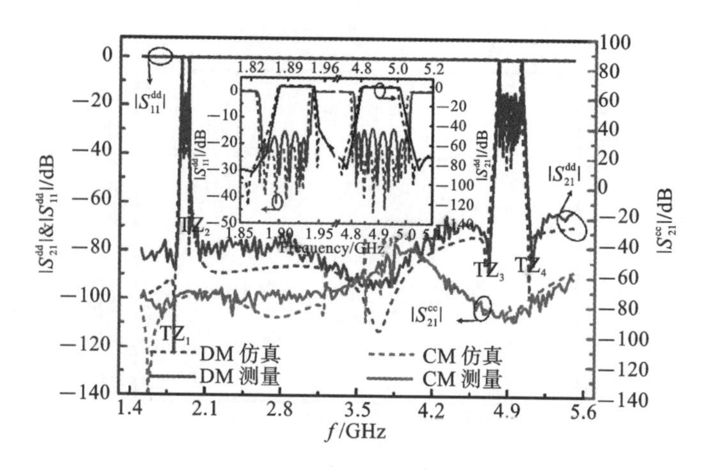

图 3-45　八阶 HTS 双通带平衡 BPF 的仿真和测量结果

180°的奇数倍时，将产生一个 TZ。而 TZ_3 和 TZ_4 是所提出的对称 SLSLR 的固有 TZs，由分支线的虚拟接地所产生[2]。

3.4.3　滤波器的加工和测试

所设计的 BPF 采用超导工艺在双侧沉积 YBCO 薄膜的 MgO 晶圆上加工。它采用离子蚀刻技术对正面薄膜进行蚀刻，形成电路结构，然后将滤波器安装在镀金金属载体上，再精心封装到屏蔽盒中。所加工制作而成的电路如图 3-46 所示，其不包括馈线部分的尺寸为 22.03 mm×15.1 mm。

图 3-46　加工制作的超导平衡滤波器的实物图

将制备好的超导滤波器安装在 77K 低温冷却器上，采用安捷伦 E5071C 型号矢量网络分析仪进行测试，测试结果如图 3-45 所示的实线。可观察到，第一个 DM 通带中心频率为 1.905 GHz，通带范围为 1.87 GHz～1.94 GHz；第二个 DM 中心频率为 4.912 GHz，通带范围为 4.807 GHz～5.017 GHz。两个 DM 通带内的最大插入损耗分别为 0.3 dB 和 0.35 dB，展示了超导技术的低损耗特性。此外，对于 CM 响应，由测试结果可知其在 0～5.5 GHz 范围内的 CM 抑制度均大于 −37 dB。

3.5　基于分支线谐振器的高选择性超导三通带平衡滤波器

基于上述研究，若所设计的电路能够拓展到同时满足三个通道的工作，将进一步简化系统复杂度，从而有效减少使用器件的数量，降低设备成本和传输过程中的损耗[21-23]。本节提出一款体积小、损耗低、高选择性和高 CM 抑制度的四阶 HTS 三通带平衡 BPF。首先，在 3.4 节的基础上提出了一种改进型的多模 SLSLR，并对其 DM 和 CM 谐振特性进行了研究。然后，在详细分析相邻两个 SLSLR 之间以及馈线与 SLSLR 之间的耦合特性基础上，设计并制作了一款四阶 HTS 三通带平衡 BPF。所设计的三通带平衡 BPF 的仿真响应与设计要求吻合良好，且测试结果也很好地验证了仿真结果。

3.5.1　改进型多模 SLSLR 特性

所提出的改进型 SLSLR 的 TLM 如图 3-47(b)所示，它由图 3-47(a)所示的传统的非完全对称 SLR 演变而来。θ_1、θ_2、θ_3、θ_4、θ_{s1}、θ_{s2} 表示相应 TL 的电长度，Y_1、Y_2、Y_3、Y_4、Y_{s1}、Y_{s2} 表示相应 TL 的特征导纳。与传统的非完全对称 SLR 相比较，所提出的改进型 SLSLR 的改变之处是将图 3-47(a)中的传输线 $a(2Y_1,\theta_1)$、$b(2Y_{s1},\theta_{s1})$ 和 $c(2Y_{s2},\theta_{s2})$ 基于分支线技术分别演变为了两个相同的传输线 $a'(Y_1,\theta_1)$、$b'(Y_{s1},\theta_{s1})$ 和 $c'(2Y_{s2},\theta_{s2})$，被演变后的分支线如图 3-47(b)所示的虚线。而与 3.4 节中所提出的 SLSLR 结构相比较，其改进之处在于额外加载了一对分支线以将更高次模引入用于设计三通带滤波器。值得注意的是，所提出的改进型 SLSLR 同样被演变为完全对称的结构，从而便于高阶多通带 BPF 的设计过程中谐振器之间的耦合级联。

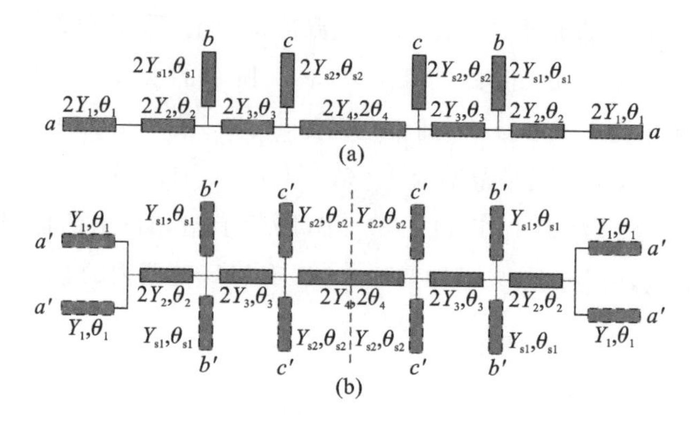

图 3-47 SLR 和 SLSLR

(a)传统的非完全对称 SLR；(b)提出的改进型多模 SLSLR

另外，由于图 3-47(b)中的谐振器结构完全对称的特性，经典的奇偶模方法能够被两次使用以对电路结构进行简化。改进型 SLSLR 的 DM 等效电路和 CM 等效电路分别如图 3-48(a)和图 3-49(a)所示。

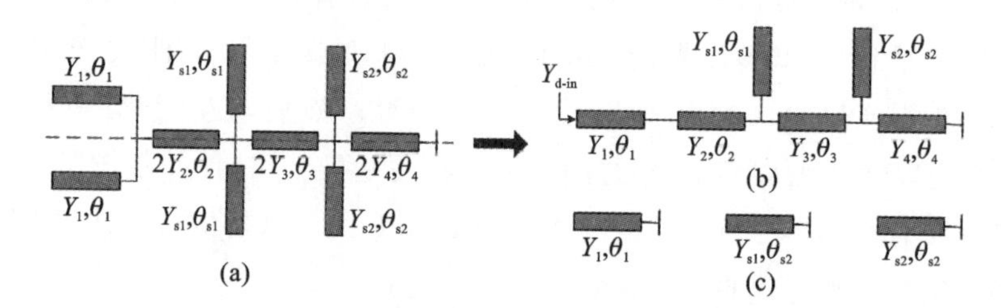

图 3-48 改进型 SLSLR 的 DM 等效电路

(a)DM 等效电路；(b)DM 等效电路的偶模电路；(c)DM 等效电路的奇模电路

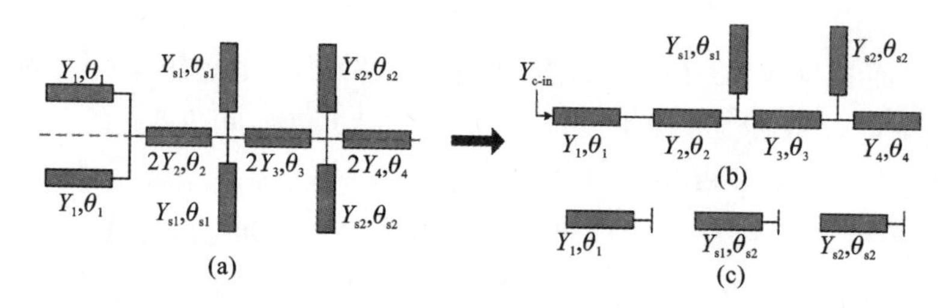

图 3-49 改进型 SLSLR 的 CM 等效电路

(a)CM 等效电路；(b)CM 等效电路的偶模电路；(c)CM 等效电路的奇模电路

图 3-48(b)所示的是 DM 等效电路的偶模电路，为一段四分之一波长 SLR，其前三个谐振频率分别命名为 f_{d1}、f_{d2} 和 f_{d3}。图 3-48(c)所示的是 DM 等效电路的奇模电路，分别为三段四分之一波长谐振器，它们的第一个谐振频率分别命名为

f_{d4}、f_{d5}和 f_{d6}。相应地，图 3-49(b)所示的是 CM 等效电路的偶模电路，为一段半波长 SLR，其前三个谐振频率分别命名为 f_{c1}、f_{c2}和 f_{c3}。图 3-49(c)所示的是 CM 等效电路的奇模电路，分别为三段四分之一波长谐振器，它们的第一个谐振频率分别命名为 f_{c4}、f_{c5}和 f_{c6}。可观察到，图 3-48(c)和图 3-49(c)中的电路完全相同，因此 $f_{d4}=f_{c4}$，$f_{d5}=f_{c5}$，$f_{d6}=f_{c6}$。从高 CM 抑制的角度出发，f_{d4}、f_{d5}和 f_{d6}不适合用于形成平衡 BPF 所需的 DM 通带。因此，谐振频率 f_{d1}、f_{d2}和 f_{d3}被选择用于三通带平衡 BPF 的设计。

基于传输线理论，图 3-48(b)中电路的输入导纳 $Y_{d\text{-}in}$为

$$Y_{d\text{-}in} = Y_1(Y_{L1} + jY_1\tan\theta_1)/(Y_1 + jY_{L1}\tan\theta_1) \tag{3.19}$$

其中，

$$Y_{L1} = Y_2(Y_{L2} + jY_2\tan\theta_2)/(Y_2 + jY_{L2}\tan\theta_2) \tag{3.20}$$

其中，

$$Y_{L2} = jY_{s1}\tan\theta_{s1} + Y_{L3} \tag{3.21}$$

其中，

$$Y_{L3} = Y_3(Y_{L4} + jY_3\tan\theta_3)/(Y_3 + jY_{L4}\tan\theta_3) \tag{3.22}$$

其中，

$$Y_{L4} = jY_{s2}\tan\theta_{s2} - jY_4\cot\theta_4 \tag{3.23}$$

当 $Y_{d\text{-}in}$的虚部为零时，图 3-48(b)中电路的谐振条件被推导为

$$Y_{L1} + jY_1\tan\theta_1 = 0 \tag{3.24}$$

为了简化计算，假设 $Y_1=2Y_2=2Y_3=2Y_4=Y_{s1}=Y_{s2}$和 $\theta_1=\theta_2=\theta_3=\theta_4=\theta_{s1}=\theta_{s2}$，公式(3.24)可被推导为

$$8\tan^6\theta_1 - 24\tan^4\theta_1 + 15\tan^2\theta_1 - 1 = 0 \tag{3.25}$$

谐振频率 f_{c1}、f_{c2}和 f_{c3}为公式(3.25)的前三个解，均取决于电长度 θ_1。采用类似的方法，图 3-49(b)中电路的谐振条件被推导为

$$(2\tan^2\theta_1 - 1)(\tan^2\theta_1 - 3) = 0 \tag{3.26}$$

谐振频率 f_{c1}、f_{c2}和 f_{c3}为公式(3.26)的前三个解。基于公式(3.25)和公式(3.26)，图 3-50 所示的是谐振频率 f_{d1}、f_{d2}、f_{d3}、f_{c1}和 f_{c2}随电长度 θ_1(在频率为 1.56 GHz 处被确定)的变化关系，其中 $Y_1=2Y_2=2Y_3=2Y_4=Y_{s1}=Y_{s2}=0.0124$ S。由图 3-50 观察到，随着电长度 θ_1的小幅度增加，谐振频率起初均随之显著下降，然后逐渐平缓。因此，在合理设置所需的三个通带的中心频率后，根据图3-50可选择合适的 θ_1值代入到 TLM 中。

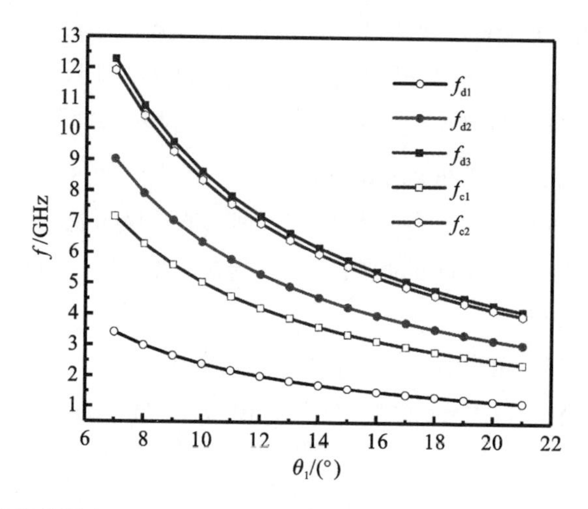

图 3-50 DM 谐振频率 f_{d1}、f_{d2}、f_{d3}和 CM 谐振频率 f_{c1}、f_{c2}随电长度 θ_1的变化关系

3.5.2 三通带平衡带通滤波器的设计

本小节所提出的改进型 SLSLR 将被用于构建一款四阶 HTS 三通带平衡 BPF。所设计的三个 DM 通带的中心频率分别为 1.56 GHz、4.2 GHz 和 5.8 GHz，具有带内纹波系数为 0.04321 dB 的切比雪夫频率响应，对应的 FBW 分别为 2.8%、3%和 2.7%。详细的设计过程如下。

1. 中心频率的设计

基于上述内容所讨论的，谐振频率 f_{d1}、f_{d2}和 f_{d3}被选择用于形成平衡 BPF 的三个通带。因此，DM 谐振频率分别设置为 $f_{d1}=1.56$ GHz、$f_{d2}=4.2$ GHz 和 $f_{d3}=5.8$ GHz。根据图 3-50，当 $\theta_1=15°$时，谐振频率 f_{d1}、f_{d2}和 f_{d3}满足期望值。

然后，根据确定的电参数，改进型 SLSLR 的微带线模型将随之被构建完成。其采用的介质基板为 MgO，相对介电常数为 9.78，厚度为 0.5 mm。并且，同样考虑到电路小型化，谐振器上的三对分支线被向内折叠，如图 3-51(a)所示。然而，由于寄生效应的影响，谐振器结构需要被进行适当的优化以满足所需的谐振频率，优化后的各尺寸参数为 $L_1=3.2$，$L_2=3.05$，$L_3=6.1$，$L_4=2.9$，$L_5=1.05$，$L_6=0.7$，$L_7=1.05$，$L_8=2.65$，$L_9=0.5$，$L_{10}=1.05$，$L_{11}=2.5$，$w_1=0.15$(单位：mm)。图3-51(b)所示的是改进型 SLSLR 在弱耦合下的传输响应，可观察到谐振频率 f_{d1}、f_{d2}和 f_{d3}满足设计要求。

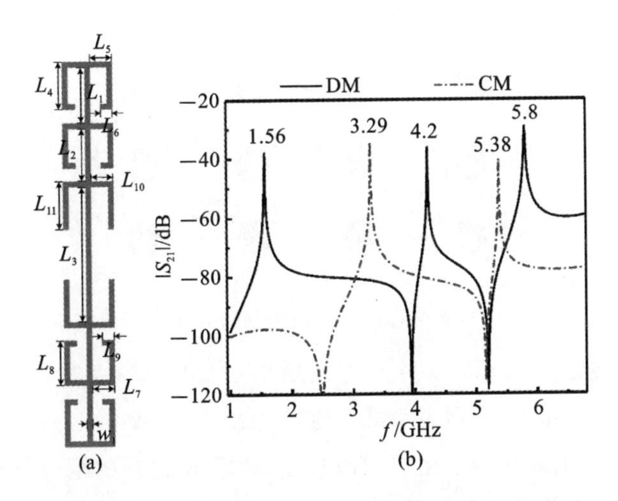

图 3-51　改进型 SLSLR 及其在弱耦合下的传输响应

(a)改进型 SLSLR 的微带线模型;(b)谐振器在弱耦合下的$|S_{21}|$

2. 谐振器间的耦合

基于优化后的改进型 SLSLRs,一款四阶三通带平衡 BPF 随之被构建完成,其布局如图 3-52 所示。并且,图 3-53 中 DM 信号激励时,平衡 BPF 所采用的是耦合拓扑方案。其中,节点 S 和 L 表示输入和输出端口,$R_1 \sim R_4$ 表示被使用的四个改进型 SLSLRs,三条耦合路径对应 BPF 的三个通带。计算得到的所需理论的耦合系数 $m_{12}^{\mathrm{I}}=m_{34}^{\mathrm{I}}=0.0255$,$m_{23}^{\mathrm{I}}=0.0196$,$m_{12}^{\mathrm{II}}=m_{34}^{\mathrm{II}}=0.0273$,$m_{23}^{\mathrm{II}}=0.021$,$m_{12}^{\mathrm{III}}=$

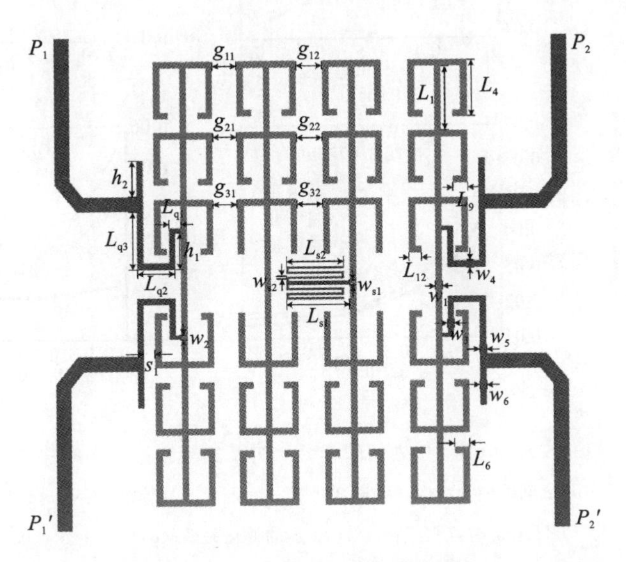

图 3-52　所设计的四阶 HTS 三通带平衡 BPF 的结构布局

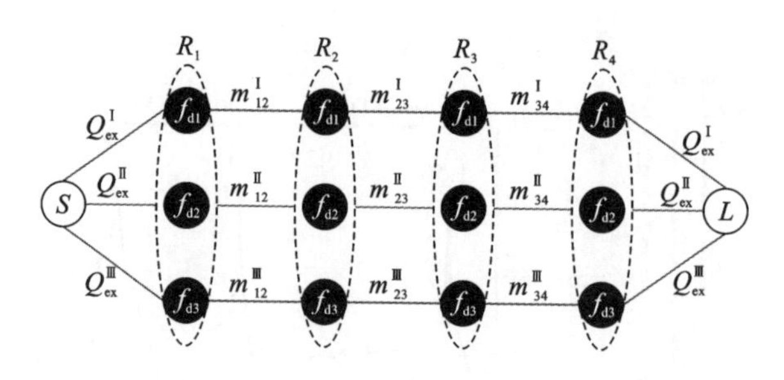

图 3-53 DM 信号激励时三通带平衡 BPF 的耦合拓扑图

$m_{34}^{III}=0.0246$，$m_{23}^{III}=0.0189$ 以及外部品质因数 $Q_{ex}^{I}=33.26$，$Q_{ex}^{II}=31.05$，$Q_{ex}^{III}=34.5$，其中上标Ⅰ、Ⅱ、Ⅲ分别表示第一通带、第二通带和第三通带。

图 3-54(a)所示的是两个相邻的改进型 SLSLR 之间的耦合结构，其中 g_1、g_2 和 g_3 分别为对应分支线之间的耦合间隙。图 3-54(b)至图 3-54(e)所示的是提取得到的耦合系数随间隙 g_1、g_2 和 g_3 的变化关系。随着间隙 $g_1=g_2=g_3$ 等幅度增加，三个 DM 通带的耦合系数均随之减小，如图 3-54(b)所示。此外，当 $g_2=g_3=0.55$ mm 时，随着间隙 g_1 被增加，通带Ⅰ和通带Ⅱ的耦合系数仍随之减小，但通带

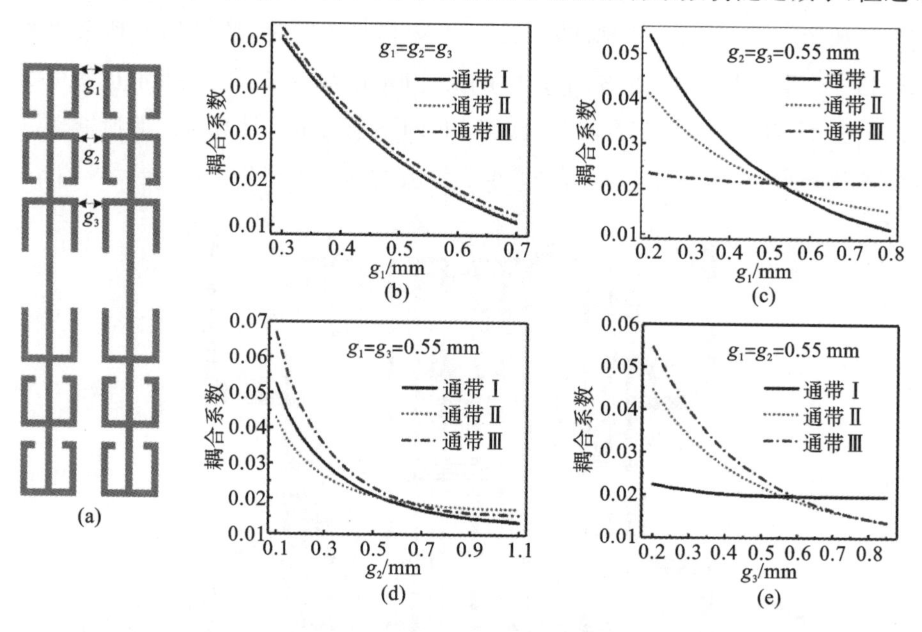

图 3-54 相邻改进型 SLSLR 之间的耦合结构及其耦合系数随间隙的变化关系

(a)相邻改进型 SLSLR 之间的耦合结构；(b)耦合间隙 $g_1=g_2=g_3$ 且等幅度变化时对耦合系数的影响；(c)当 $g_2=g_3=0.55$ mm 时，耦合系数随间隙 g_1 的变化关系；(d)当 $g_1=g_3=0.55$ mm 时，耦合系数随间隙 g_2 的变化关系；(e)当 $g_1=g_2=0.55$ mm 时，耦合系数随间隙 g_3 的变化关系

Ⅲ的耦合系数仅有轻微的改变，如图 3-54(c)所示。进一步研究发现，当 $g_1=g_3=0.55$ mm 且 g_2增加时，观察到三个通带的耦合系数虽均随之减小，但其中通带Ⅱ的耦合系数变化幅度较小，如图 3-54(d)所示。并且，如图 3-54(e)所示，当$g_1=g_2=0.55$ mm 且 g_3增加时，通带Ⅱ和通带Ⅲ的耦合系数会随之减小，而通带Ⅰ的耦合系数仅有轻微的改变。因此，通过调节耦合间隙 g_1、g_2和 g_3，可以在滤波器设计过程中灵活地获得三个 DM 通带所需的耦合系数。

3. 馈电结构的设计

外部品质因数 Q_{ex}的灵活控制在多通带 BPF 的设计中至关重要。它能够灵活地确定多个通带的带宽。因此，一种由加载在主馈线上的开路枝节和抽头线组成的馈电结构被采用，如图 3-55(a)所示。

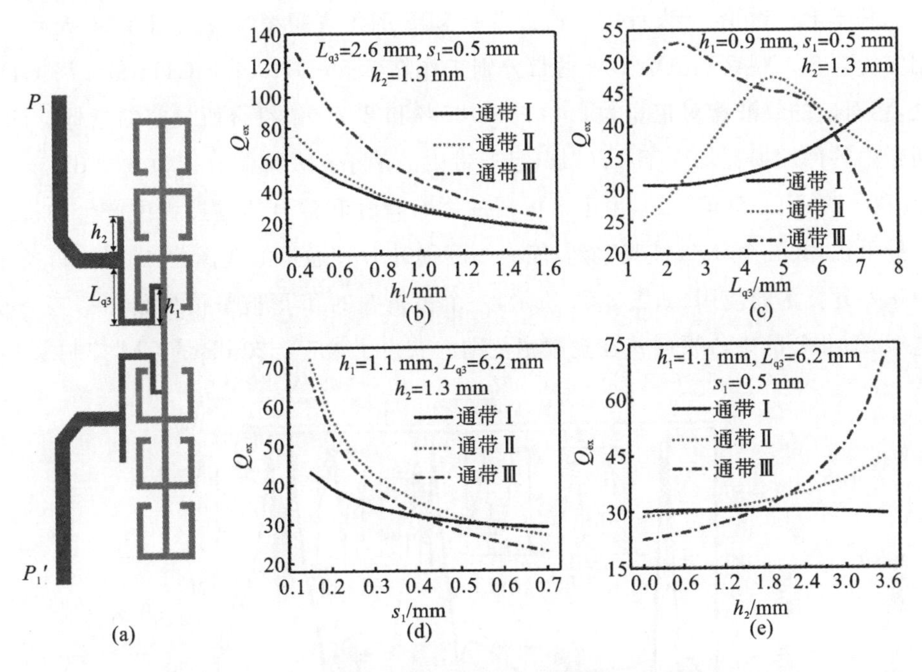

图 3-55　馈电结构与谐振器

(a)馈电结构与谐振器之间的耦合；(b)Q_{ex}随参数 h_1 的变化关系；

(c)Q_{ex}随参数 L_{q3} 的变化关系；(d)Q_{ex}随参数 s_1 的变化关系；(e)Q_{ex}随参数 h_2 的变化关系

为了展示所提出的馈电结构的特性，当 $L_{q1}=0.6$，$L_{q2}=1.6$，$w_2=0.1$，$w_3=0.35$，$w_4=w_5=0.23$，$w_6=0.15$(单位：mm)被给定时，我们对通带的 Q_{ex}与关键参数 h_1、L_{q3}、s_1和 h_2之间的关系进行了研究。图 3-55(b)所示的是当 $L_{q3}=2.6$ mm，$s_1=0.5$ mm，$h_2=1.3$ mm 且 h_1被增加时，三个通带的 Q_{ex}均随之减小。此外，当

$h_1=0.9$ mm，$s_1=0.5$ mm，$h_2=1.3$ mm 时，随着 L_{q3} 被增加，观察到通带Ⅰ的 Q_{ex} 随之增加，而通带Ⅱ和通带Ⅲ的 Q_{ex} 的变化趋势为先增加后减小，如图 3-55(c)所示。进一步发现，当 $h_1=1.1$ mm，$L_{q3}=6.2$ mm，$h_2=1.3$ mm 且 s_1 被增加时，三个通带的 Q_{ex} 也均随之减小，如图 3-55(d)所示。当 $h_1=1.1$ mm，$L_{q3}=6.2$ mm，$s_1=0.5$ mm 且 h_2 被增加时，通带Ⅱ和通带Ⅲ的 Q_{ex} 随之增加，而通带Ⅰ的 Q_{ex} 几乎不发生改变，如图 3-55(e)所示。因此，通过调节参数 h_1、L_{q3}、s_1 和 h_2，可以在滤波器设计过程中灵活地获得三个 DM 通带所需的 Q_{ex}。

3.5.3 仿真与测试结果

基于上述讨论，所设计的三通带平衡 BPF 的仿真频率响应如图 3-56 所示，并用实线表示。观察到三个 DM 通带分别工作在 1.56 GHz、4.2 GHz 和5.79 GHz 处，相对应的纹波相对带宽为 2.82%、3.05%和 2.73%，符合所设定的指标。DM 通带内的回波损耗均大于−20 dB，且通带内的最小 CM 抑制分别为−59 dB、−46 dB 和−37 dB。幸运的是，由于谐振器的固有特性和信号传输过程中产生的横向信号干扰，共五个 TZs 被观察到，能大幅度提升 DM 通带的选择性。此外，得益于频率差异技术的使用(如图 3-52 所示，一个被折叠的 T 形枝节被加载在第三个改进型 SLSLR 的中心平面)，在宽频率范围内获得了大于−20 dB 的 CM 抑制水平。

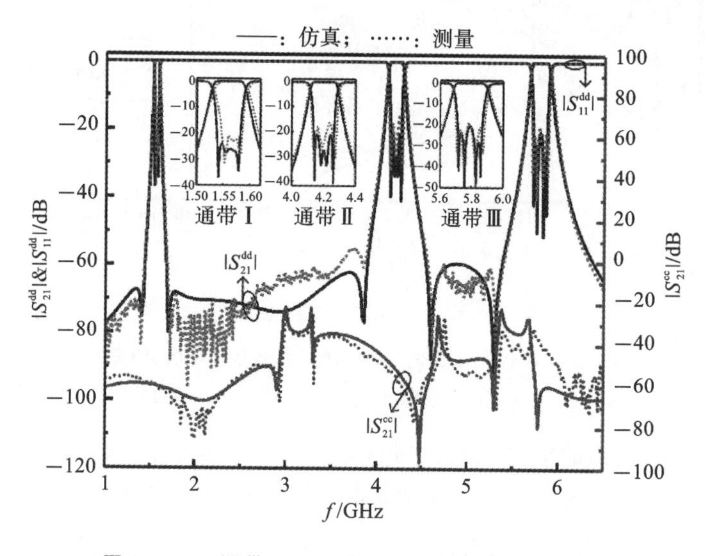

图 3-56 三通带 HTS 平衡 BPF 的仿真与测量结果

滤波器最终优化后的尺寸参数为 $L_1=3.2$，$L_4=3.05$，$L_6=0.7$，$L_9=0.6$，$L_{12}=0.22$，$h_1=1.2$，$L_{q3}=2.6$，$s_1=0.5$，$h_2=1.3$，$g_{11}=0.4$，$g_{21}=0.57$，$g_{31}=0.45$，$g_{12}=0.46$，$g_{22}=0.65$，$g_{32}=0.53$，$L_{s1}=2.28$，$L_{s2}=1.93$，$w_{s1}=0.1$，$w_{s2}=0.05$（单位：mm），不包括馈线的电路尺寸为 10.79 mm×19.5 mm（$0.144\ \lambda_g \times 0.26\ \lambda_g$）。

为进一步验证，所设计的四阶三通带平衡 BPF 采用 HTS 工艺在双侧沉积 YBCO 薄膜的 MgO 衬底上制作，并被嵌入金属屏蔽盒中，如图 3-57 所示。然后，该 HTS 平衡 BPF 被置于 77 K 的低温冷却板上，并通过型号为 Agilent E5071C 的矢量网络分析仪进行测试。测试结果展示在图 3-56 中，并用虚线表示。测试结果表明，三个 DM 通带工作在 1.56 GHz、4.21 GHz 和 5.79 GHz 处，相应的 3 dB 相对带宽分别为 3.96%、4.14% 和 3.99%。三个通带内的最大插入损耗分别为 −0.22 dB、−0.28 dB 和 −0.24 dB。在整个观测范围内，所测得的 CM 抑制度均大于 −20 dB。

图 3-57　所设计的四阶 HTS 三通带平衡 BPF 的实物图

3.6　小结

本章首先介绍了传统的分支线谐振结构的演进过程及其特性分析，然后在此基础上将其两端处的两对分支线向下弯曲并拉伸成直线结构，从而构建出了一种适宜于高阶电路设计的新型的 SLSIR 结构。基于该谐振器结构，采用混合电磁耦合技术和频率差异技术，设计了一款八阶 HTS 平衡滤波器并进行加工测试。测试结果表明，所设计的超导平衡滤波器具有高选择性、宽上阻带抑制和高 CM 抑制的特性。

并且，为了满足现代无线通信业务对具有多功能服务能力的多通带微波电路需求的不断增长，基于分支线谐振结构设计了一些多通带平衡 BPF 并进行了加工测试。在 3.3 节中，首先对分支线结构与频率变换的多通带设计方法的结合进行了探索，提出了具有多阶双宽带特性的 DM 等效电路的综合设计方法。此外，本章详细分析了 CM 等效电路的双阻带特性，解决了 CM 阻带带宽不足的问题。然后，考虑到电路的小型化设计，基于典型的 SLR 演变出了一种新型的 SLSLR 的结构。在对其多模谐振特性进行了详细讨论后，将其应用在八阶 HTS 双通带平衡滤波器的设计中。由于 SLSLR 具有足够的耦合设计自由度，实现了双通带带宽的独立控制。此外，得益于超导技术，它获得了极低的带内插入损耗和高选择性。最后，通过对 SLSLR 结构的再次演变，提出了一种改进的 SLSLR 结构，以用于三通带平衡滤波器的设计。所提出的改进的 SLSLR 结构具有丰富的谐振模式以及便于谐振器间的耦合级联。基于该谐振器结构，一款四阶 HTS 三通带平衡 BPF 被随之设计并进行加工制作。测试结果表明，所设计的三通带平衡 BPF 具有宽 CM 抑制和高选择性的特点，验证了所提出的 SLSLR 结构具有多通带拓展能力。

基于这些特性，所提出的系列平衡滤波器对于迫切需求高灵敏度和高抗干扰的现代射频/微波系统具有强烈的吸引力。

参考文献

[1] B. Razavi Behzad. *Design of analog CMOS integrated circuits*[M]. 北京：清华大学出版社，2001.

[2] J. S. Hong, M. J. Lancaster. *Microstrip Filters for RF/Microwave Applications*[C]. New York, USA: Wiley, 2001.

[3] L. Zhu, P. M. Wecowski, K. Wu. New planar dual-mode filter using cross-slotted patch resonator for simultaneous size and loss reduction[J]. *IEEE Trans. Microwave Theory Tech.*, 1999, 47(5): 650-654.

[4] Makimoto. 无线通信中的微波谐振器与滤波器[M]. 北京：国防工业出版社，2002.

[5] J. S. Hong, H. Shaman, Y. H. Chun. Dual-mode microstrip open loop resonators and filters[J]. *IEEE Trans. Microwave Theory Tech.*, 2007, 55(8): 1764-1770.

[6] L. Sun, Y. He. Research progress of high temperature superconducting filters in China[J]. *IEEE Trans. Appl. Supercond.*, 2014, 24(5): 1501308.

[7] J. H. Dai, Y. Wu, Y. F. Yuan, et al. HTS wideband bandpass filter based

on ladder topology circuit and microstrip transformation[J]. *IEEE Trans. Appl. Supercond.*, 2021, 31(4): 1501007.

[8] F. Song, B. Wei, L. Zhu, et al. A novel triband superconducting filter using embedded stub-loaded resonators[J]. *IEEE Trans. Appl. Supercond.*, 2016, 26(8): 1502009.

[9] B. P. Ren, Z. Ma, H. W. Liu, et al. Differential dual-band superconducting bandpass filter using multimode square ring loaded resonators with controllable bandwidths[J]. *IEEE Trans. Microwave Theory Tech.*, 2019, 67(2): 726-737.

[10] H. Wang, Q. X. Chu. A narrow-band hairpin-comb two-pole filter with source-load coupling[J]. *IEEE Microw. Wireless Compon. Lett.*, 2010, 20(7): 372-374.

[11] C. Y. Hsu, C. Y. Chen, H. R. Chuang. Shunted-line stepped impedance resonator[J]. *IEEE Microw. Mag.*, 2012, 13(5): 34-48.

[12] A. Fernández-Prieto, A. Lujambio, J. Martel, et al. Simple and compact balanced bandpass filters based on magnetically coupled resonators[J]. *IEEE Trans. Microw. Theory Techn.*, 2015, 63(6): 1843-1853.

[13] J. B. Thomas. Cross-coupling in coaxial cavity filters-a tutorial overview [J]. *IEEE Trans. Microw. Theory Techn.*, 2003, 51(4): 1368-1376.

[14] J. Shi, Q. Xue. Novel balanced dual-band bandpass filter using coupled stepped-impedance resonators [J]. *IEEE Microw. Wireless Compon. Lett.*, 2010, 20(1): 19-21.

[15] L. Yang, W. W. Choi, K. W. Tam, et al. Balanced dual-band bandpass filter with multiple transmission zeros using doubly shortended resonator coupled line[J]. *IEEE Trans. Microw. Theory Techn.*, 2015, 63(7): 2225-2232.

[16] J. M. Tang, H. W. Liu, Y. Yang. Compact wide-stopband dualband balanced filter using an electromagnetically coupled SIR pair with controllable transmission zeros and bandwidths[J]. *IEEE Trans. Circuits Syst. II, Exp. Briefs*, 2020, 67(11): 2357-2361.

[17] H. Y. Anita Yim, F. L. Wong, K. K. Michael Cheng. A new synthesis method for dual-band microwave filter design with controllable bandwidth

[J]. in *Proc. Asia-Pacific Microw. Conf.*, 2007:11-14.

[18] H. M. Lee, C. M. Tsai. Dual-band filter design with flexible passband frequency and bandwidth selections[J]. *IEEE Trans. Microw. Theory Techn.*, 2007, 55(5):1002-1009.

[19] G. L. Matthaei, L. Young, E. M. T. Jones. *Microwave Filter, Impedance-Matching Networks, and Coupling Structures*[C]. Norwood, MA: Artech House, 1980.

[20] C. H. Lee, C. I. G. Hsu, C. C. Hsu. Balanced dual-band BPF with stub-loaded SIRs for common-mode suppression[J]. *IEEE Microw. Wireless Compon. Lett.*, 2010, 20(2):70-72.

[21] S. X. Zhang, L. L. Qiu, Q. X. Chu. Multiband balanced filters with controllable bandwidths based on slotline coupling feed [J]. *IEEE Microw. Wireless Compon. Lett.*, 2017, 27(11):974-976.

[22] R. Gómez García, R. Loeches Sánchez, D. Psychogiou, et al. Multi-stub-loaded differential-mode planar multiband bandpass filters [J]. *IEEE Trans. Circuits Syst. II: Exp. Briefs*, 2018, 65(3):271-275.

[23] F. Wei, Y. J. Guo, P. Y. Qin, et al. Compact balanced dual-and tri-band bandpass filters based on stub loaded resonators [J]. *IEEE Microw. Wireless Compon. Lett.*, 2015, 25(2):76-78.

第4章　基于复合左右手结构的平衡微波滤波电路

复合左右手(Composite Right-/Left-Handed, CRLH)及对偶复合左右手(Dual-CRLH, D-CRLH)结构均是慢波结构，且具有独特的相位特性，因此吸引了众多国内外学者来研究[1]。在过去几年中，一些基于复合左右手或对偶复合左右手结构的小型化无源滤波器件被设计出来，如参考文献[2,3]中展示的紧凑型单通带带通滤波器(Bandpass Filter, BPF)和双工器，以及参考文献[4,5]中展示的紧凑型双通带 BPF 和功分器。

本章首先分析了复合左右手和对偶复合左右手结构的特性，其次提出了一种由微带螺旋耦合线和微带高阻抗线构成的新型高温超导 D-CRLH 谐振器[6]，利用等效电路模型和导纳矩阵法[7]，得到并分析了 D-CRLH 谐振器的特性，使其适合实现小型化高性能滤波器。然后利用谐振器之间电磁耦合相互抵消这一特性提出了一款全对称型单模 CRLH 谐振器[8]，并设计了另外一款相对带宽为0.32%四阶高温超导超窄带平衡带通滤波器。

紧接着，本章提出了三款不同的双通带高温超导 BPF。首先将两个传统的单模 D-CRLH 谐振器进行折叠内嵌，然后进行级联构成了一个双模 D-CRLH 谐振器，并制作了一个工作频率为 890/1742.2 MHz，具有等纹波系数为 0.0432 dB 切比雪夫响应的四阶双窄带 BPF，并对其进行了测量，其结果与仿真结果吻合较好。然后提出了一种新型的 CRLH 谐振器，并将其应用于紧凑的双通带平衡 BPF 设计，制作了一个小型化、多传输零点且具有良好共模抑制水平的双通带平衡 BPF。最后在上文提到的全对称单模 CRLH 谐振器的基础上提出了一款双模全对称 CRLH 谐振器。通过构建差模、CM 等效电路(Equivalent Circuits, ECs)和其集总等效电路(Lumped-Element Circuits, LECs)，详细研究了所提出的双模谐振器的谐振特性，并基于此设计了一个工作频率分别为 2.45 GHz 和 4.9 GHz 且具有频率可控特性的四阶双通带高温超导(High-Temperature Superconducting, HTS)平衡 BPF。其仿真结果与实测结果吻合性较好，验证了所提出的结构和设计方法的正确性。

4.1 复合左右手结构的特性

复合左右手传输线的定义是:在一些频率范围内电磁波的传播特性呈现“左手特性”,即等效介电常数 $\varepsilon_{\text{reff}}$ 和等效磁导率 μ_{reff} 都是负数;而在另一些频率范围内电磁波的传播特性呈现“右手特性”,即等效介电常数 $\varepsilon_{\text{reff}}$ 和等效磁导率 μ_{reff} 都是正数[9]。图 4-1 所示的是理想的纯右手传输线(Pure Right Hand-Transmission Line,PRH-TL)和理想的纯左手传输线(Pure Left Hand-Transmission Line,PLH-TL)的等效电路模型。其中,串联电感 L_R 和并联电容 C_R 构成纯右手传输线,如图4-1(a)所示。而纯左手传输线是由串联电容 C_L 和并联电感 L_L 构成,如图 4-1(b)所示[10]。

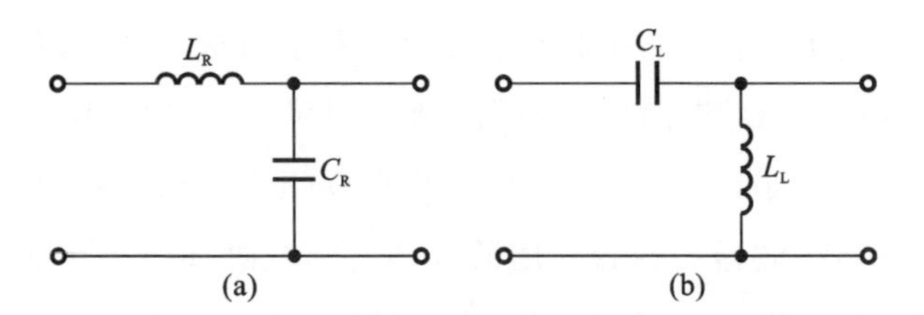

图 4-1 纯左右手传输线电路模型

(a)纯右手传输线电路模型;(b)纯左手传输线电路模型

2002 年,T. Itoh 等学者从传输线理论出发,最早发现了等效介电常数 $\varepsilon_{\text{reff}}$ 和等效磁导率 μ_{reff} 都是负数的材料,实现了左手特性的传输线[11-15]。并在之后的研究中提出了 CRLH-TL 的概念[1],即 CRLH 是 P-RH 和 P-LH 传输线的结合,如图 4-2 所示的是复合左右手传输线 CRLH-TL 的等效电路模型[16-19]。而 D-CRLH 传输线最早是在 2006 年由 Caloz 等人提出来的,其等效电路模型如图 4-2(b)所

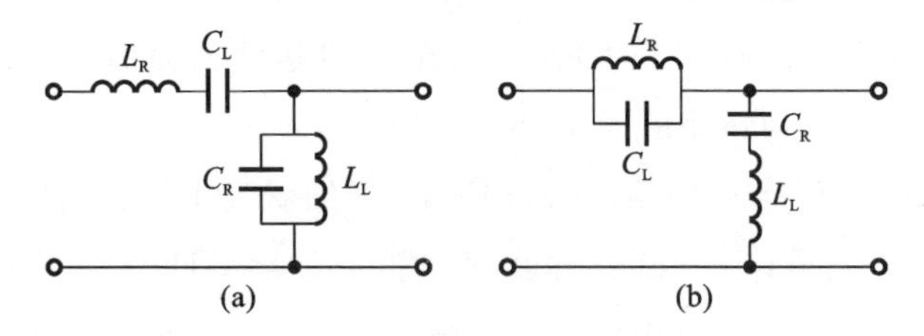

图 4-2 复合左右手传输线电路模型

(a)复合左右手传输线电路模型;(b)对偶复合左右手传输线电路模型

示[1]。该模型中串联支路为电感 L_R 与电容 C_L 并联，并联支路为电容 C_R 与电感 L_L 串联。与传统的 CRLH-TL 等效电路模型比较，它的串联支路与并联支路正好对偶。

对于这几种传输线来说，传播常数一般用 γ 来表示。故纯右手型传输线与纯左手型传输线的传播常数分别可以用式(4.1)和式(4.2)表示：

$$\gamma^{RH} = j\beta^{RH} = \sqrt{(j\omega L_R{}')(j\omega C_R{}')} = j\omega\sqrt{L_R{}'C_R{}'} \tag{4.1}$$

$$\gamma^{LH} = j\beta^{LH} = \sqrt{(1/j\omega L_L{}') * (1/j\omega C_L{}')} = -j/(\omega\sqrt{L_L{}'C_L{}'}) \tag{4.2}$$

复合左右手传输线是右手传输线和左手传输线的综合，故传播常数为 $\gamma=\alpha+j\beta$。若 d 的值远小于四分之一波长，则色散关系可以表示为

$$\beta(\omega) = \frac{1}{d}\cos^{-1}\left(1+\frac{Z(\omega)Y(\omega)}{2}\right) \tag{4.3}$$

其中，$Z(\omega)$ 为串联支路的阻抗，$Y(\omega)$ 为并联支路的导纳，可以由下式得到，即

$$Z(\omega) = j(\omega L_R - (1/\omega C_L)),\ Y(\omega) = j(\omega C_R - (1/\omega L_L)) \tag{4.4}$$

将式(4.4)代入式(4.3)可以得到色散关系为

$$\beta(\omega) = [s(\omega)/d]\sqrt{\omega^2 L_R C_R + 1/(\omega^2 L_L C_L) - (L_R/L_L + C_R/C_L)} \tag{4.5}$$

其中，$s(\omega)$ 可以表示为

$$s(\omega) = \begin{cases} -1, 当\ \omega < \min\left(\dfrac{1}{\sqrt{L_R C_R}}, \dfrac{1}{\sqrt{L_L C_R}}\right); \\ +1, 当\ \omega < \max\left(\dfrac{1}{\sqrt{L_R C_R}}, \dfrac{1}{\sqrt{L_L C_R}}\right) \end{cases} \tag{4.6}$$

同理，也可以综合出对偶复合左右手传输线色散关系。为了方便讨论，定义变量：

$$\omega_{se} = 1/(\sqrt{L_R C_L}),\ \omega_{sh} = 1/(\sqrt{L_L C_R}) \tag{4.7}$$

$$\omega_{se} = 1/(\sqrt{L_R C_R}),\ \omega_{sh} = 1/(\sqrt{L_L C_L}) \tag{4.8}$$

对色散关系式进行计算，分别得到图 4-1 和图 4-2 中的电路模型的色散关系曲线图，如图 4-3 所示。当 $\beta>0$ 时，传输线呈现的是右手特性；当 $\beta<0$ 时，传输线呈现的是左手特性，而复合左右手和对偶复合左右手传输线在一定频段内是同时具有右手特性与左手特性。具体来说，对偶复合左右手传输线就是在低频段具有右手特性，而在高频段具有左手特性。此外，在左区域和右手区域中间还存在一个截止频带（ω_{se} 不等于 ω_{sh}），如果改变电路中的 LC 值使得 $\omega_{se}=\omega_{sh}$，此时传输线就工作在平衡状态。因此，在这一平衡状态下，可以设计对偶复合左右手谐振器。

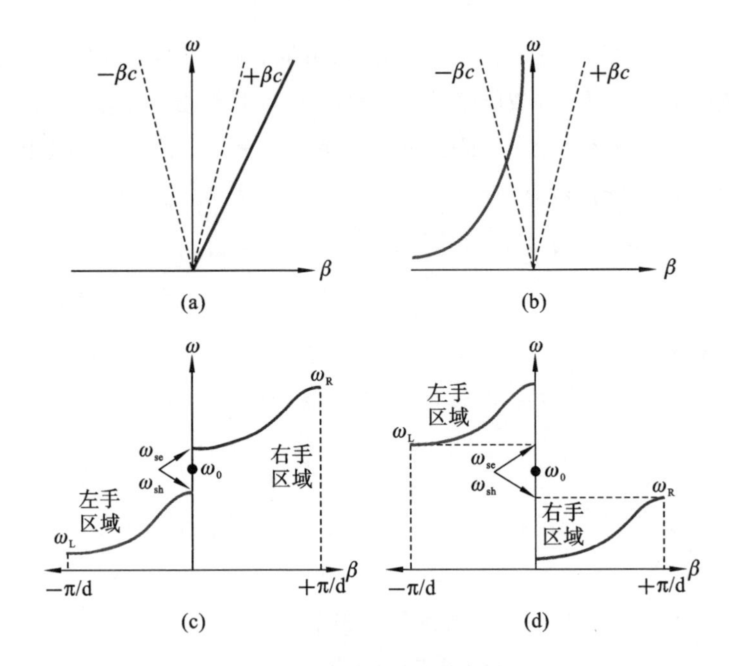

图 4-3 各传输线单元的色散图

(a)右手;(b)左手;(c)复合左右手;(d)对偶复合左右手

4.2 基于复合左右手结构的高温超导单通带平衡带通滤波器

本节首先提出了一种紧凑的无通孔结构的高温超导 D-CRLH 谐振器。根据等效电路模型和导纳矩阵方法,对高温超导 D-CRLH 谐振器的特性进行了讨论和分析。在此基础上,设计并制作了二阶 HTS D-CRLH 带通滤波器,并测量了高温超导 D-CRLH 带通滤波器的非线性效应。其次,本节提出了一种新型的单模对称 CRLH 谐振器,充分利用两个 CRLH 谐振器之间的极弱耦合和天然 CM 抑制特性,开发了一种具有高 CM 抑制特性的四阶超窄带平衡 BPF。

4.2.1 基于对偶复合左右手谐振器的小型化带通滤波器

1. 对偶复合左右手谐振器

如图 4-4(a)所示,HTS D-CRLH 谐振器由一对微带螺旋耦合线(l_1,l_2,s_0)、高

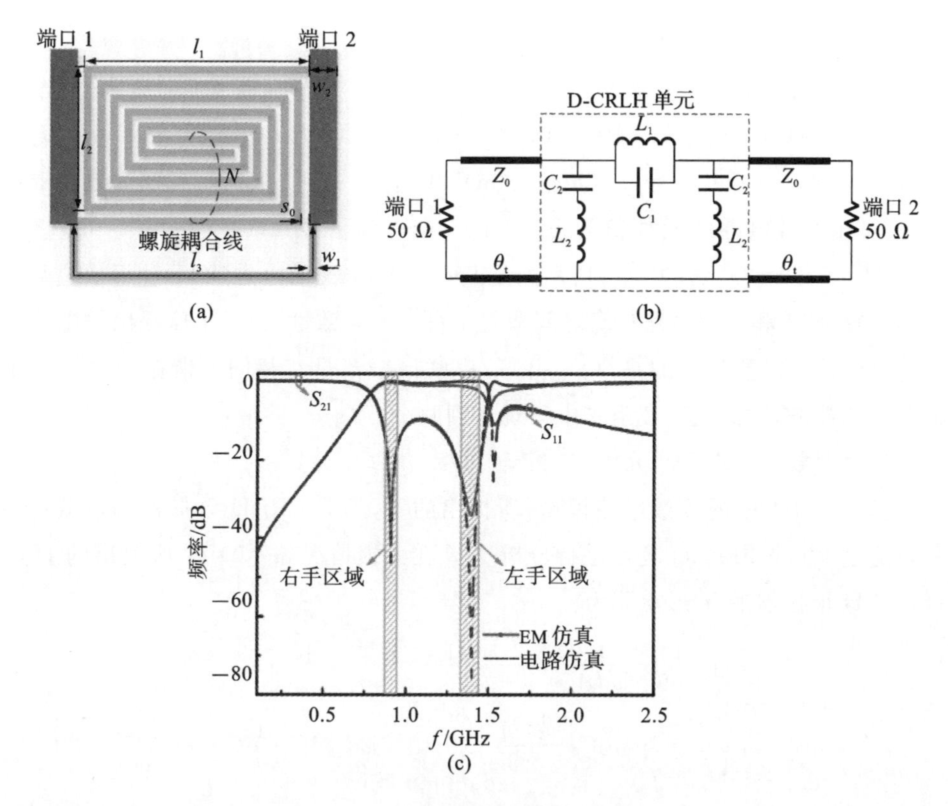

图 4-4　D-CRLH

(a)D-CRLH 单元的原理图;(b)D-CRLH 单元的等效电路模型;(c)D-CRLH 单元的 EM 和电路仿真的比较

阻抗线(l_3,w_1)和 50 Ω 馈线(w_2)组成。因此,通过调整谐振器的尺寸可以实现所需的性能,这提供了较大的设计灵活性。为了便于设计,本小节引入了一种精确的 D-CRLH 单元等效电路模型,如图 4-4(b)所示。C_1 和 L_1 分别表示螺旋耦合线的电容和并联高阻抗线的电感。C_1 和 L_1 由参考文献[20]确定:

$$L_1 = 2\times 10^{-4} l_3 [\ln[l_3/(w_1+t)] + 1.193 + 0.2235[(w_1+t)/l_3]]\cdot K_g \tag{4.9}$$

$$K_g = 0.57 - 0.145\ln(w_1/h), w_1/h > 0.05 \tag{4.10}$$

$$C_1 = 0.559\times 10^{-5} l(\varepsilon_r + 1) \tag{4.11}$$

式中:t 为印刷金属层的厚度;ε_r 为介质基板的介电常数;l 为矩形螺旋的长度;h 为基底的厚度。谐振器与地之间的间隙产生寄生电容 C_2,L_2 解释了从谐振器到地面的泄漏电流效应。它们是由参考文献[20]给出:

$$C_2 = \varepsilon_r \varepsilon_0 S_{\text{metal}}/2h \tag{4.12}$$

$$L_2 = 0.03937 a^2 n^2 \cdot K_g/(8a + 11c) \tag{4.13}$$

其中，S_{metal}是 D-CRLH 单元格的金属面积，$a=(D_0+D_i)/4$，$c=(D_0-D_i)/2$，D_0和D_i分别为矩形螺旋的长边和短边。

图 4-4(a)所示的是 D-CRLH 单元结构，其中尺寸为 $w_1=0.1$，$w_2=0.5$，$l_1=4.1$，$l_2=2.4$，$l_3=6.6$，$s_0=0.1$(单位：mm)，N=3 和 $\theta_t=0.097\pi$。基于上述提取过程，计算出等效电路的元件值为 $L_1=6.36$ nH，$L_2=12$ nH，$C_1=4.05$ pF，$C_2=1.08$ pF，$Z_0=50\ \Omega$。图 4-4(c)所示的是 D-CRLH 单元的电磁(EM)和等效电路仿真的比较，EM 和等效电路仿真之间取得了良好的一致性，验证了所提出的电路模型的正确性。需要指出的是，由于并联/串联谐振器具有相同的谐振频率以及不需要外部馈电，因此我们在阻带中只观察到两个 TZs。

2. 对偶复合左右手单元结构的特性分析

基于图 4-4 中的等效电路模型，所提出的 HTS D-CRLH 谐振器的色散特性可以通过 Bloch-Floquet 理论进行分析[12]。在无损情况($\alpha=0$)下，所提出的 HTS D-CRLH 谐振器的 Y 形矩阵为

$$\begin{pmatrix} Y_{11} & Y_{12} \\ Y_{21} & Y_{22} \end{pmatrix}=\begin{pmatrix} \mathrm{j}\omega C_1+\dfrac{1}{\mathrm{j}\omega L_1}+\dfrac{\mathrm{j}\omega C_2}{1-\omega^2 C_2 L_2} & -\mathrm{j}\omega C_1-\dfrac{1}{\mathrm{j}\omega L_1} \\ -\mathrm{j}\omega C_1-\dfrac{1}{\mathrm{j}\omega L_1} & \mathrm{j}\omega C_1+\dfrac{1}{\mathrm{j}\omega L_1}+\dfrac{\mathrm{j}\omega C_2}{1-\omega^2 C_2 L_2} \end{pmatrix} \tag{4.14}$$

所提出的 HTS D-CRLH 谐振器的色散特性如下：

$$\beta(\omega)=\cos^{-1}[(1-S_{11}S_{22}+S_{12}S_{21})/(2S_{21})] \tag{4.15}$$

其中，

$$S_{11}=[(Y_0-Y_{11})(Y_0+Y_{22})+Y_{12}Y_{21}]/|Y| \tag{4.16}$$

$$S_{21}=-2Y_{21}Y_0/|Y| \tag{4.17}$$

其中，

$$|Y|=(Y_0+Y_{11})(Y_0+Y_{22})-Y_{12}Y_{21} \tag{4.18}$$

根据式(4.15)，谐振器的色散图如图 4-5 所示。可以看出，所提出的 HTS D-CRLH 谐振器在 0～0.9 GHz 范围内呈现右手通带，在 1.7 GHz～2.6 GHz 范围内呈现左手通带。f_R代表右手频带的谐振频率，可以由下式给出：

$$f_R=1/(2\pi\sqrt{L_1\times C_1}) \tag{4.19}$$

类似地，f_L代表左手频带的谐振频率，可以由下式给出：

$$f_L=1/(2\pi\sqrt{L_2\times C_2}) \tag{4.20}$$

对于 D-CRLH 结构，如果左手和右手频带的频率有效分离，则可以利用 D-

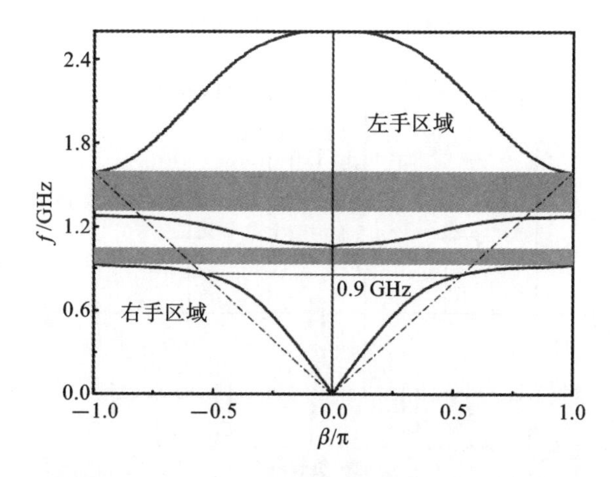

图 4-5　计算的 HTS D-CRLH 超材料的色散特性曲线

CRLH 单元结构的右手频率来设计 BPFs[1]。

3. 基于对偶复合左右手谐振结构的滤波器设计

基于两个 D-CRLH 谐振器单元的耦合级联，所设计的 BPF 结构布局如图 4-6 所示。两个 D-CRLH 单元结构之间的耦合间隙为 s_1，两条馈线都连接着谐振器，以实现所需的外部耦合。所提出的滤波器的等效电路如图 4-7 所示。需要指出的是，在 D-CRLH 单元结构中，两条馈线都附着在结构上，实现了带阻特性。然而，在图 4-7 中，并联谐振器 L_1C_1 占主导地位，馈线连接到谐振器上进行外部耦合，从而实现了带通特性。此外，谐振器间的耦合用耦合系数 M 表示，电容 C_m 表示两个端口之间的源-负载耦合，M 和 C_m 由间隙 s_1 决定。

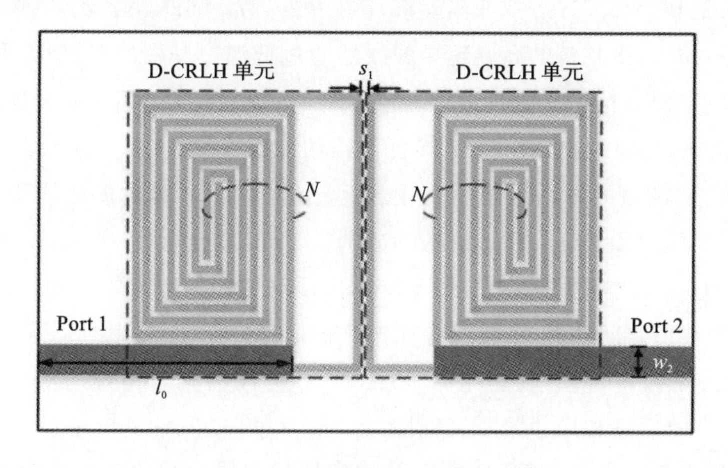

图 4-6　D-CRLH BPF 的结构示意图

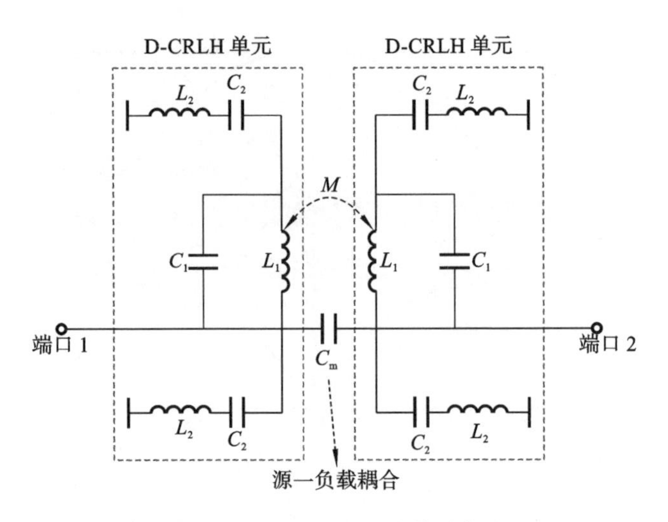

图 4-7　D-CRLH BPF 的等效电路

BPF 的带通特性由谐振器之间的内部耦合和外部耦合[20]决定。BPF 的中心频率由相应的 D-CRLH 谐振器的右手频率决定，该谐振器由微带螺旋耦合线(l_1，s_0)和高阻抗线(l_3，w_1)控制。BPF 的带宽是由两个 D-CRLH 谐振器与外部微带馈线之间的耦合决定的。

4. 实验结果及讨论

通过上述分析，在双侧沉积氧化钇钡铜(Yttrium Barium Copper Oxide，YBCO)薄膜的 MgO 晶圆(直径为 2 英寸，厚度为 0.5 mm，介电常数为 9.78)上制备了一种采用 D-CRLH 谐振器的紧凑型 HTS BPF。所设计的滤波器最终尺寸如下：$W_1=0.1$，$W_2=0.5$，$l_0=3.6$，$l_1=3.75$，$l_2=2.7$，$l_3=6.6$，$N=3$，$s_0=0.1$ 和 $s_1=0.2$(单位：mm)。将制备的高温超导滤波器通过低温冷却器冷却到 77 K，并使用安捷伦 HP8753ES 网络分析仪进行测量。图 4-8 所示的是 HTS 滤波器的仿真结果和测量结果。测量结果表明，HTS 滤波器的中心频率为 900 MHz，3 dB 绝对带宽为 65 MHz，测量的带内最小插入损耗为 −0.045 dB，回波损耗优于 −25 dB。此外，四个 TZs(TZ_1、TZ_2、TZ_3 和 TZ_4)分别位于 0.67 GHz、1.09 GHz、1.23 GHz 和 1.47 GHz 处，大幅度提高了 HTS D-CRLH 滤波器的边带陡峭度。TZ_1 和 TZ_4 是通过两个端口之间的源-负载耦合而产生的。TZ_2 和 TZ_3 是由 D-CRLH 谐振器之间的寄生耦合产生的。实验结果表明，HTS 滤波器具有良好的低带内插入损耗、良好的带外抑制和尺寸紧凑的特性。

为了研究所提出的 HTS D-CRLH 滤波器的非线性和功率处理能力，我们在 77 K 的情况下测量了其三阶互调失真(Third Order Intermodulation Distortion，

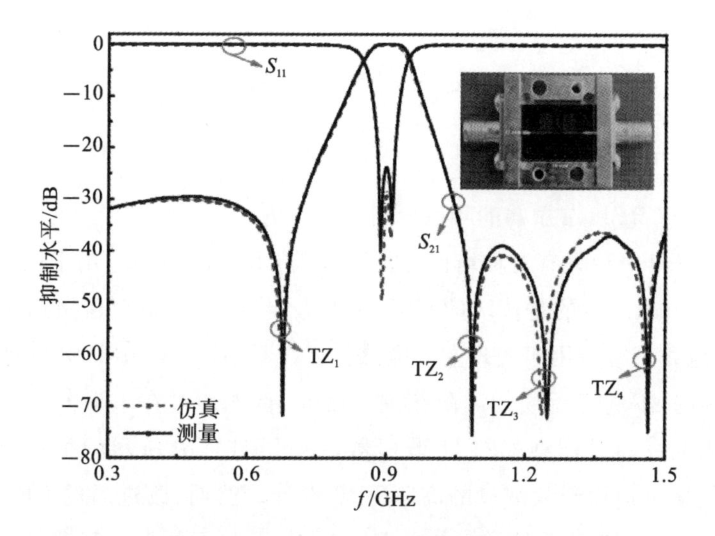

图 4-8　模拟和测量了 HTS D-CRLH 滤波器的 S 参数

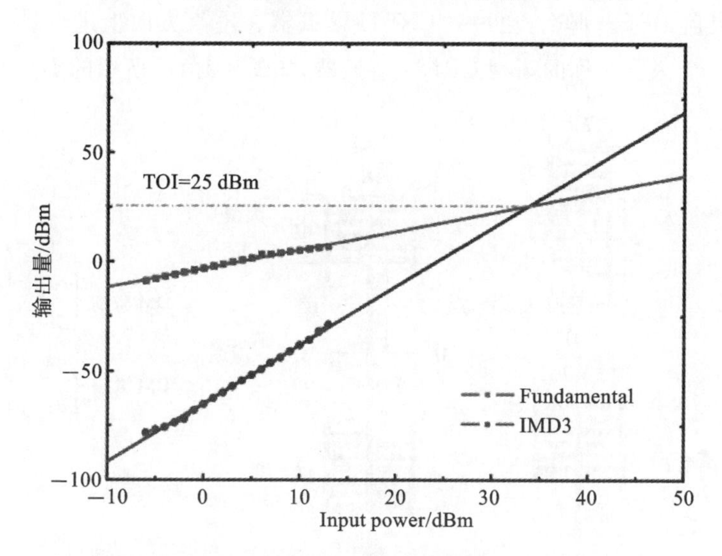

图 4-9　测量了 HTS D-CRLH 滤波器在 77 K 下的 IMD3

IMD3)。图 4-9 所示的是当安捷伦信号发生器 E4422B 产生的双音基本信号(f_1＝900 MHz 和 f_2＝895 MHz)输入到 HTS D-CRLH 滤波器产生的通带时，测量的 HTS D-CRLH 滤波器的 IMD3。结果发现，在温度为 77 K 时，三阶截距点(Third Order Intercept Point，TOI)为 25 dBm。

所提出的滤波器通过紧凑的谐振器和简单的电路拓扑实现了显著的小型化，其尺寸不到原来的五分之一。此外，在滤波器的阻带中得到了 4 个 TZs，提高了滤波器的选择性和阻带特性。

4.2.2 基于复合左右手谐振器的超窄带平衡带通滤波器

1. 对称型 CRLH 谐振器的特性分析

本小节提出一种具有对称结构的新型单模 CRLH 谐振器，用于设计高阶平衡 BPF。图 4-10(a)所示的是传统的 CRLH 谐振器单元，其中交指结构用于表征左手电容，接地微带枝节用于实现左手电感。可以看出，图 4-10(a)中类型 A 单元结构是不对称的，不利于后续的高阶拓展。因此，首先通过在水平方向映射交指结构使其形成了一种对称型 CRLH 谐振器，如图 4-10(b)所示的类型 B。改进的 CRLH 谐振器可适用于双端口的高阶 BPF 设计。然而，改进后的 CRLH 谐振器仅在水平方向上对称，而在垂直方向上不对称，因此不便于在四端口平衡拓扑结构下设计高阶 BPF。那么，通过对 CRLH 谐振器在垂直方向上进行进一步映射，就构成了一个完全对称的新型 CRLH 谐振器，如图 4-10(c)所示的类型 C。

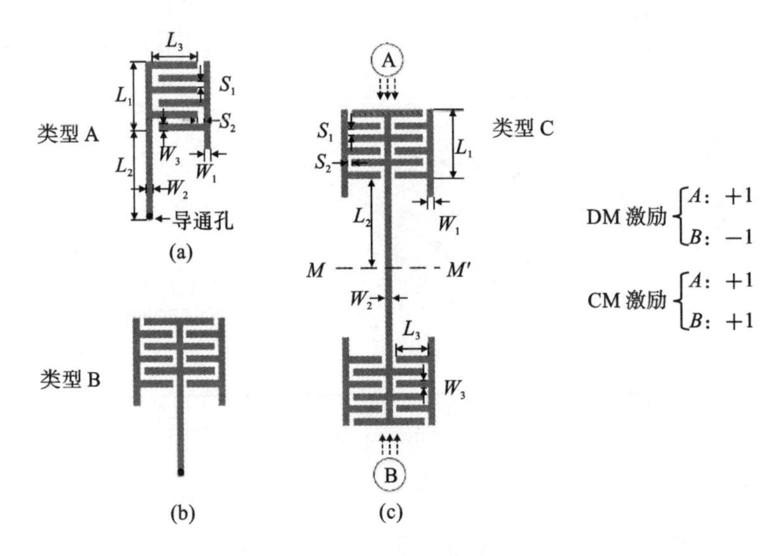

图 4-10　CRLH 谐振器

(a)传统 CRLH 谐振器；(b)改进的 CRLH 谐振器；(c)提出的单模对称 CRLH 谐振器

为了研究 CRLH 的谐振特性，通过电磁仿真软件对图 4-10 中的三种 CRLH 谐振器进行仿真，在弱耦合激励下的频率响应如图 4-11 所示。为了演示，初步确定了图 4-10(c)所示的全对称单模 CRLH 谐振器的物理参数，并将其列于表 4-1 中。该小节使用的介质基板为 MgO，其相对介电常数为 9.78 F/m，厚度为 0.5

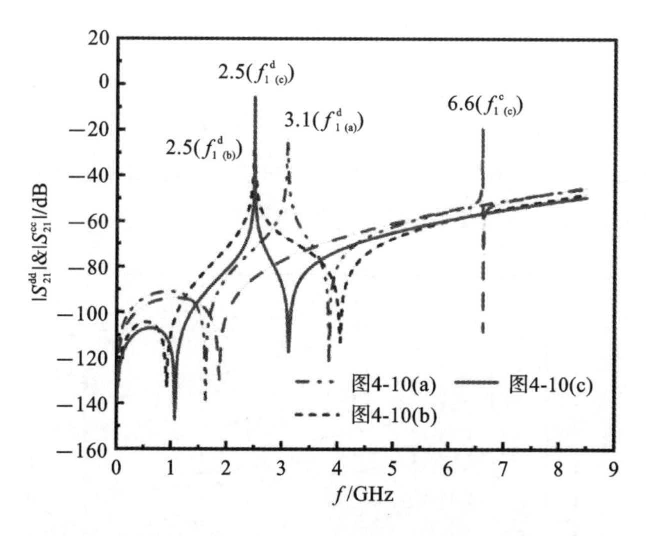

图 4-11　弱耦合激励下三种 CRLH 谐振器的频率响应

mm。图 4-11 所示的是改进型类型 B 的 CRLH 谐振器和对称型类型 C 的 CRLH 谐振器在和传统类型 A 的 CRLH 谐振器具有相同物理尺寸时弱耦合激励下的 S 参数,其中图 4-10(a)的虚线表示类型 A 谐振器的 DM 频率响应,图 4-10(b)的虚线表示类型 B 谐振器的 DM 频率响应,实线表示类型 C 谐振器的 DM 频率响应。观察到类型 B 和类型 C 谐振器的谐振频率相较类型 A 谐振器的谐振频率反而更低,这是由于改进后的 CRLH 谐振器 f_b 由于采用双交指结构,其电容更大,因此谐振频率比传统 CRLH 谐振频率 f_a 更低。

表 4-1　单模全对称 CRLH 谐振器的物理尺寸

项目	数值	项目	数值
L_1/mm	2.2	W_2/mm	0.2
L_2/mm	4.2	W_3/mm	0.2
L_3/mm	1.5	S_1/mm	0.2
W_1/mm	0.2	S_2/mm	0.2

并且,由实线可以看出,在较宽的频率范围内只得到一个 DM 谐振频率,其谐振频率与改进后的 CRLH 谐振器的谐振频率一致。因此,最终研制的 CRLH 谐振器可视为单模 CRLH 谐振器。此外,在图 4-11 中,图 4-10(c)的线表示类型 C 谐振器的 CM 频率响应,可以观察到其 CM 谐振频率远离 DM 谐振频率,这显示了单模全对称 CRLH 谐振器在 DM 通带内具有固有的 CM 抑制能力。当然,DM 谐振频率和 CM 谐振频率的分离会受到谐振器的物理尺寸的影响。

图 4-12 所示的是类型 C 单模全对称 CRLH 谐振器的 DM 谐振频率 f_{d1} 和 CM 谐振频率 f_{c1} 的频率差 $\Delta f = f_{c1} - f_{d1}$ 与 L_1（交指个数）和 L_2（短路枝节长度）的变化关系，其中，f_{d1} 和 $f_{c1} - f_{d1}$ 分别用实线和虚线表示。可以看出，随着 L_1 和 L_2 的增加，f_{d1} 和 Δf 都会向低频移动。此外，当 L_1 较小时，Δf 随着 L_2 的增大而迅速减小；当 L_1 较大时，Δf 随着 L_2 的增大而保持不变。

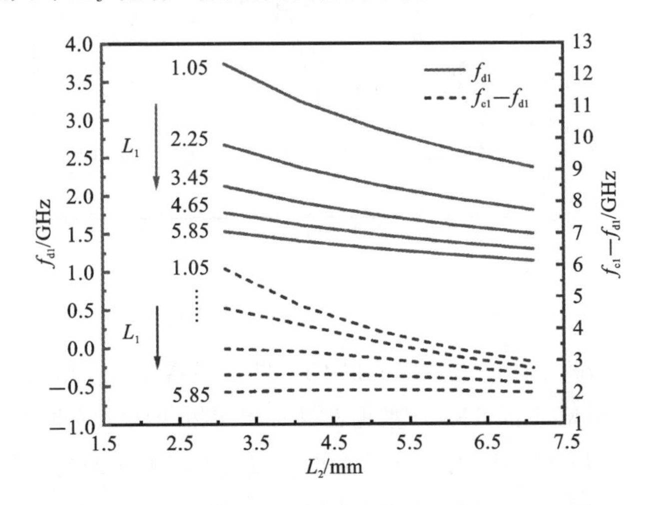

图 4-12　DM 谐振频率 f_{d1} 和频率差 $\Delta f = f_{c1} - f_{d1}$ 与 L_1 和 L_2 变化

为了更好地理解单模全对称 CRLH 谐振器的 DM 和 CM 谐振及其频率差，通过奇/偶模分析方法构建相应的微带 DM 和 CM ECs，如图 4-13(a)和图 4-13(c)所示。可以看出，两个 ECs 的差异出现在对称平面上，一个是电壁，另一个是磁壁。根据传输线理论，微带 DM 和 CM ECs 可以看作为阶跃阻抗谐振器，其中交指结构为低阻抗线段，连接的微带线 L_2 为高阻抗线段。从这个角度来看，CM 频率总是比 DM 频率大两倍，这与图 4-12 的结果一致。

为了进一步阐明所提出的谐振器的物理机制，我们建立了两个微带 EC 的 LEC 模型，如图 4-13(b)和图 4-13(d)所示。关键的左手电容 C_L^D 和 C_L^C 由交指电容提供，左手电感 L_L^D 和 L_L^C 由短路微带线引入。而右手电容 C_R^D 和 C_R^C 以及电感 L_R^D 和 L_R^C 分别是由微带线对地的耦合和微带线的寄生效应产生。L_G 是由微带线到地的漏电流引起的，C_0 表示非常弱的外部耦合。简化后，DM 谐振频率由并联谐振电路产生，而 CM 谐振频率主要由并联谐振电路产生。f_{d1} 和 f_{c1} 可以通过以下公式计算：

$$f_{d1} \approx 1/(2\pi\sqrt{L_L^D C_R^D}) \tag{4.21}$$

$$f_{c1} \approx 1/(2\pi\sqrt{L_G C_R^C}) \tag{4.22}$$

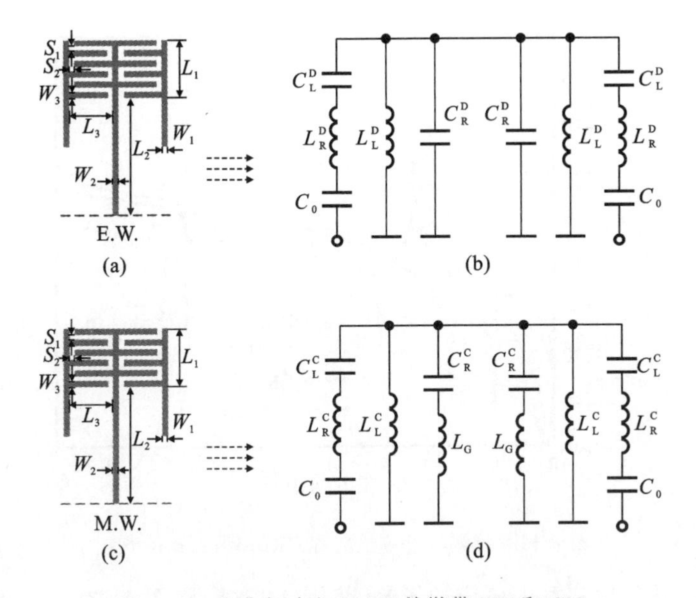

图 4-13　单模全对称 CRLH 的微带 DM 和 CM

(a)微带 DM EC；(b)DM LEC 模型；(c)微带 CM EC 结构；(d)CM LEC 模型

在回顾式(4.21)和式(4.22)之后，很明显，与 f_{d1} 相比，f_{c1} 位于更高的频率。这主要是由于 L_G 的值明显小于 L_L^D。根据文献中的讨论[1],[21]，C_L、C_R、L_R 和 L_L 可分别由以下公式计算：

$$
\begin{aligned}
C_L &\approx (\varepsilon_r + 1) L_1 [(N-3)A_1 + A_2] \\
A_1 &= 4.409\tanh[0.55(h/w)^{0.45}] \times 10^{-6} \\
A_2 &= 9.920\tanh[0.52(h/w)^{0.5}] \times 10^{-6}
\end{aligned}
\tag{4.23}
$$

式中：L_1 为指间指长；w 为指宽；N 为指数；h 为介质基板高度。

$$C_R = \sqrt{\varepsilon_\gamma}\, L_1 / 2cZ_0 \tag{4.24}$$

$$L_R = \sqrt{\varepsilon_\gamma}\, Z_0\, L_1 / c \tag{4.25}$$

$$
\begin{aligned}
L_L &= 4 \times 10^{-4} L_2 [\ln[L_2/(w_s + t)] + 1.193 + (w_s + t)/3L_2] \times K_g \\
K_g &= 0.57 - 0.145\ln(w_s/h)
\end{aligned}
\tag{4.26}
$$

式(4.24)至式(4.26)中：$c = 3 \times 10^8$ m/s；w_s 为微带线宽度；t 为微带金属层厚度；L_2 为短路枝节长度。

为了验证两种 ECs 谐振频率的一致性，利用 ADS 软件对 DM 和 CM LEC 模型在弱激励下进行仿真，得到的传输响应如图 4-14 所示。为了比较，图 4-14 中还加入了微带 DM 和 CM ECs 的频率响应。由于 DM 和 CM 电路频率响应吻合较好，验证了等效电路模型的一致性。物理尺寸保持如上所述不变，然后根据以上

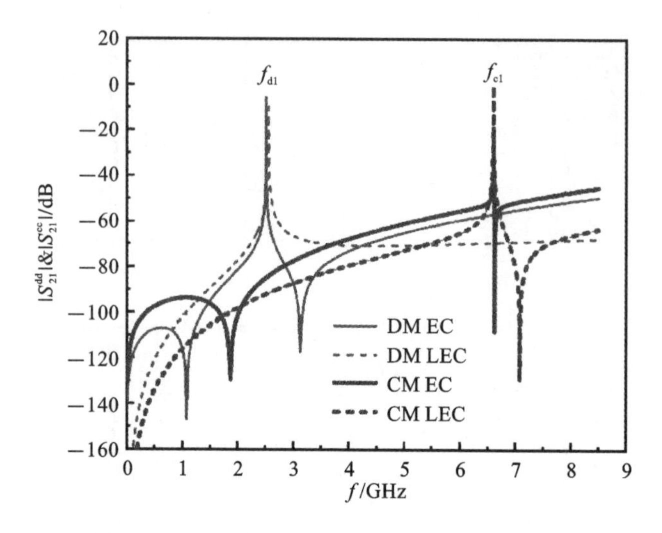

图 4-14 弱激励下单模对称 CRLH 谐振器的 S_{21}

内容和公式，并考虑到寄生效应的影响，将图 4-13(b)和图 4-13(d)中的集总元件提取并列在表 4-2 中。如图 4-14 所示，微带结构和 LECs 的 DM 谐振频率和 CM 谐振频率基本一致，验证了所构建 LECs 的有效性。微带 EC 模型和 LEC 模型之间的 TZs 差异是由于微带线和馈电结构不可避免的寄生效应造成的。

表 4-2 单模对称 CRLH 谐振器 LEC 模型的集总参数值

项目	数值	项目	数值
C_L^D/pF	0.25	L_L^C/nH	0.01
L_L^D/nH	4.8	C_R^C/pF	0.814
C_R^D/pF	0.8	L_R^C/nH	0.31
L_R^D/nH	0.31	L_G/nH	0.7
C_L^C/pF	0.25		

2. 超窄带平衡带通滤波器设计

基于所提出的具有完全对称结构的新型单模 CRLH 谐振器设计了一款工作频率在 1.89 GHz 的高阶 HTS 窄带平衡 BPF。

根据以上描述，可以快速设计出所需的单模全对称 CRLH 谐振器，谐振器结构以及仿真结果分别如图 4-15(a)和图 4-15(b)所示，f_{d1} 和 f_{c1} 分别位于 1.89 GHz 和4.38 GHz 处。图 4-15(a)所示的谐振器优化后的尺寸为 $L_1=4.65$，$L_2=2.55$，$L_3=1.5$，$W_1=W_2=W_3=S_1=S_2=0.15$(单位：mm)。此外，根据式(4.27)提取相应的色散曲线，可更清晰地判断左手(Left-Handed，LH)区域和右手(Right-

Handed,RH)区域,如图 4-16 所示。即有

$$\beta(\omega) = \cos^{-1}[(1 - S_{11}S_{22} + S_{12}S_{21})/(2S_{21})] \tag{4.27}$$

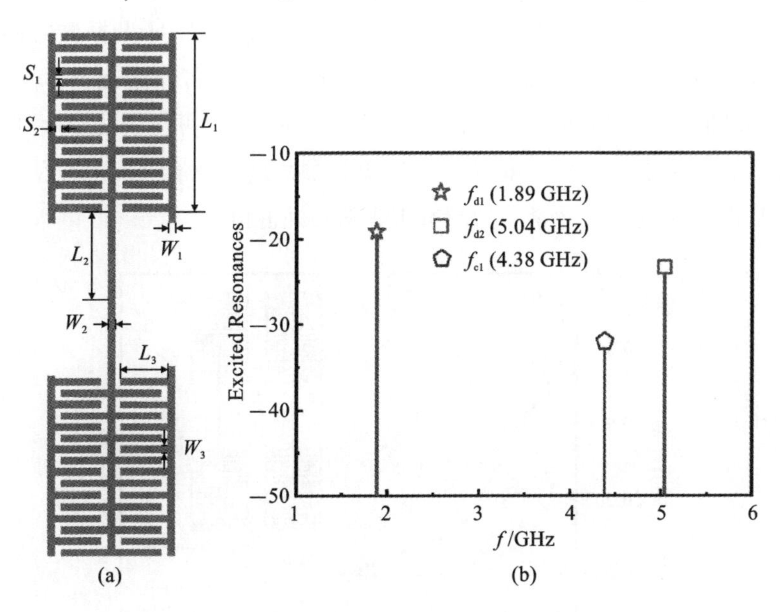

图 4-15　单模全对称 CRLH 谐振器

(a)单模全对称 CRLH 谐振器的单元结构;(b)单模全对称 CRLH 谐振器的传输响应

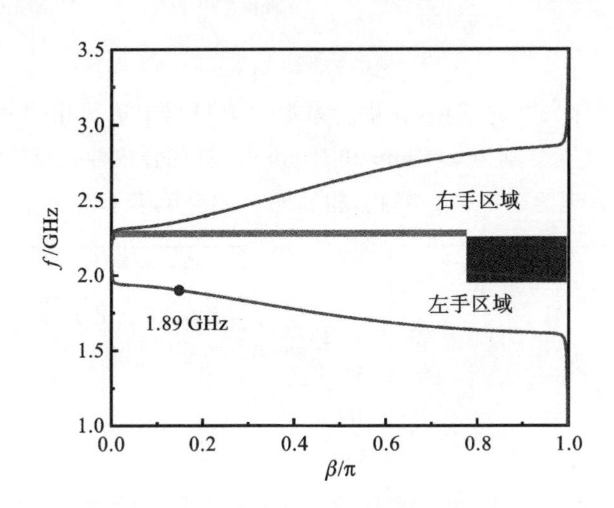

图 4-16　单模对称 CRLH 谐振器的色散曲线

由图 4-16 可知,f_{d1}=1.89 GHz 位于 1.53 GHz～1.95 GHz 的左手区域,右手区域位于 2.3 GHz～2.93 GHz 的频率范围内,而 1.95 GHz～2.3 GHz 的区域为禁带区域。下面讨论两个相邻谐振器之间的内部耦合以及所提出的谐振器与

馈电结构之间的外部耦合。

在弱耦合 DM 激励下提取两个谐振器之间的耦合系数,结果如图 4-17 所示。耦合结构如图 4-17 所示的插图,其中 g_1 表示两个单模 CRLH 谐振器之间的耦合间隙,能够调节两个谐振器之间耦合强度。从图 4-17 中可以看出,DM 通带的耦合系数首先随着 g_1 的增加单调减小,直至趋近于零,然后再随着 g_1 的增加略有上升。因此,通过控制相邻两个单模 CRLH 谐振器之间的耦合间距可以使耦合系数非常小,从而方便设计尺寸紧凑的超窄带平衡带通滤波器。

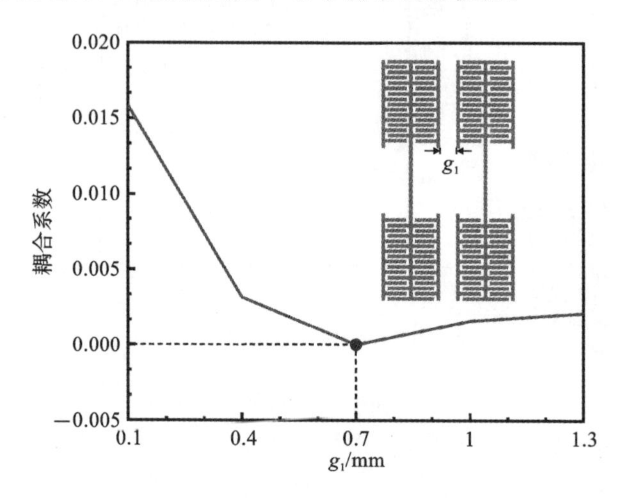

图 4-17 耦合系数随 g_1 变化的函数

为了阐明耦合类型的变化,在耦合系数提取过程中进行相位分析,如图 4-18 所示。很明显,当 g_1 分别为 0.4 mm 和 1 mm 时,其耦合极性相反。一个表现为电耦合,而另一个表现为磁耦合。因此,相邻两个耦合单模 CRLH 谐振器的耦合类

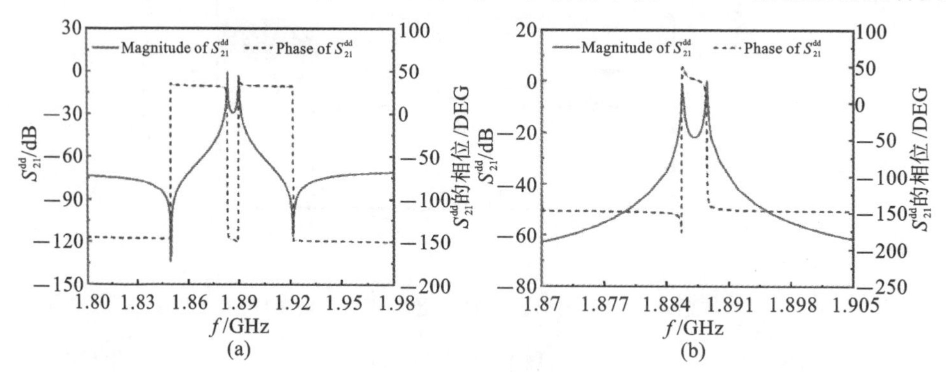

图 4-18 相位分析

(a) g_1 = 0.4 mm 的相位;(b) g_1 = 1 mm 的相位

型会随着耦合间距的增大而改变，在一定的耦合间距处电磁耦合会相互抵消。

如图 4-19(a)所示，微带平行耦合线用作馈线结构，提供了足够的设计灵活性。耦合臂的线宽 W_4、耦合臂的线长 L_4 和 L_5 分别固定为 3.85 mm、0.15 mm 和 1.4 mm。S_3 和 S_4 表示两个耦合间隙。此外，如图 4-19(b)所示，DM 通带的 Q_{ex} 会随着 S_3 和 S_4 的增大而增大。并且，当 S_3 和 S_4 比较大时，Q_{ex} 的变化更加明显。因此，通过调节 S_3 和 S_4 可以满足 DM 通带所需的外部耦合。

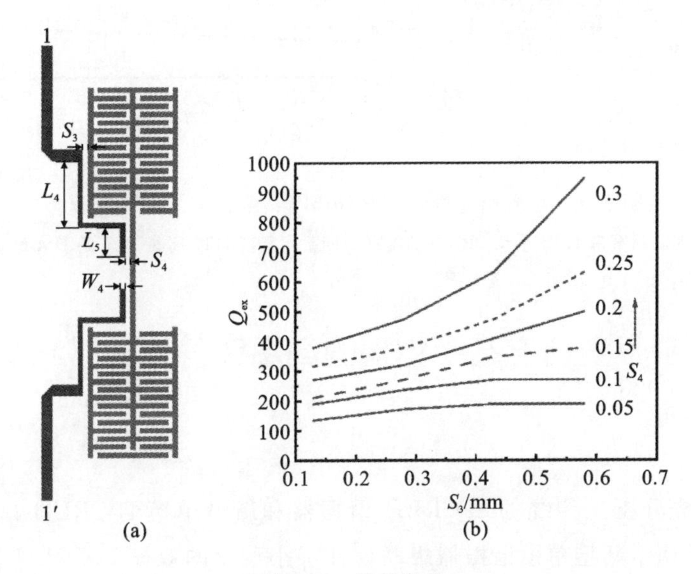

图 4-19　馈线结构

(a)提出的 CRLH 谐振器的平行耦合馈线结构；(b)DM 通带外部 Q_{ex} 值随耦合间隙 S_3 和 S_4 的变化

3. 仿真结果与讨论

为了演示，我们设计了一个四阶超窄带平衡 BPF。预期的 DM 通带具有纹波系数为 0.04321 dB 的切比雪夫响应，其中心频率和对应的等纹波相对带宽(Fractional Bandwidth，FBW)分别为 1.89 GHz 和 0.21%。根据上述设计规范，计算出的理论耦合系数分别为 0.0019 和 0.0015，Q_{ex} 为 444.4。因此，取图 4-20(a)中耦合间距 g_{11}、g_{21} 分别为 0.46、0.5，其他物理参数 L_4、L_5、S_3、S_4、W_4 分别为 3.85、1.4、0.25、0.13、0.15(单位：mm)。

图 4-20(b)所示的是 BPF 在无损条件下的仿真频率响应。可以观察到，DM 通带以 1.89 GHz 为中心，相应的 3 dB FBW 为 0.32%，满足期望的规格。在 1.5 GHz～2.9 GHz 频率范围内，回波损耗优于－23 dB，CM 抑制优于－60 dB。滤波器尺寸为 0.27 λ_g×0.23 λ_g。

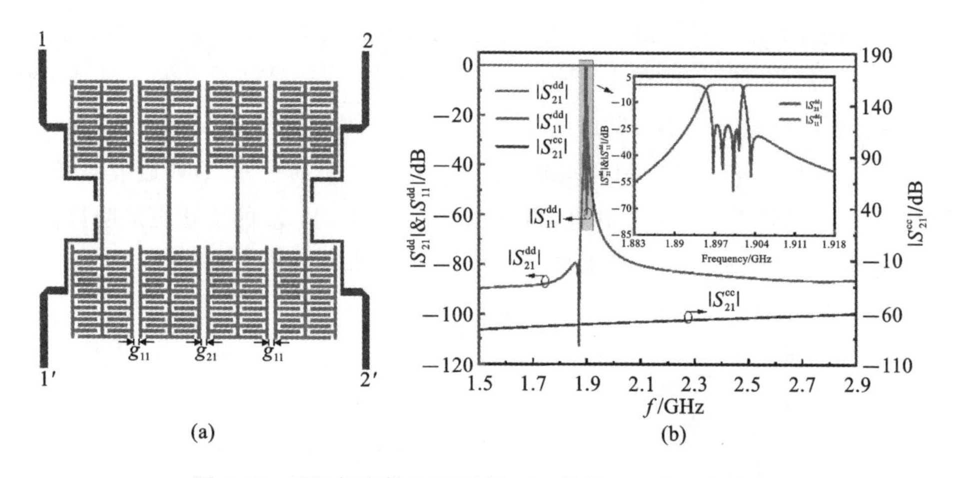

图 4-20　四阶超窄带 HTS 平衡 BPF 及其 DM 和 CM 响应

(a)设计的四阶超窄带 HTS 平衡 BPF 的结构；(b)四阶超窄带 HTS 平衡 BPF 的 DM 和 CM 响应

4.3　基于复合左右手结构的高温超导双通带平衡带通滤波器

本节首先分析了传统的 D-CRLH 谐振器和新型单模 D-CRLH 谐振器的特性。其次，用两个新型单模谐振器级联设计了小型化的双模 D-CRLH 谐振器，并且两个频率和耦合系数均可以独立控制，最终基于双模 HTS D-CRLH 谐振器设计了一款四阶双窄带 BPF，并进行了制作和测量。再次，在 4.2 节提出的单模对称 CRLH 谐振器的基础上设计了双模全对称 CRLH 谐振器，并且不扩大谐振器的尺寸，通过构建 DM 和 CM ECs 及其 LECs，研究了所提出的双模谐振器的谐振特性。最后，设计了一款四阶双频带 HTS 平衡 BPF，并且两个 DM 通带可以独立控制。其仿真结果与实测结果吻合较好，验证了所提出的结构和设计方法的正确性。

4.3.1　基于对偶复合左右手谐振器的双窄带带通滤波器

1. 对偶复合左右手谐振器及其等效电路

图 4-21(a)所示的是传统的单模 CRLH 谐振器及其电流分布，可以看出，该 D-CRLH 谐振器由交指电容和 U 形微带线电感构成，谐振器上部呈现出更强的电

流分布。为了减小两个相邻谐振器之间的耦合，同时减小谐振器的尺寸，我们将谐振器的 U 形部分倒置来包围交指部分，得到了一种新型的单模 D-CRLH 谐振器并给出了它的电流分布，如图 4-21(b)所示。所提出的 D-CRLH 谐振器的 EC 如图4-21(c)所示，它由一个并联 LC 谐振器和一个串联谐振电路组成。传统 D-CRLH 谐振器和所提出的 D-CRLH 谐振器的耦合系数的比较如图 4-22 所示。可以明显地观察到，与传统的 D-CRLH 谐振器相比，所提出的 D-CRLH 谐振器之间的耦合系数降低了约 50%。这是由于相邻微带线上流过的电流相反，获得了更弱的耦合 U 形结构，如图 4-21(b)所示的右侧。此外，谐振器的物理尺寸约为传统 D-CRLH 谐振器的一半，且由于传输线弯折引起的电容补偿效应，其电路尺寸也相对较小。

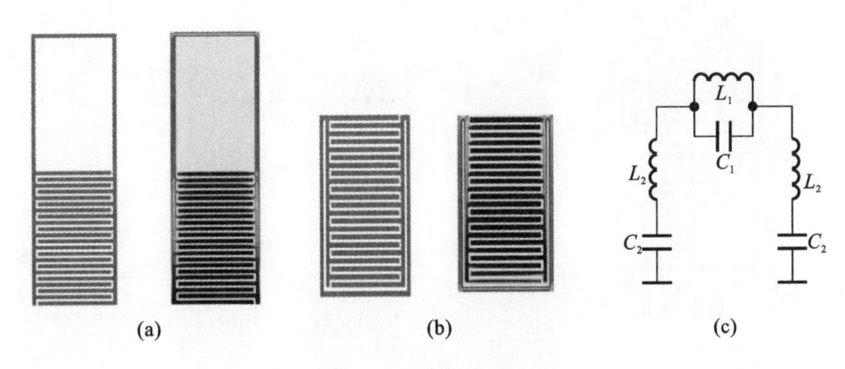

图 4-21　谐振器的拓扑结构

(a)传统谐振器及其电流分布；(b)提出的谐振器及其电流分布；(c)EC 模型

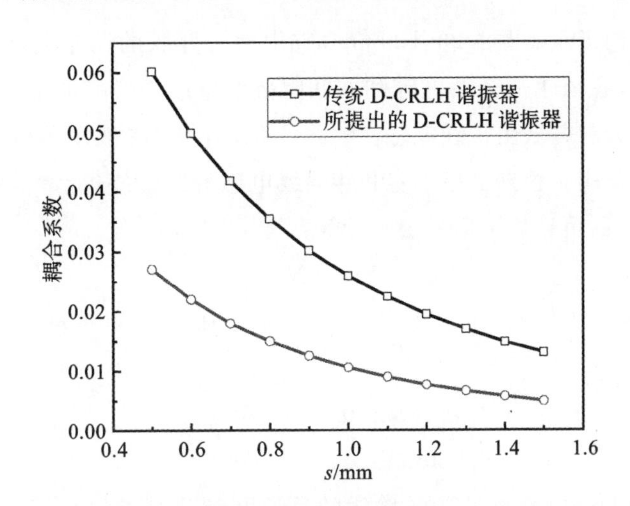

图 4-22　传统谐振器和所提出的谐振器的耦合系数对比图

2.双模对偶复合左右手谐振器

基于上述提到的方法，我们设计了由两个单模 D-CRLH 谐振器级联而成的双模 D-CRLH 谐振器，如图 4-23(a)所示。双模 D-CRLH 谐振器的结构参数选择如下：$w_1=w_2=w_3=w_4=0.15$，$l_1=14.8$，$l_2=9.8$，$l_3=2.95$，$l_4=2.75$(单位：mm)。所提出的双模 D-CRLH 谐振器设计在介电常数为 9.67 F/m，厚度为 0.5 mm 的介质基板上。双模 D-CRLH 谐振器的电路尺寸紧凑，仅为 $0.029\ \lambda_g \times 0.067\ \lambda_g$，其中 λ_g为第一通带中心频率处的导波波长。

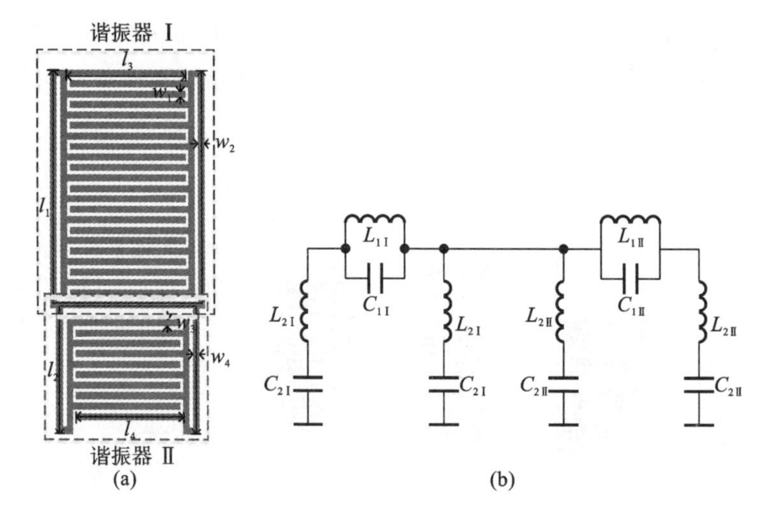

图 4-23 所提出的谐振器

(a)双模 D-CRLH 单元结构；(b)等效电路模型

该谐振器的 EC 如图 4-23(b)所示，它由两个并联的谐振电路组成。$C_{1\,\mathrm{I}}$ 和 $L_{1\,\mathrm{I}}$ 分别表示谐振器Ⅰ的交指电容和并联阻抗线电感。$C_{1\,\mathrm{II}}$ 和 $L_{1\,\mathrm{II}}$ 分别表示谐振器Ⅱ的交指电容和并联阻抗线电感。$C_{2\,\mathrm{I}}$、$C_{2\,\mathrm{II}}$、$L_{2\,\mathrm{I}}$ 和 $L_{2\,\mathrm{II}}$ 表示单模谐振器Ⅰ和谐振器Ⅱ的寄生效应。根据交指电容和传输线电感的经验公式[21,22]，并联谐振时的电容 C_1和电感 L_1可以用下面的公式计算：

$$C_1 \cong 2(\varepsilon_r + 1)l[(N-3)A_1 + A_2] \tag{4.28}$$

$$L_1 \cong 2\times 10^{-4}[\ln(l_s/(w_s+t)) + 1.193 + (w_s+t)/l_s] \tag{4.29}$$

其中，

$$A_1 = 4.409\tanh[0.55\ (h/W)^{0.45}]\times 10^{-6} \tag{4.30}$$

$$A_2 = 9.920\tanh[0.55\ (h/W)^{0.50}]\times 10^{-6} \tag{4.31}$$

式中：ε_r为基板的介电常数；l_s为传输线的总长度；l 为交指的长度；N 为交指的个数；w_s为传输线的宽度；t 为微带金属层的厚度；W 为交指的宽度。

并且，C_2 和 L_2 由下式确定：

$$C_2 = (\sqrt{\varepsilon_r}/Z_0 c) l_s \tag{4.32}$$

$$L_2 = (Z_0 \sqrt{\varepsilon_r}/2c) l_s \tag{4.33}$$

式中：c 为光在自由空间中的传播速度（$c=3\times10^8$ m/s）；Z_0 为特性阻抗（$Z_0=50$ Ω）。根据式(4.28)至式(4.33)，计算得到图 4-23(b)中等效后的电容和电感值分别为 $C_{1\text{I}}=2.15$ pF，$C_{2\text{I}}=0.54$ pF，$L_{1\text{I}}=12.28$ nH，$L_{2\text{I}}=7.24$ nH，$C_{1\text{II}}=0.86$ pF，$C_{2\text{II}}=0.55$ pF，$L_{1\text{II}}=5.47$ nH，$L_{2\text{II}}=6.04$ nH。图 4-24 所示的是新型双模 D-CRLH 结构的 EM 仿真结果和 EC 仿真结果的比较。可以看出，EM 仿真结果与 EC 仿真结果具有较好的一致性。为了了解所提出的双模 HTS D-CRLH 谐振器的特性，通过布洛赫-弗洛凯(Bloch-Floquet)理论[12]，以及图 4-23(b)所示的等效电路模型，可以得到双模 HTS D-CRLH 谐振器的色散特性。在无损情况($\alpha=0$)下，所提出的双模 D-CRLH 谐振器的传输($ABCD$)矩阵可以通过单模 D-CRLH 谐振器Ⅰ和单模 D-CRLH 谐振器Ⅱ的 $ABCD$ 矩阵按顺序相乘得到：

$$\begin{pmatrix} A & B \\ C & D \end{pmatrix} = \begin{pmatrix} A & B \\ C & D \end{pmatrix}_{\text{D-CRLH-I}} \begin{pmatrix} A & B \\ C & D \end{pmatrix}_{\text{D-CRLH-II}} \tag{4.34}$$

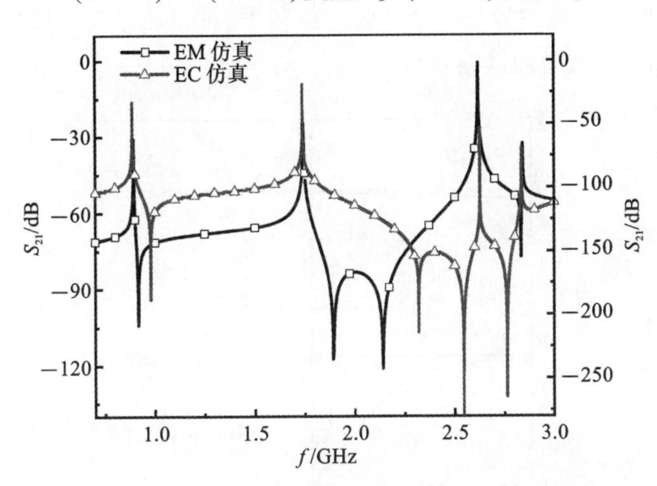

图 4-24 双模 D-CRLH 单元结构的电磁仿真结果与集总电路仿真结果的比较

D-CRLH 谐振器Ⅰ和 D-CRLH 谐振器Ⅱ的 $ABCD$ 矩阵分别由式(4.35)和式(4.36)给出：

$$\begin{pmatrix} A & B \\ C & D \end{pmatrix}_{\text{D-CRLH-I}} = \begin{pmatrix} 1+\dfrac{Y_{\text{sh I}}}{Y_{\text{se I}}} & \dfrac{1}{Y_{\text{se I}}} \\ 2Y_{\text{sh I}}+\dfrac{Y_{\text{sh I}}^2}{Y_{\text{se I}}} & 1+\dfrac{Y_{\text{sh I}}}{Y_{\text{se I}}} \end{pmatrix} \tag{4.35}$$

$$\begin{bmatrix} A & B \\ C & D \end{bmatrix}_{\text{D-CRLH-Ⅱ}} = \begin{bmatrix} 1+\dfrac{Y_{\text{sh Ⅱ}}}{Y_{\text{se Ⅱ}}} & \dfrac{1}{Y_{\text{se Ⅱ}}} \\ 2Y_{\text{sh Ⅱ}}+\dfrac{Y^2_{\text{sh Ⅱ}}}{Y_{\text{se Ⅱ}}} & 1+\dfrac{Y_{\text{sh Ⅱ}}}{Y_{\text{se Ⅱ}}} \end{bmatrix} \tag{4.36}$$

其中,$Y_{\text{se Ⅰ}}$ 和 $Y_{\text{sh Ⅰ}}$ 是串联导纳,$Y_{\text{se Ⅱ}}$ 和 $Y_{\text{sh Ⅱ}}$ 分别是由式(4.37)和式(4.38)得到的 D-CRLH 谐振器Ⅰ和Ⅱ的并联导纳,即

$$Y_{\text{se Ⅰ}} = 1/\text{j}\omega L_{1\text{Ⅰ}} + \text{j}\omega C_{1\text{Ⅰ}},\ Y_{\text{se Ⅱ}} = 1/\text{j}\omega L_{1\text{Ⅱ}} + \text{j}\omega C_{1\text{Ⅱ}} \tag{4.37}$$

$$Y_{\text{sh Ⅰ}} = \text{j}\omega C_{2\text{Ⅰ}}/(1-\omega^2 L_{2\text{Ⅰ}} C_{2\text{Ⅰ}}),\ Y_{\text{sh Ⅱ}} = \text{j}\omega C_{2\text{Ⅱ}}/(1-\omega^2 L_{2\text{Ⅱ}} C_{2\text{Ⅱ}}) \tag{4.38}$$

所提出的 HTS D-CRLH 谐振器的色散特性可以描述为

$$\beta(\omega) = \cos^{-1}[(1-S_{11}S_{21}+S_{12}S_{21})/(2S_{21})] \tag{4.39}$$

其中,

$$S_{11} = [(A+B)/(Z_0-CZ_0-D)]/[(A+B)/(Z_0+CZ_0+D)] \tag{4.40}$$

$$S_{21} = \{2(AD-BC)/[(A+B)/(Z_0+CZ_0+D)]\} \tag{4.41}$$

根据式(4.39),所提出的双模 HTS D-CRLH 谐振器的色散特性如图 4-25 所示。我们注意到,双模 D-CRLH 谐振器有两个右手通带。谐振器Ⅰ产生一个低谐振频率,而谐振器Ⅱ提供另外一个高频谐振频率,可以通过改变谐振器Ⅰ和谐振器Ⅱ独立控制两个通带的谐振频率。

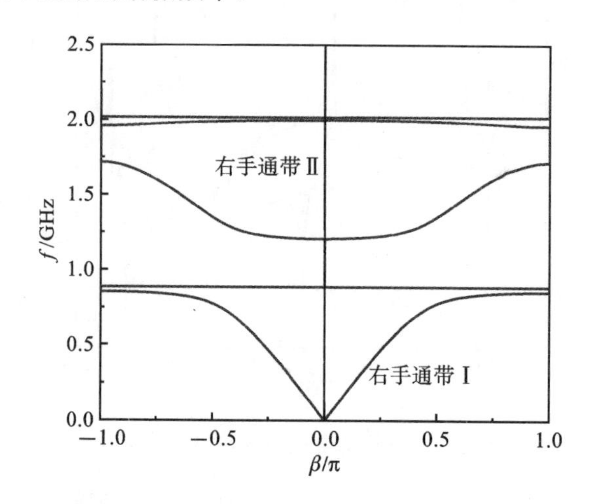

图 4-25　所提出的双模 D-CRLH 单元的色散特性图

3. 双通带 BPF 设计及实验结果

根据之前对 EC 的分析,可以知道 $C_{2\text{Ⅰ}}/C_{2\text{Ⅱ}}$ 和 $L_{2\text{Ⅰ}}/L_{2\text{Ⅱ}}$ 的值分别小于 $C_{1\text{Ⅰ}}/C_{1\text{Ⅱ}}$ 和 $L_{1\text{Ⅰ}}/L_{1\text{Ⅱ}}$。因此,前两个谐振频率由两个并联谐振电路产生,后两个谐振频率分别由图 4-23(b)中的串联谐振电路产生。所提出的双模 D-CRLH 谐振器的

前两个谐振频率分别为

$$f_{0\mathrm{I}} = 1/(2\pi\sqrt{L_{1\mathrm{I}}C_{1\mathrm{I}}}) \tag{4.42}$$

$$f_{0\mathrm{II}} = 1/(2\pi\sqrt{L_{1\mathrm{II}}C_{1\mathrm{II}}}) \tag{4.43}$$

为了进一步验证两个谐振频率的独立可控性，图4-26所示的是不同L_1和L_2值下的频率响应。从图4-26中可以看出，当$L_2=2.35$ mm，L_1从2.55 mm增加到2.95 mm时，$f_{0\mathrm{II}}$几乎保持不变，而$f_{0\mathrm{I}}$向较低的频率移动。同样，当$L_1=2.95$ mm，L_2在2.15 mm到2.35 mm之间变化时，$f_{0\mathrm{I}}$不变，而$f_{0\mathrm{II}}$转向较低的频率。

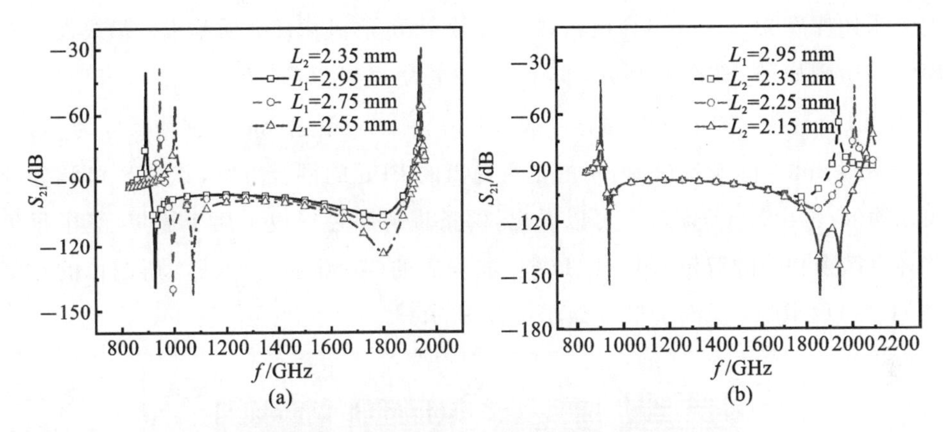

图4-26　谐振频率$f_{0\mathrm{I}}$和$f_{0\mathrm{II}}$与不同结构参数值的变化

(a)$L_2=2.35$ mm；(b)$L_1=2.95$ mm

独立可控的耦合系数是双频带滤波器带宽设计的关键。对于不同的通带，可能需要不同的耦合系数。通过选择g_1和g_2的不同值，可以得到两个通带的耦合系数M_I和M_II。提取的耦合系数随耦合间隙g_1和g_2的变化关系如图4-27所示，其

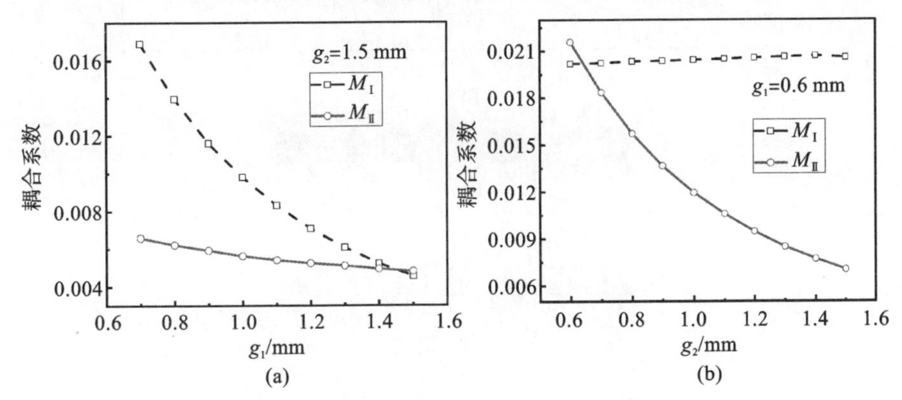

图4-27　间隙g_1和g_2对通带Ⅰ和Ⅱ耦合系数的影响

(a)$g_2=1.5$ mm；(b)$g_1=0.6$ mm

中 g_1 表示两个相邻谐振器Ⅰ之间的耦合间隙，g_2 表示两个相邻谐振器Ⅱ之间的耦合间隙。当 $g_2=1.5$ mm，g_1 从 0.7 mm 增加到 1.5 mm 时，M_{I} 显著减少，而 M_{II} 几乎保持不变。然而，当 $g_1=0.6$ mm，g_2 在 0.6 mm～1.5 mm 变化时，M_{II} 单调减小，而 M_{I} 保持不变。这表明，所设计的滤波器的两个通带的耦合系数是独立可控的。

基于以上分析，我们提出了一种中心频率分别为 890 MHz 和 1742.2 MHz，等纹波带宽为 15.0/30.4 MHz 的四阶 HTS D-CRLH BPF。所提出的 D-CRLH BPF 采用厚度为 0.5 mm，介电常数为 9.67 F/m 的氧化镁介质基板。最终设计的 BPF 的版图如图 4-28(a)所示，其具体尺寸为 $L_1=3.85$，$L_2=3.65$，$H_1=5.7$，$H_2=3.15$，$g_1=0.7$，$g_2=0.84$，$g_3=0.78$，$g_4=0.96$(单位：mm)，整体尺寸为 17.64 mm×8.9 mm。图 4-28(b)所示的是所提出的 BPF 的耦合方案，其中 S 和 L 分别表示输入/输出(I/O)端口。可以看出，两条耦合路径形成了两个通带，其中每条路径由四个相同的双模 D-CRLH 谐振器构成的四个谐振点组成。所制作的双窄带 HTS D-CRLH BPF 的照片如图 4-29 所示。

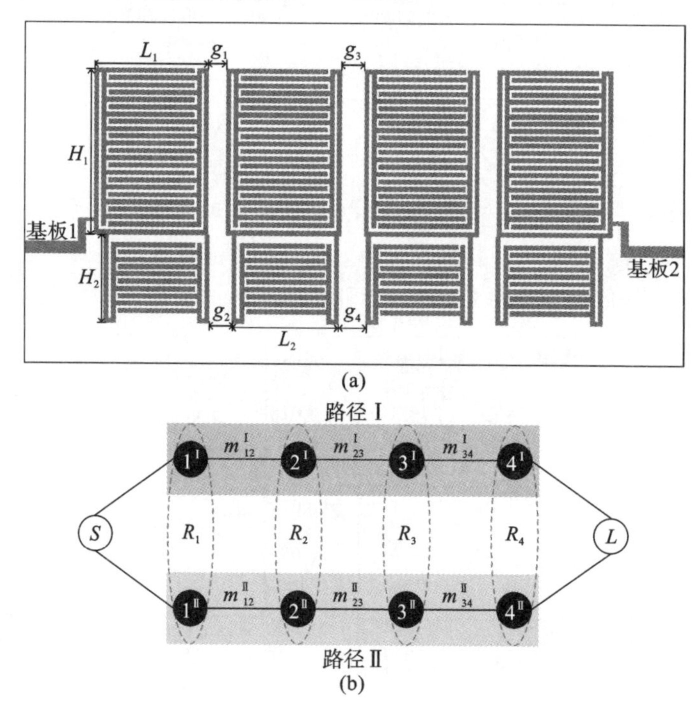

图 4-28　BPF

(a)所提出的滤波器原理图；(b)四阶双窄带 HTS D-CRLH 滤波器的耦合拓扑图

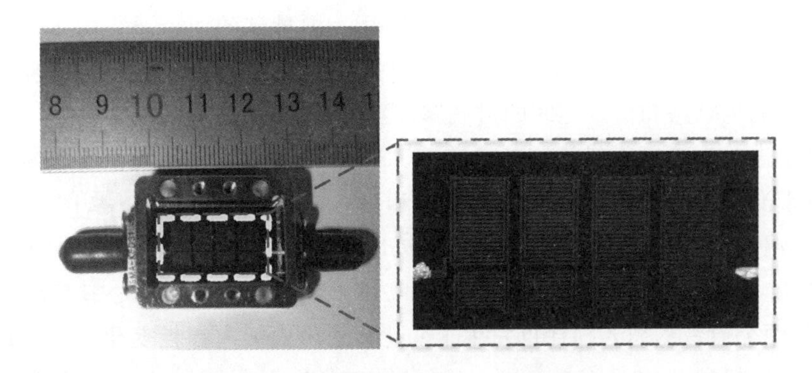

图 4-29 加工的双窄带 HTS BPF 的照片

图 4-30 所示的是电磁仿真结果和测量结果的比较，以及通带区域的放大图。其中，虚线和实线分别表示测量结果和电磁仿真结果。从图 4-30(b)和图4-30(c)中可以看出，其测量结果与仿真结果吻合较好。此外，所提出的 HTS BPF 在两个通带内均表现出优异的性能，两个通带的带外抑制均优于－60 dB。两个通带的

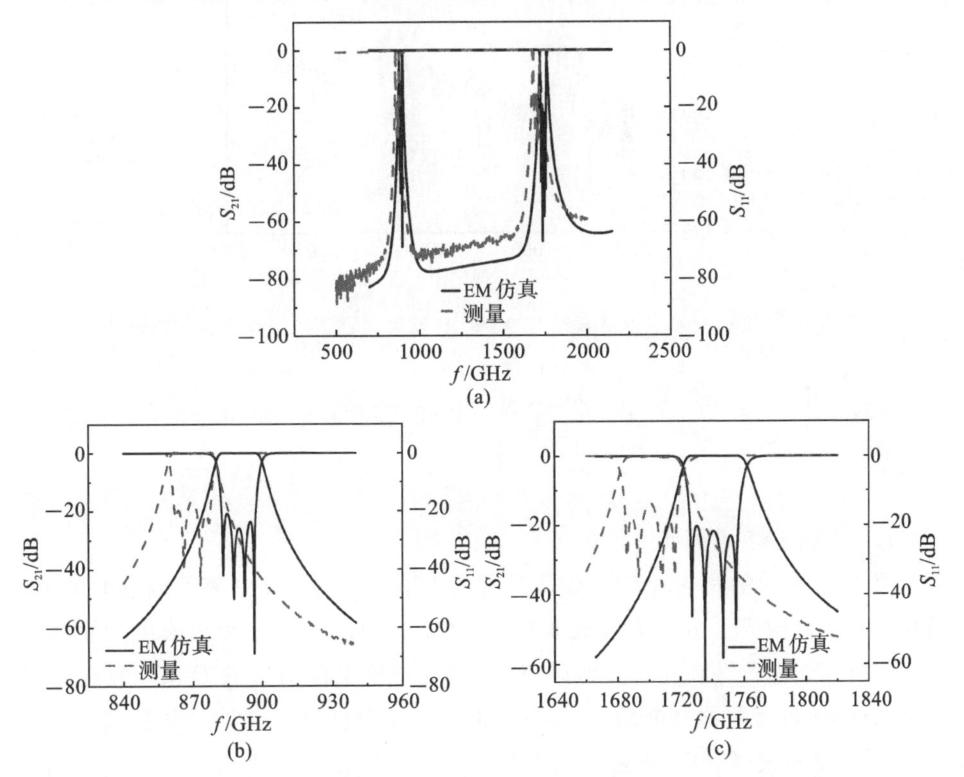

图 4-30 电磁仿真结果和测量结果的比较，以及通带区域的放大图

(a)滤波器的仿真和实测响应；(b)通带Ⅰ的放大图；(c)通带Ⅱ的放大图

最小插入损耗分别为－0.25 dB和－0.35 dB。测量到的两个通带的带内回波损耗分别优于－14.5 dB和－16.4 dB。相对仿真结果来说,实测频率向低频率移动的原因可能是电路和仿真之间的衬底厚度不同。

为了进一步验证所制备的双窄带 HTS BPF 的性能,在不同温度下对所提出的双窄带滤波器的传输特性进行了测量和描述,如图 4-31 所示。从图 4-31 可以看出,当温度从 69 K 变化到 85 K 时,所提出的 HTS D-CRLH 滤波器具有稳定的通带性能,步长为 8 K。然而,当温度为 93 K 时,两个通带的中心频率向低频移动,并且两个通带的插入损耗也发生了变化。通带内插入损耗变化的主要原因是当工作温度超过 T_c(90 K)的值时,YBCO 薄膜的表面电阻 R_S增大。另外,当温度超过临界值 T_c(约 98K)时,其通带特性迅速恶化,表现出完美的阻带特性。

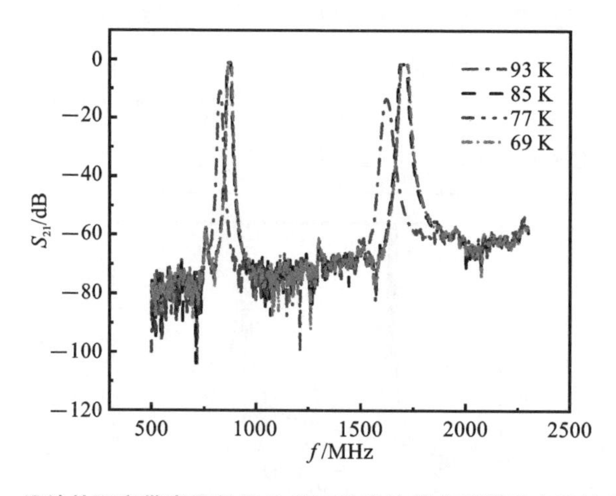

图 4-31　设计的双窄带高温超导 D-CRLH 滤波器在不同温度下的传输特性

4.3.2　基于复合左右手谐振器的小型化平衡带通滤波器

1. 复合左右手谐振器

图 4-32 所示的是一种新型 CRLH 谐振器的结构图,它由两条橙色的微带线相互螺旋耦合构成。由于该谐振器是对称结构,因此可以方便地采用奇模/偶模方法分析其谐振特性。在奇模激励下,得到与奇模电路对应的 DM 等效电路,如图 4-33(a)所示。在偶模激励下,得到与偶模电路对应的 CM 等效电路,如图 4-33(c)所示。不难发现,DM 电路类似于两条耦合的短路微带线,而 CM 电路类似于两条耦合的开路微带线。因此,从这个角度来看,CM 频率将完全远离 DM 频率,有望达到良好的 CM 抑制效果。

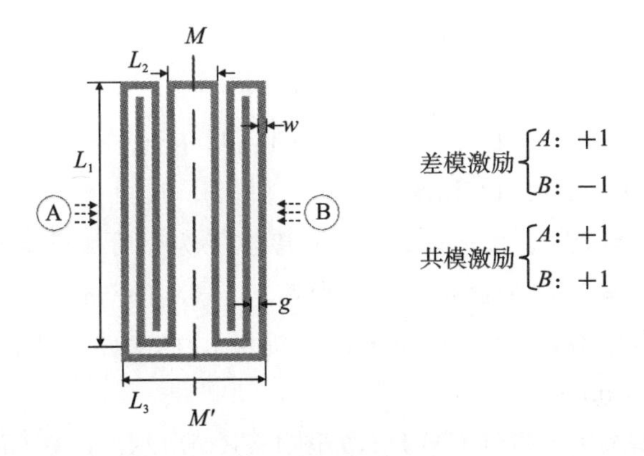

图 4-32　CRLH 谐振器的微带结构

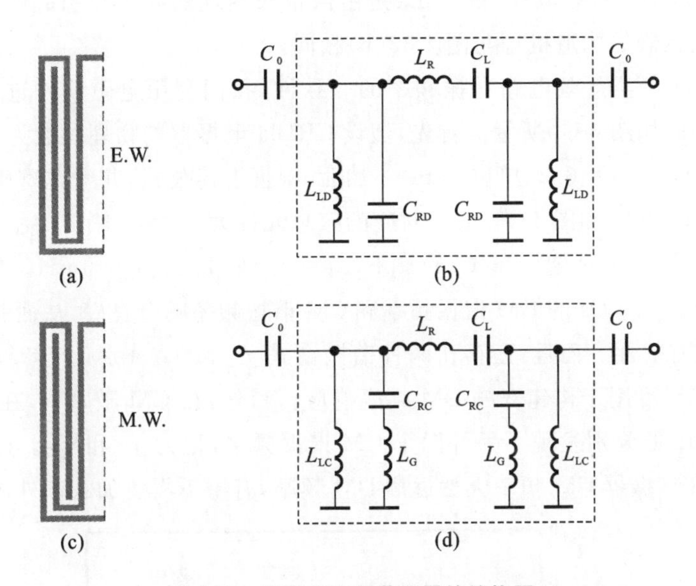

图 4-33　新型 CRLH 谐振器的结构图

(a)差模微带电路；(b)差模集总等效电路；(c)共模微带电路；(d)共模集总等效电路模型

为了进一步研究 CRLH 谐振器的物理特性，构建了 DM EC 的 LEC 模型，如图 4-33(b)所示。左手电容 C_L 由螺旋耦合线获得，左手电感 L_{LD} 由两条短路微带线引入。而右手电容 C_{RD} 和电感 L_R 分别由微带线对地的极板效应和微带线的寄生效应产生。C_0 表示弱耦合激励下谐振器与外部馈线的耦合。根据 CRLH 结构经典理论分析[20,21]，C_L、C_R、L_R 和 L_L 可以分别由式(4.44)至式(4.47)得到，即

$$
\begin{aligned}
C_L &= (\varepsilon_r + 1) l_1 [(N-3)A_1 + A_2] \\
A_1 &= 4.409\tanh[0.55(h/w)^{0.45}] \times 10^{-6} \\
A_2 &= 9.920\tanh[0.52(h/w)^{0.5}] \times 10^{-6}
\end{aligned}
\tag{4.44}
$$

$$C_R = l_1\sqrt{\varepsilon_{re}}/2Z_0c \tag{4.45}$$

$$L_R = Z_0\sqrt{\varepsilon_{re}}/c \tag{4.46}$$

$$\begin{aligned} L_L &= 4\times10^{-4}l\{\ln[l/(w+t)]+1.193+(w+t)/3l\}\times K_g \\ K_g &= 0.57-0.145\ln(w/h) \end{aligned} \tag{4.47}$$

式(4.44)至式(4.47)中：ε_r为介质基板介电常数；h 为介质基板厚度；l_1为交指枝节长度；w 为微带线宽度；t 为微带金属层厚度；$c=3\times10^8$ m/s 为自由空间中的光速；ε_{re}为有效介电常数；Z_0为特性阻抗；l 为提供 L_L的短路枝节长度。参数 h、l_1、w、t、l 的单位都为 mm。

同样，在偶模激励下得到 CM EC，如图 4-33(c)所示。建立 CM EC 的 LEC 模型，如图 4-33(d)所示，其中，除了 L_G是由微带线到地的漏电流引起的外，大多数电容器和电感器的构造机理与图 4-33(b)相同。

为了验证两类等效电路谐振频率的一致性，我们利用电磁软件进行仿真，得到的传输响应如图 4-34 所示。首先，假设 CRLH 谐振器的物理参数为 $l_1=7.8$，$l_2=1.6$，$l_3=4$，$g=w=0.2$（单位：mm）。然后，根据上述公式，并考虑寄生效应的影响，得到图 4-33(b)和图 4-33(d)中对应的集总元件为 $C_L=0.4$ pF，$L_{LD}=2.4$ nH，$C_{RD}=0.87$ pF，$L_R=2.39$ nH，$C_R^C=1$ pF，$L_L^C=0.03$ nH，$L_G=0.6$ nH。如图4-34所示，微带结构与 LECs 的 DM 谐振频率和 CM 谐振频率吻合良好，从而验证了所构建 LECs 的有效性。而且，还存在两种谐振模式 f_{d1} 和 f_{d2} 分别位于 2.38 GHz 和 3.44 GHz 处，可用于构建双频 DM 频率响应。另外，在 CM 激励下，在5.00 GHz 和 6.31 GHz 处分别发现了另外两个 CM 谐振频率，记为 f_{c1} 和 f_{c2}。这表明所提出的 CRLH 谐振器 CM 频率天然远离 DM 频率，有望不需要加载额外的电路或组

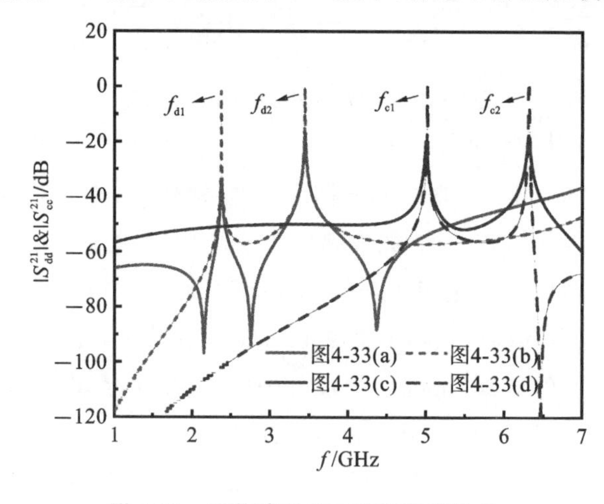

图 4-34 弱激励下 CRLH 谐振器的 S_{21}

件就能实现良好的 CM 抑制水平。

此外，由于集总元件 C_L 和 C_R 对四种谐振频率的影响较大，因此我们研究了 C_L 和 C_R 对 DM 或 CM 电路谐振频率的影响，如图 4-35 所示。从图 4-35(a)可以看出，当 C_L 增加时，f_{d1} 向低频移动，f_{d2} 基本保持不变，而且 f_{d1} 和 f_{d2} 都随着 C_R 的增加而降低。此外，如图 4-35(b)所示，在 CM 激励下，随着 C_R 的增大，f_{c1} 保持不变而 f_{c2} 减小；随着 C_L 的增大，f_{c2} 保持不变而 f_{c1} 减小。

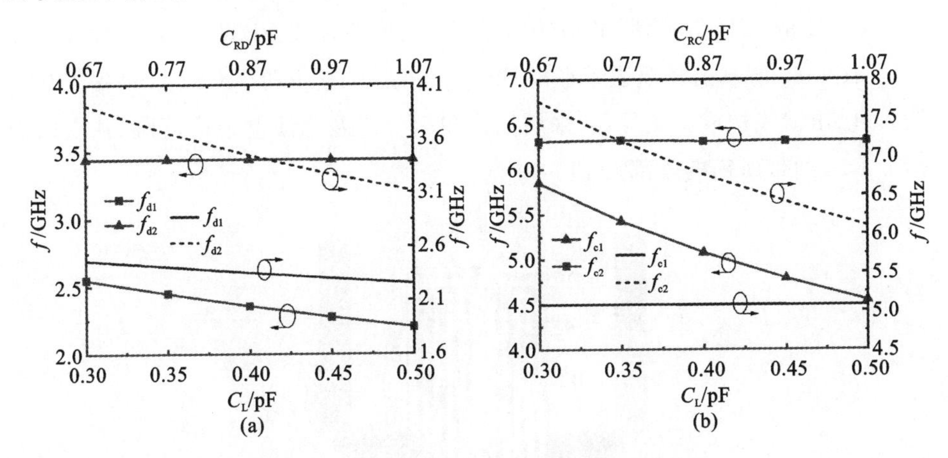

图 4-35　不同 C_L 和 C_R 值时 LECs 的频率响应

(a)DM 电路；(b)CM 电路

并且，为了在以后的微带模型中更直观地了解物理参数 l_a 和 l_b（l_a 和 l_b 分别表示内部螺旋耦合线和外部螺旋耦合线的总长度）对两个 DM 谐振频率的影响，我们还讨论了物理参数 l_a 和 l_b 对两个 DM 谐振频率的影响。图 4-36 所示的是两个

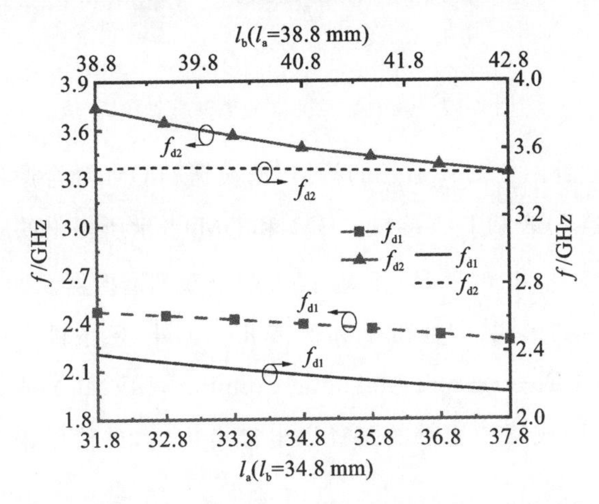

图 4-36　仿真的 $|S_{dd}^{21}|$ 参数（在 l_b = 34.8 mm 条件下改变 l_a，在 l_a = 38.8 mm 条件下改变 l_b）

DM谐振频率随 l_a 和 l_b 的变化。可以看出，当 l_a 确定时，随着 l_b 的增加，f_{d1} 向低频移动，而 f_{d2} 几乎保持不变。另外，当 l_b 一定时，f_{d1} 和 f_{d2} 随 l_a 增大而减小。因此，可以通过改变 l_a 的值来初步确定 f_{d2}，然后在不影响 f_{d2} 的情况下，通过调整 l_b 的值来确定所需的 f_{d1}。

2. 双通带平衡带通滤波器的设计

基于以上分析，利用所提出的CRLH谐振器设计了一个工作在2.45 GHz和3.50 GHz处的二阶双通带平衡BPF。两个通带的纹FBW分别为4.1%和2.3%。图4-37所示的是双通带平衡BPF电路结构，它由两个CRLH谐振器和一对输入/输出馈线构成。此外，它采用抽头和耦合线混合馈电结构，可以独立的控制两个DM通带所需的外部 Q 值。

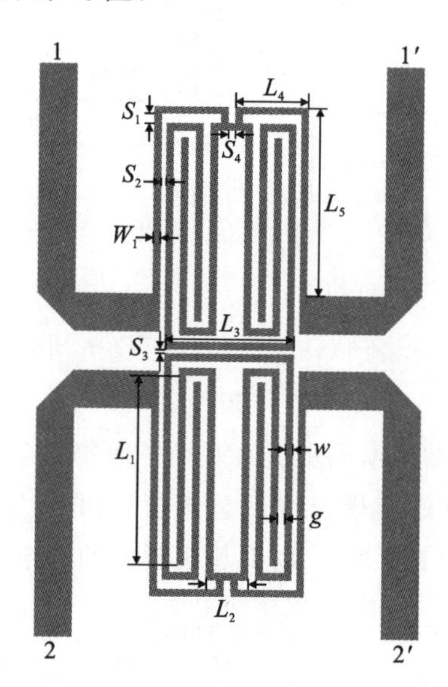

图4-37　双通带平衡带通滤波器结构图

为了更好地理解两个DM通带的构造，滤波器的DM耦合原理图如图4-38所示。节点 S 和节点 L 表示I/O接口。DM_1 和 DM_2 表示所提出的CRLH谐振器的两个DM谐振频率 f_{d1} 和 f_{d2}。R_1 和 R_2 代表两个双模谐振器。两条耦合路径分别表示两个DM通带的形成，即通带Ⅰ和通带Ⅱ。此外，每条耦合路径都伴随着混合电磁耦合(Mixed Electric and Magnetic Coupling，MEMC)，形成第一通带的路径以磁耦合为主，形成第二通带的路径以电耦合为主，并使用虚线表示源负载耦合(见图4-38)。

根据上述设计指标，然后根据式(4.48)和式(4.49)[20]，计算出两个设计DM

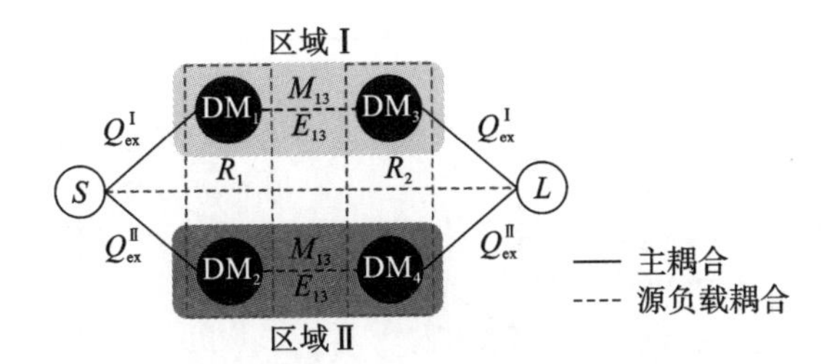

图4-38 DM激励下平衡带通滤波器的耦合拓扑图

通带所需耦合系数 M_i 和外部质量因子 Q_{ex} 分别为 $M_{12}^{\mathrm{I}}=0.09$，$M_{12}^{\mathrm{II}}=0.05$，$Q_{ex}^{\mathrm{I}}=11.7$，$Q_{ex}^{\mathrm{II}}=22.18$，其中上标Ⅰ和Ⅱ分别表示第一和第二通带：

$$M_{i,i+1}=\mathrm{FBW}/\sqrt{g_i g_{i+1}} \tag{4.48}$$

$$Q_{ex}=g_0 g_1/\mathrm{FBW} \tag{4.49}$$

为了满足计算的理论值，利用电磁软件提取了实际的 M_i 和 Q_{ex}。图4-39所示的是 M_i 与耦合间隙 S_3 之间关系的结果。结果表明，两个通带的 M_i 值随 S_3 的增加而减小。此外，提取得到的 Q_{ex} 与抽头位置 L_4 以及耦合间隙 S_2 的关系如图4-40所示。可以看出，当 L_4 一定时，S_2 对第二通带的影响较大，对第一通带的影响较小。当 S_2 一定时，两个通带的 Q_{ex} 随 L_4 的变化不大，特别是当 S_2 较小时。

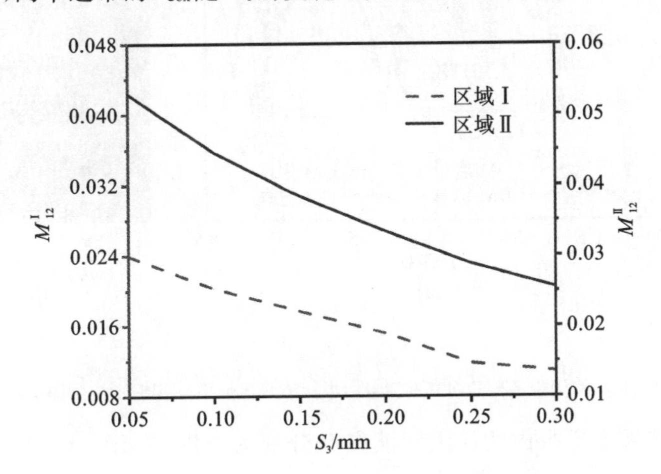

图4-39 双通带平衡通滤波器耦合系数变化图

根据设计规范，最终通过电磁仿真软件确定并优化图4-37中滤波器配置后的物理参数为 $L_4=2.2$，$L_5=7.1$，$S_1=0.4$，$S_2=0.1$，$S_3=0.1$，$S_4=0.2$，$W_1=0.2$（单位：mm）。其仿真频率响应如图4-41(a)所示的实线。在2.45 GHz和3.50 GHz处观察到两个DM通带，其3 dB FBW分别为9.88%和5.83%，与预期的通带吻

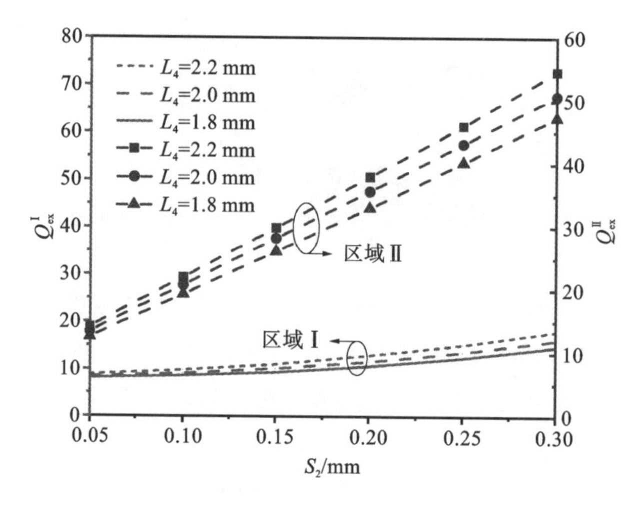

图 4-40 外部 Q 值与馈电位置 L_4 和耦合间隙 S_2 变化关系图

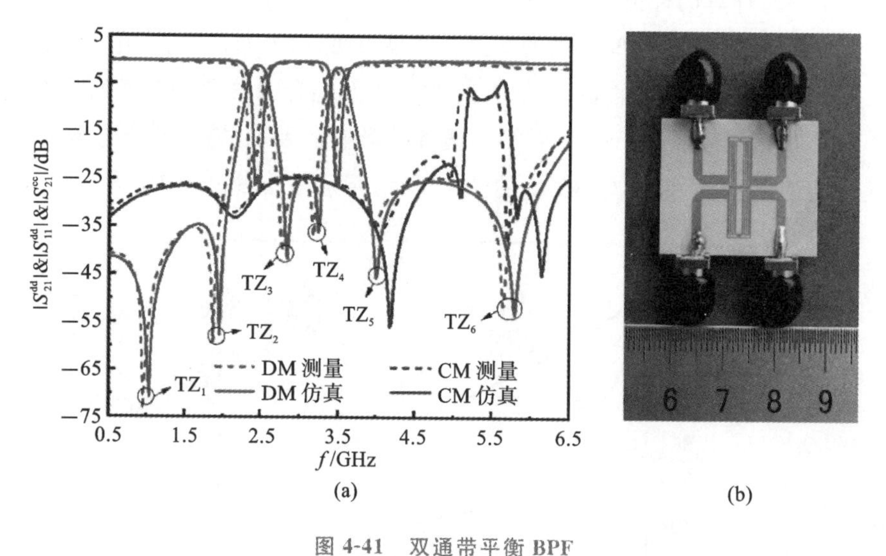

图 4-41 双通带平衡 BPF

(a)双通带平衡的仿真和测量结果;(b)双通带平衡 BPF 的实物图

合。其仿真结果中通带内的最大回波损耗分别为－24.3 dB 和－24.7 dB。两个通带内共模抑制分别为－26.4 dB 和－25.8 dB,对共模噪声有较好的抑制效果。此外,还观察到 6 个 TZs,分别用 TZ_1～TZ_6 表示,它们增强了通带的选择性和带外衰减。其中,TZ_3 和 TZ_4 是由 MEMC 产生的[23]。另外四个 TZs,即在第一通带左侧的两个 TZs 和在第二通带右侧的两个 TZs,由源-负耦合产生。

3. 实验结果与讨论

为了验证上述设计的正确性,我们采用微带工艺制作图 4-37 中的电路结构。

图 4-41(b)为加工好的 BPF 图片，其面积为 4 mm×17.3 mm(不含馈线)，约为 0.05 λ_g×0.23 λ_g，其中 λ_g 为第一通带中心频率处的导波波长。然后，使用 KEYSIGHT E5071C ENA 系列网络分析仪对加工好的 BPF 进行测量。

图 4-41(b)中的虚线表示测量结果。两个 DM 通带的中心频率分别为 2.39 GHz 和 3.42 GHz。此外，0.5 GHz～5 GHz 的 CM 抑制效果均大于－20 dB。测量和仿真结果之间的差异主要是由于制造公差和焊接连接所产生的寄生效应。最后，本文提出的 BPF 在电路尺寸和通带选择性方面具有一定的优势。

4.3.3　基于复合左右手谐振器的宽阻带平衡带通滤波器

1. 双模对称 CRLH 谐振器

在 4.2.2 小节所提出的单模对称 CRLH 谐振器的基础上，本节将构建一种新型的双模对称 CRLH 谐振器，用于双频带平衡 BPF 的设计。首先，将图 4-42(a)所示的单模对称 CRLH 谐振器中间的部分直线替换为方形环，得到的构型如图 4-42(b)所示。然后，将两个交指结构对称地引入到方形环的内部，如图 4-42(c)所示。为了观察所述谐振器的谐振特性，对其进行了电磁仿真，DM 弱激励下的仿真结果如图 4-43 所示。图 4-42(c)对应的物理参数如表 4-3 所示。与图 4-42(a)的结构所对应的频率响应相比，我们在期望的频率范围内观察到了一个额外的谐振频率。此外，由图 4-42(c)可以看出，所提出的 CRLH 双模谐振器也是一个 x 方向

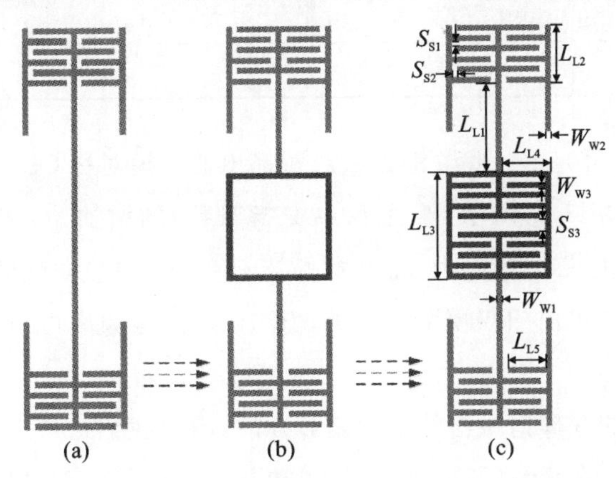

图 4-42　三种 CRLH 谐振器

(a)提出的单模对称 CRLH 谐振器；(b)加载环形谐振器的 CRLH 谐振器；(c)提出的双模对称 CRLH 谐振器

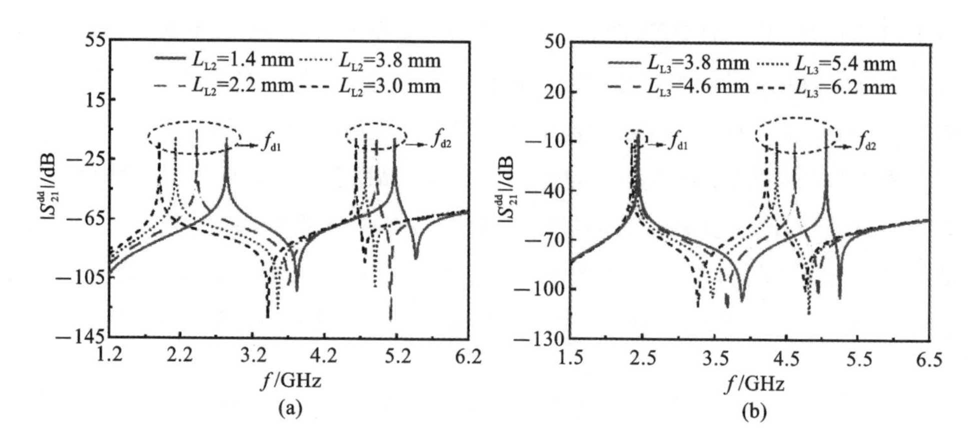

图 4-43 双模对称 CRLH 谐振器谐振频率的参数影响

(a)不同 L_{L2} 值时的 S_{21}^{dd};(b)不同 L_{L3} 值时的 S_{21}^{dd}

和 y 方向的完全对称结构。因此,所构造的新谐振器具有两个谐振频率,且适合构建高阶双通带平衡带通滤波器。

表 4-3 对称型双模 CRLH 谐振器的物理尺寸

项目	数值	项目	数值
L_{L1}/mm	2.2	W_{W2}/mm	0.2
L_{L2}/mm	2.2	W_{W3}/mm	0.2
L_{L3}/mm	4	S_{S1}/mm	0.2
L_{L4}/mm	1.9	S_{S2}/mm	0.2
L_{L5}/mm	1.5	S_{S3}/mm	0.4
W_{W1}/mm	0.2		

同样,我们还研究了一些关键参数对所提出的双模对称 CRLH 谐振器谐振频率的影响。如图 4-43(a)所示,随着 L_{L2}(交指对数)的增加,f_{d1} 和 f_{d2} 都向低频移动。此外,当 L_{L3} 的尺寸增大时,f_{d1} 基本保持不变,f_{d2} 快速向低频移动,如图 4-43(b)所示。因此,所提出的双模谐振器的两个 DM 谐振频率可以通过调节不同的参数独立控制。

由于所提出的双模谐振器的结构是对称的,因此我们也可采用奇偶模方法来理解其谐振机理。在奇模(对应于 DM)激励下,对称平面作为电壁,DM EC 如图 4-44(a)所示。施加偶模(对应于 CM)激励后,对称平面表现为磁壁,CM EC 如图 4-44(c)所示。基于经典传输线理论,微带 DM EC 可以看做是两侧有交指结构并

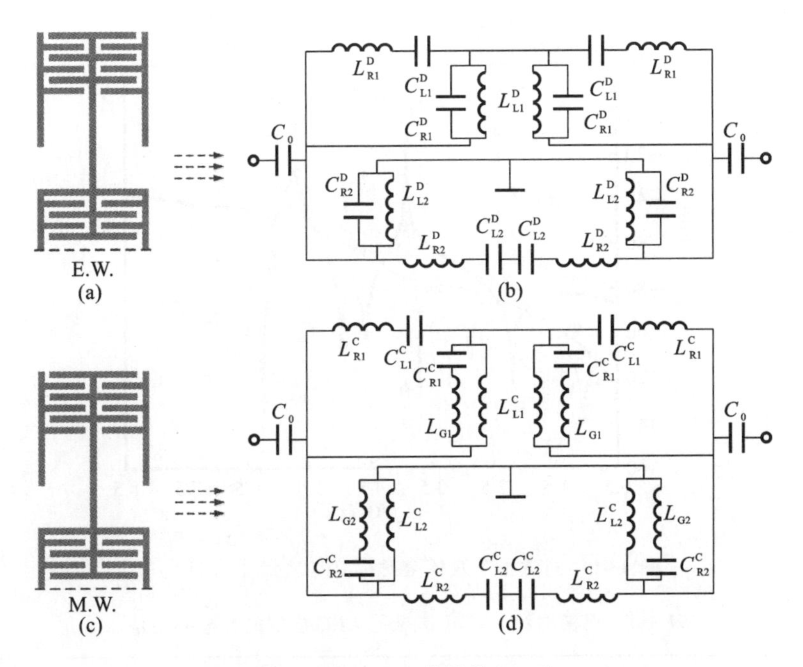

图 4-44　双模 CRLH 的微带 DM 和 CM

(a)微带 DM EC；(b)DM LEC 模型；(c)微带 CM-EC 结构；(d)CM-LEC 模型

且加载了短路枝节的阶跃阻抗谐振器，CM EC 可以看做是两侧有交指结构的阶跃阻抗谐振器，其中交指结构为低阻抗线段，连接的微带线为高阻抗线段。因此，短路交指结构的变化将明显影响第二个谐振模式 f_{d2}，而对第一个谐振模式 f_{d1} 的影响很小，这与图 4-43(b)中的描述一致。此外，由于引入了交指结构，如图 4-45 所示的粗实线，CM 谐振峰将大幅降低，这可能会造成在宽频率范围内对 CM 抑制比较困难。

为阐明了双模 CRLH 谐振器的物理机制，建立了相应的 DM EC 和 CM EC 的 LEC 模型。图 4-44(b)和图 4-44(d)分别展示了 DM LEC 模型和 CM LEC 模型。根据上述方法提取相应的集总元件值如表 4-4 所示。图 4-45 所示的是 DM 和 CM 弱激励下 CRLH 谐振器的传输响应。结果表明，微带 ECs 的计算结果与 LEC 模型的谐振频率吻合较好，验证了所构建的 LEC 模型的有效性。两个 DM 谐振频率 f_{d1} 和 f_{d2} 主要由图 4-44(b)中的并联谐振电路提供，可大致通过以下公式计算：

$$f_{d1} \approx 1/(2\pi\sqrt{L_{L1}^{D} C_{R1}^{D}}) \tag{4.50}$$

$$f_{d2} \approx 1/(2\pi\sqrt{L_{L2}^{D} C_{R2}^{D}}) \tag{4.51}$$

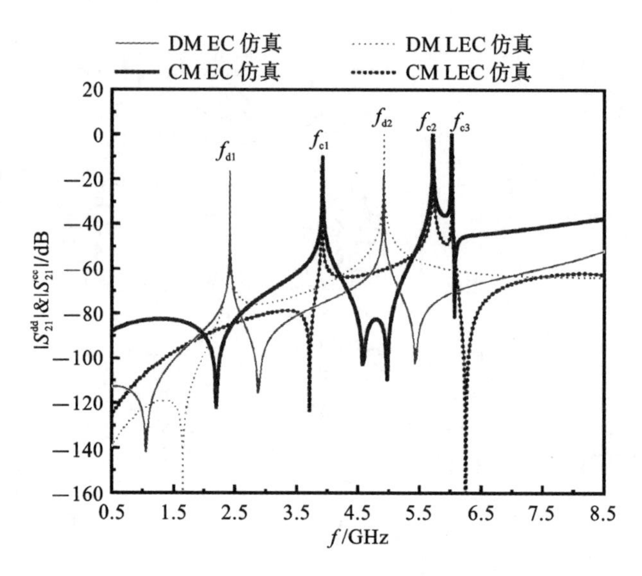

图 4-45　弱激励下双模全对称 CRLH 谐振器的 S_{21}

表 4-4　双模对称 CRLH 谐振器 LEC 模型的集总参数值

项目	数值	项目	数值
C_{L1}^{D}/pF	0.3	L_{L1}^{C}/nH	0.53
L_{L1}^{D}/nH	7.8	C_{R1}^{C}/pF	0.7
C_{R1}^{D}/pF	0.69	L_{R1}^{C}/nH	0.34
L_{R1}^{D}/nH	0.34	C_{L2}^{C}/pF	0.2
C_{L2}^{D}/pF	0.2	L_{L2}^{C}/nH	0.76
L_{L2}^{D}/nH	5.08	C_{R2}^{C}/pF	0.16
C_{R2}^{D}/pF	0.2	L_{R2}^{C}/nH	0.5
L_{R2}^{D}/nH	0.3	L_{G1}/L_{G2}/nH	4/2
C_{L1}^{C}/pF	0.3		

由式(4.50)和式(4.51)可知，通过调节左手电感和右手电容的值，可以独立控制两个 DM 谐振频率。

由图 4-45 可以看出，f_{d2}附近产生了三个 CM 谐振频率。因此，三个 CM 谐振频率的调整是至关重要的，因为它们将影响 CM 抑制。在已建立的 CM EC 模型的基础上，进行 EM 仿真，结果如图 4-46 所示。由图 4-46 可以明显看出，L_{L1}和L_{L3}对 CM 谐振频率的影响更大。其中，f_{c1}主要由L_{L1}控制。当L_{L1}的值增加时，f_{c1}向低频移动，而f_{c2}和f_{c3}不变。同样，L_{L3}主要影响f_{c2}和f_{c3}，随着L_{L3}的增加，

f_{c2}和 f_{c3}快速向低频移动，但 f_{c1}基本保持不变。并且，图 4-47 所示的是双模对称 CRLH 谐振器在前三个 CM 谐振时的电场分布，观察到电场主要分布在交指结构上。因此，可以通过在对称平面上添加微扰来抑制多个 CM 谐振频率。

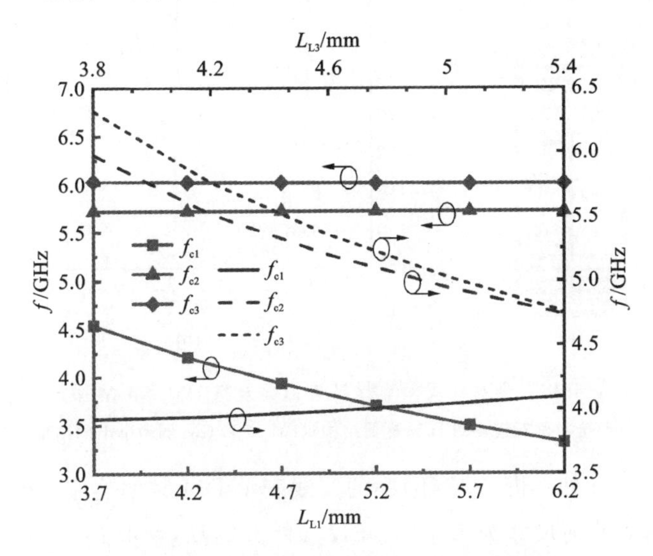

图 4-46　不同 L_{L1}或 L_{L3}下的 S_{cc}^{21}参数

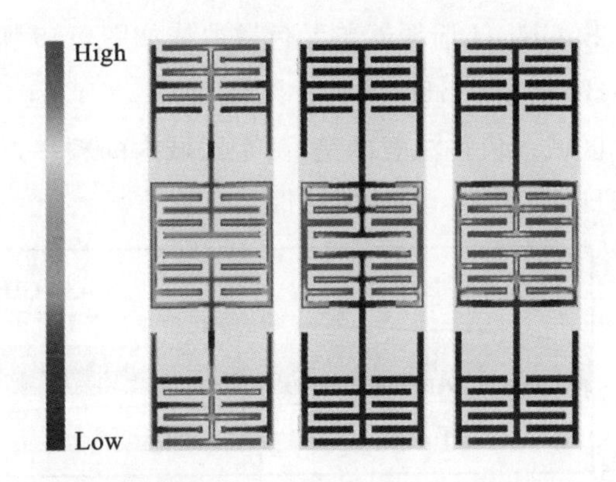

图 4-47　双模对称 CRLH 谐振器在 3.93 GHz、5.72 GHz 和 6.02 GHz 处的电场分布

2. 双通带平衡带通滤波器设计

本节利用所提出的双模对称 CRLH 谐振器，设计了一种基于 HTS 技术的四阶双通带平衡 BPF，以满足多功能无线系统的要求。两个中心频率分别在 2.45 和 4.94 GHz 处，相应的等纹波 FBW 分别为 4.25%和 1.66%。

如上所述，DM 谐振频率 f_{d1}和 f_{d2}被用来形成平衡 BPF 的双通带。因此，图 4-48(a)所示的全对称双模 CRLH 谐振器经过合理设计，f_{d1}和 f_{d2}分别工作在2.45

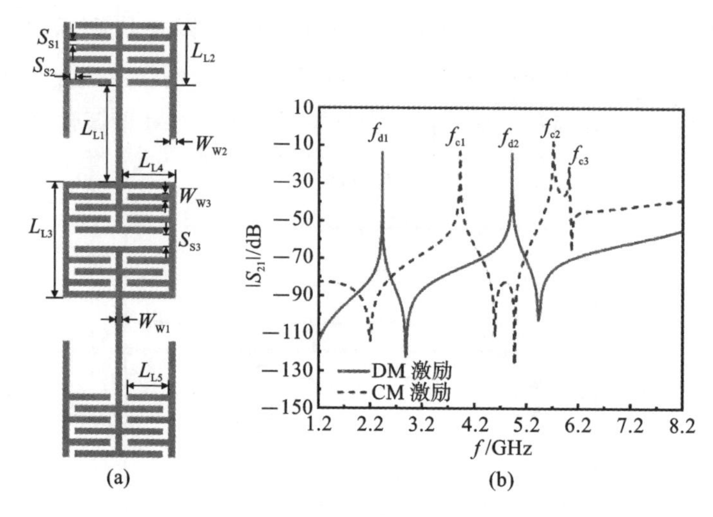

图 4-48　全对称双模 CRLH 谐振器及其 DM 和 CM 激励

(a)全对称双模 CRLH 谐振器结构;(b)DM 和 CM 弱激励下的结果

GHz 和 4.94 GHz 处。图 4-48(b)中的实线表示 DM 频率响应。图 4-48(a)所示的结构优化后的几何尺寸为 $L_{L1}=2.5$,$L_{L2}=2.2$,$L_{L3}=4$,$L_{L4}=1.9$,$L_{L5}=1.5$,$W_{W1}=W_{W2}=W_{W3}=S_{S1}=S_{S2}=0.2$,$S_{S3}=0.4$(单位:mm)。

此外,提取的双模 CRLH 谐振器单元色散曲线如图 4-49 所示。很明显,$f_{d1}=2.45$ GHz 位于 2 GHz 至 2.5 GHz 的 LH 区域,而 $f_{d2}=4.94$ GHz 位于4.85 GHz 至 5.1 GHz 的 RH 区域。值得注意的是,两个区域内的频率,特别是 2.5 GHz 至 3.2 GHz 和 4.71 GHz 至 4.85 GHz 为禁带。

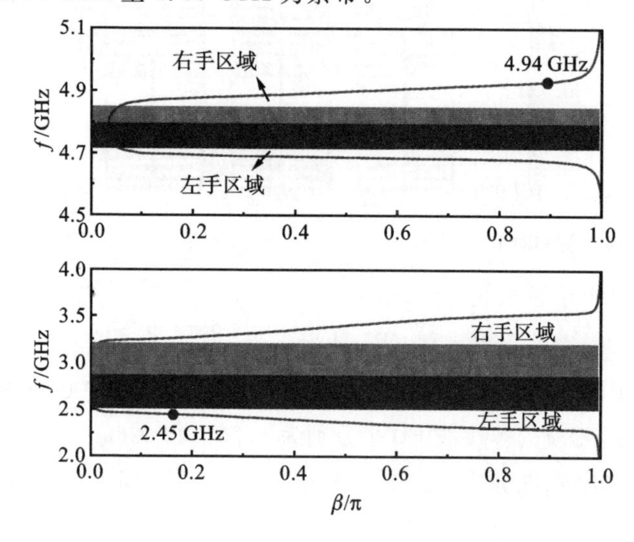

图 4-49　双模 CRLH 谐振器单元对应的色散曲线

图 4-50(a)所示的是加载两个可移动 t 型桩(深色区域)的双模 CRLH 谐振器的原理图。其中,t 表示枝节加载的位置。f_{d1} 和 f_{d2} 相对于 t 的频率变化如图 4-50(b)所示。两个 DM 谐振频率几乎不随 t 的增加而变化,因此在设计高阶滤波器时可以提供更多的耦合度,这是新型双模 CRLH 谐振器的一个优势。

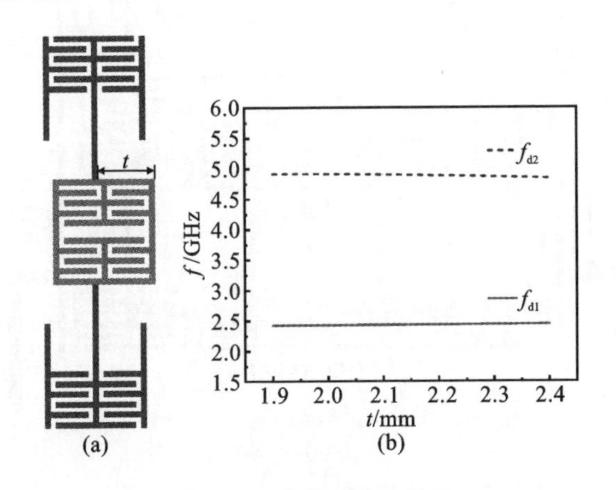

图 4-50　改进 CRLH 结构

(a)带有可移动 t 型交指微带枝节的改进 CRLH 结构图;

(b)两个 DM 谐振频率随 t 型交指微带枝节加载位置的变化

图 4-51(a)所示的是四阶双频平衡 BPF 电路结构。可以看到,相邻的两个谐振器有两条耦合路径,即路径Ⅰ和路径Ⅱ,从而实现了对两个 DM 通带的灵活控制。通过电磁仿真得到的耦合系数随耦合间隙的变化如图 4-52(a)所示[20]。g_1 表示对称型 CRLH 谐振器上下两端相邻两个开放 CRLH 谐振器短路枝节之间的耦合间隙,g_2 表示中心区域谐振器之间的耦合间隙。g_1 和 g_2 分别为图 4-51(a)中的 g_{1i} 和 g_{2i}($i=1,2$)。为了更好地理解两个 DM 通带的构造,图 4-51(b)给出了滤波器的 DM 耦合原理图。节点 S 和节点 L 表示 I/O 接口。节点 DM_1 和 DM_2 表示所提出的 CRLH 谐振器在 f_{d1} 和 f_{d2} 的两个 DM 频率。R_1、R_2、R_3 和 R_4 代表 4 个双模 CRLH 谐振器。两条耦合路径显示两个 DM 通带,即通带Ⅰ和通带Ⅱ。从图 4-52(a)可以看出,当 g_2 一定时,随着 g_1 的增大,第一通带耦合系数逐渐减小,第二通带耦合系数单调增大。然而,当 g_1 保持不变,g_2 继续增大时,观察到两个通带的耦合系数逐渐减小。

在这项工作中,为实现对双通带 BPF 的两个通带外部 Q 值的独立调节,一种混合馈电结构被提出,其包括抽头结构和耦合线结构,如图 4-51(a)所示。图 4-52(b)为不同抽头位置 L_6 和耦合间隙 g_3 下两个 DM 通带的外部 Q 值。由图 4-52(b)

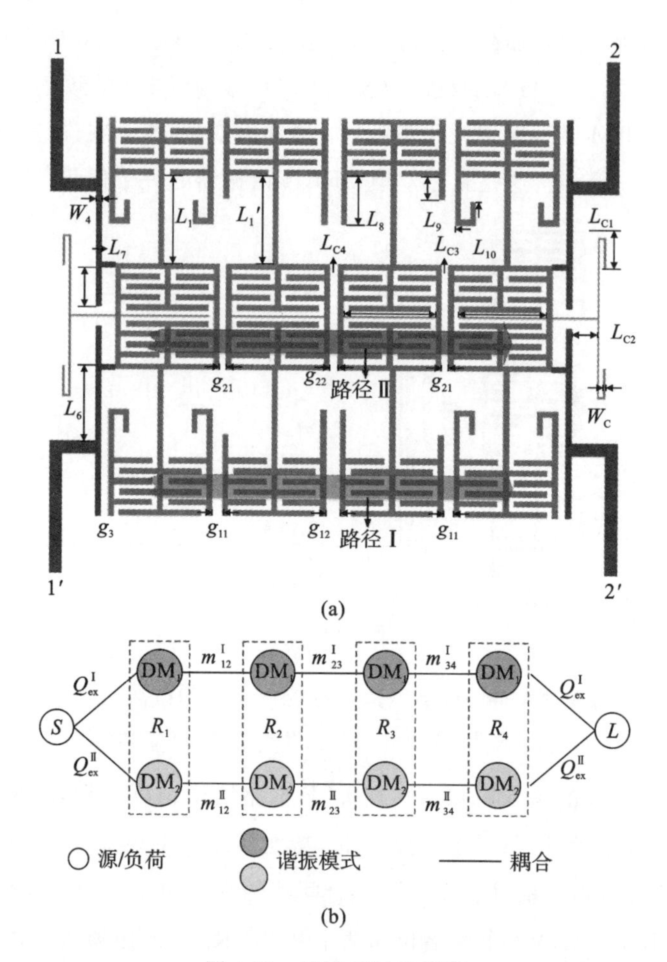

图 4-51　改进 CRLH 原理

(a)带有可移动 T 型数字间微带短节的改进 CRLH 原理图；(b)四阶双通带滤波器在 DM 工作下的耦合拓扑图

可以看出，在 L_6 不变的情况下，区域Ⅱ的 Q_{ex} 随着 g_3 的增加而单调增加，而区域Ⅰ的 Q_{ex} 变化很小。不同的是，当 g_3 不变时，两个通带的 Q_{ex} 随着 L_6 的增加而单调增加。另外，改变 L_7 会对两个通带的 Q_{ex} 有轻微的影响。总之，两个频段的 Q_{ex} 可以独立调节，证实了所提出的双馈电结构具有足够的设计灵活性。

3. 平衡 BPF 的仿真结果

为了验证设计理念，我们设计了一种四阶平衡双通带高温超导 BPF。所需的内部和外部耦合可以通过理论计算[20]和获得：耦合系数 $m_{12}^{I}=m_{34}^{I}=0.03794$，$m_{23}^{I}=0.02917$，$Q_{ex}^{I}=22.4$，$Q_{ex}^{II}=56.2$，其中上标Ⅰ和Ⅱ分别表示第一和第二通带。

对于内部耦合，可以根据图 4-52(a)所示的耦合系数确定两个耦合距离 g_1 和 g_2。同样，根据期望的 Q_{ex}，可以很容易地从图 4-52(b)中确定抽头位置以及耦合

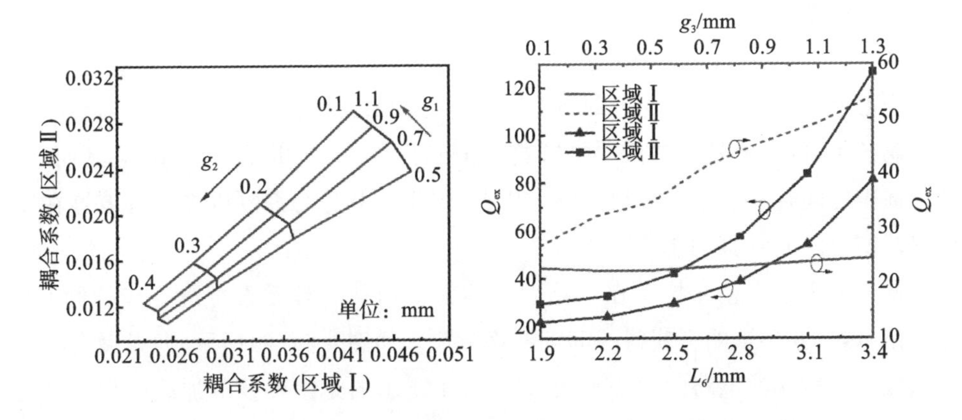

图 4-52　内部耦合

(a)不同 g_1 和 g_2 时谐振器之间的耦合系数；(b)不同馈电位置 L_6 和耦合间隙 g_1 下两个 DM 通带的外部 Q 值，其中 $W_4=0.2$ mm，$L_7=1.55$ mm

间隙。因此，图 4-51(a)所示的耦合间隙 g_{11}、g_{12}、g_{21} 和 g_{22} 分别确定为 0.43、0.51、0.16 和 0.29。另外参数 g_3、L_6、L_7 分别为 0.19、2.05、1.55(单位：mm)。

得到滤波器的最终仿真结果如图 4-53(b)所示的实线。很明显，两个 DM 通

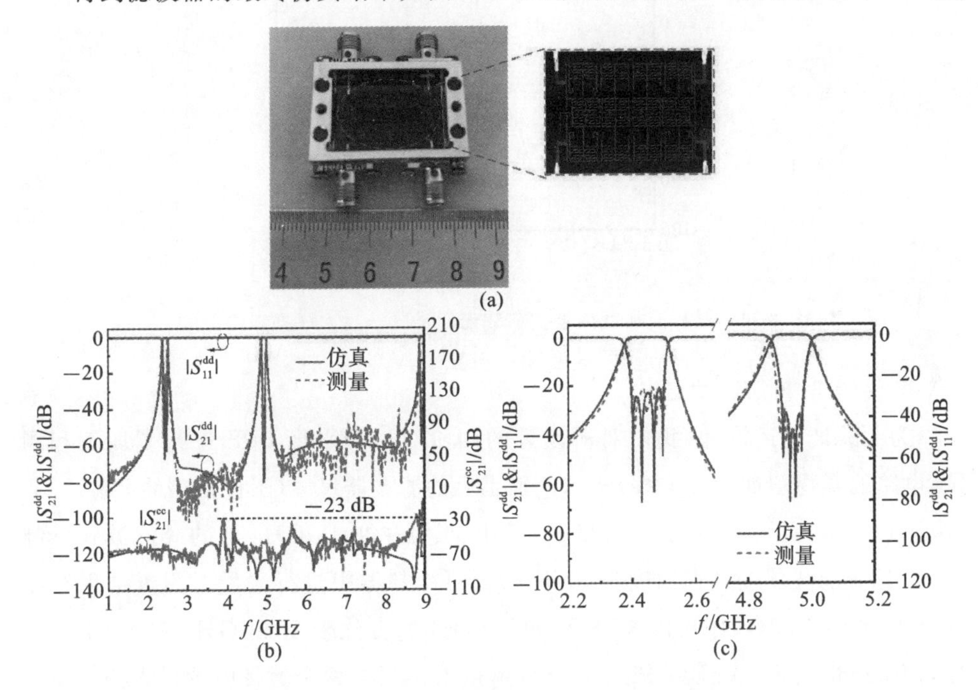

图 4-53　超导平衡带通滤波器及其仿真与测量

(a)超导平衡带通滤波器实物图；(b)四阶超导双通带平衡带通滤波器的仿真与测试结果；(c)通带区域放大图

带的中心频率分别为 2.45 GHz 和 4.94 GHz，对应的 3 dB FBW 分别为5.63%和 2.55%。图 4-53(c)为通带内的放大图，在每个通带内可明显观察到四个极点。第一个通带的回波损耗优于－21 dB，第二个通带回波损耗优于－38 dB。此外，值得注意的是，两个通带内的最小 CM 抑制分别优于－60 dB 和－74 dB。然而，在两个通带之间存在多个 CM 谐振峰。因此，需要对其进行抑制以提高滤波器在宽频率范围内的 CM 抑制水平。

通过采用频率差异技术在电路的对称面上加载额外元素可进一步抑制 CM 噪声信号，且并不影响已获得的 DM 频率响应。如图 4-51(a)所示，四条微带枝节被加载在平衡滤波电路的中心平面。图 4-54 所示的是微带枝节加载前后平衡滤波电路 CM 频率响应的对比，可观察到，通过合理加载微带枝节后，有效地抑制了 CM 谐振峰，在所需的观测频率范围内 CM 抑制均优于－23 dB。被加载枝节的参数为 $L_{c1}=4.3$，$L_{c2}=0.73$，$L_{c3}=3.5$，$L_{c4}=3.6$，$W_c=0.1$(单位：mm)。

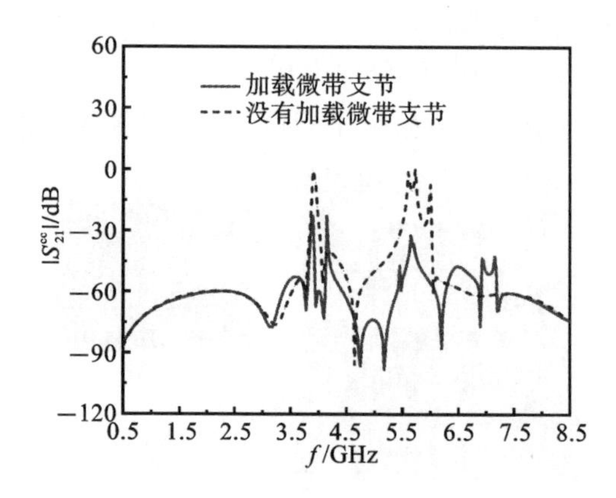

图 4-54 对称面加载微带支节和无微带支节对 CM 抑制的影响

4. 平衡 BPF 的测试结果

为了验证上述设计，我们对所设计的四阶双通带平衡 BPF 进行了加工和测试，电路的实物图如图 4-53(a)所示。加工后的滤波器尺寸(不包括馈线)为 17.37 mm×13.5 mm，约 0.36 λ_g×0.28 λ_g，其中 λ_g 为在 2.45 GHz 处的导波波长。制造的 HTS 滤波器安装在温度为 77 K 的低温冷却器中进行测量。测量结果在图 4-53(b)和图 4-53(c)中用虚线表示。两个 DM 通带位于 2.45 GHz 和 4.94 GHz 处，两个通带的 3 dB FBW 分别为 5.71%和 3.04%。两个通带内的最大插入损耗分别为－0.34 dB 和－0.23 dB。两个通带的 CM 抑制水平分别优于－53.5 dB 和－49.3 dB。在 1 GHz～8.77 GHz 的宽频率范围内，CM 抑制水平优于－23 dB。

4.4 小结

本章首先介绍了两款基于 CRLH 结构的 HTS 单通带 BPF 的设计理论和方法。在第一款滤波器设计中，我们提出了一种紧凑的无通孔结构的 HTS D-CRLH 谐振器，并根据等效电路模型，对 HTS D-CRLH 谐振器的特性进行了讨论和分析。在此基础上，我们设计并制作了一款二阶 HTS D-CRLH 滤波器，并测量了 HTS D-CRLH 谐振器的非线性效应。所设计的滤波器的带内和带外性能良好，显示了 HTS D-CRLH 结构在紧凑型微波系统中的应用前景。在第二款滤波器设计中，我们提出了一种完全对称的新型单模 CRLH 谐振器，用于设计高阶平衡 BPF。对该谐振器的谐振特性进行详细的分析，并基于此我们设计了一款中心频率为 1.9 GHz 的四阶 HTS 超窄带平衡 BPF。其 3 dB FBW 为 0.32%，带内回波损耗优于－23 dB，在 1.5 GHz～2.9 GHz 的频率范围内 CM 抑制优于－60 dB。设计的滤波器尺寸为 0.27 λ_g×0.23 λ_g。

紧接着，本章介绍了三款基于 CRLH 结构的 HTS 双通带 BPF 的设计理论和方法。在第一款双通带滤波器设计中，我们提出了一种小型化的双模 D-CRLH 谐振器，并根据 EC 模型，对所提出的 D-CRLH 谐振器的特性进行了讨论和分析。最后，我们设计并制作了一个等纹波相对带宽为 1.68%/1.7% 的四阶双窄带 HTS BPF。在第二款双通带滤波器设计中，我们提出了一种新型 CRLH 谐振器并基于该谐振单元构建了一款双通带平衡 BPF，该滤波器具有双 DM 通带、良好的选择性和较好的 CM 抑制水平。最后，第三款所设计的滤波器具有高选择性和良好的 CM 抑制水平。我们利用所提出的新型双模 CRLH 谐振器，设计了一个工作在 2.45 GHz/4.94 GHz 的四阶 HTS 双通带平衡 BPF。两个 DM 通带的中心频率和外部品质因数均可独立控制，并且通过在电路的对称平面上加载微带枝节，在宽频率范围内实现了高 CM 抑制水平。为了证明所提出的方法，我们对该平衡 BPF 进行实验验证，其测量结果与仿真结果基本一致。

参考文献

[1] C. Caloz, T. Itoh. *Electromagnetic Metamaterials: Transmission Line Theory and Microwave Applications: The Engineering Approach* [C].

Hoboken. New Jersey, USA: John Wiley & Sons, Inc. ,2006.

[2] Y. L. Zhu, Y. D. Dong, J. Bornemann, et al. SIW triplets including meander-line and CRLH resonators and their applications to quasi-elliptic filters[J]. *IEEE Trans. Microw. Theory Tech.* ,2023,71(5):2193-2206.

[3] T. Yang, P. L. Chi, T. Itoh. Compact quarter-wave resonator and its applications to miniaturized diplexer and triplexer [J]. *IEEE Trans. Microw. Theory Tech.* ,2011,59(2):260-269.

[4] G. X. Shen, W. Q. Che, W. J. Feng, et al. Analytical design of compact dual-band filters using dual composite right-/left-handed resonators[J]. *IEEE Trans. Microw. Theory Tech.* ,2017,65(3):804-814.

[5] T. Huang. Compact dual-band wilkinson power divider design using via-free D-CRLH resonators for beidou navigation satellite system[J]. *IEEE Trans. Circuits Syst. II, Exp. Briefs.* ,2022,69(1):65-69.

[6] X. H. Guan, H. Su, H. W. Liu, et al. Miniaturized high temperature superconducting bandpass filter based on D-CRLH resonators[J]. *IEEE Trans. Appl. Supercond.* ,2019,29(5):1-4.

[7] A. Grbic, G. V. Elefthetiades. Experimental verification of backward wave radiation from a negative refractive index metamaterial [J]. *J. Appl. Phys.* ,2002,92(10):5930-5935.

[8] L. Tao ,B. Wei, X. Guo, et al. Compact ultra-narrowband superconducting filter using N-spiral resonator with open-loop secondary coupling structure[J]. *Chinese Physics B* ,2020,29(6):068502.

[9] 杨涛.基于复合左右手传输线结构的小型化微波无源元件研究[M].成都:电子科技大学,2016.

[10] C. Caloz, T. Itoh. Characteristics of the composite right/left-handed transmission lines[J]. *IEEE. Microw. Wireless Comp. Lett.* ,2004,14(2):68-70.

[11] C. Caloz, H. Okabe, T. Iwai, et al. Transmission line approach of left-handed(LH) materials [J]. *IEEE AP-S/URSI intertional symposium*. 2002:39.

[12] A. Grbic, G. V. Elefthetiades. Experimental verification of backward wave radiation from a negative refractive index metamaterial[J]. *J. Appl.*

Phys., 2002, 92(10): 5930-5935.

[13] G. Anthony, G. Y. Elefttheriades. Growing evanescent waves in negative-refractive-index transmission-line media[J]. *J. Appl. Phys.*, 2003, 82(12): 1815-1817.

[14] A. K. Iyer, G. Y. Elefttheriades. Negative refractive index metamaterials supporting 2-Dwave [J]. *IEEE MTT-s International microwave Symposium*, 2003: 1067-1070.

[15] G. V. Eleftheriades, A. K. Iyer, C. P. Kremer. Planar negative refractive index media using periodically L-C loaded transmission line[J]. *IEEE Trans. Microw. Theory Tech.*, 2002, 50(12): 2702-2712.

[16] G. V. Eleftheriades, O. Siddiqui, A. K. Iyer. Transmission line models for negative refractive index media and associated implementations without excess resonators[J]. *IEEE. Microw. Wireless Comp. Lett.*, 2003, 13(2): 51-53.

[17] C. Caloz, I. H. Lin, I. Tatsuo. Characteristics and potential applications of nonlinear left-handed transmission lines[J]. *Microw. Opt. Technol. Lett.*, 2004, 40(6): 471-473.

[18] A. Sanada, C. Caloz, T. Itoh. Characteristics of the composite right/left-handed transmission lines[J]. *IEEE. Microw. Wireless Comp. Lett.*, 2004, 14(2): 68-70.

[19] C. Caloz, T. Itoh. *Electromagnetic Metamaterials*[C]. New York, USA: Wiley, 2005.

[20] J. S. Hong, M. J. Lancaster. *Microwave Filter for RF/Microwave Application*[C]. New York, USA: Wiley, 2001.

[21] J. Bahl. *Lumped Elements for RF and Microwave Circuits* [C]. Norwood, MA, USA: ARTECH HOUSE, INC., 2003.

[22] D. M. Pozar. *Microwave Engineering*[C]. New York, USA: John Wiley & Sons, 2009.

[23] J. Ai, Y. H. Zhang, K. D. Xu, et al. Miniaturized quint-band bandpass filter based on multi-mode resonator and $\lambda/4$ resonators with mixed electric and magnetic coupling[J]. *IEEE Microw. Wireless Compon. Lett.*, 2016, 26(5): 343-345.

第5章　基于环形加载谐振器的平衡微波滤波电路

多模谐振器(Multi-mode Resonator,MMR)中具有多种可控谐振模式,可替代传统多个单模谐振器单元结构所起到的作用,并且其电路尺寸相较单个单模谐振器也仅有少量增加,对于紧凑型的电路设计具有重要意义。因此在过去几年中,各种基于 MMR 的微波滤波电路的提出和设计受到了研究学者们的广泛关注。

通常情况下,MMR 的主要设计思路有两种方法。一种是增加谐振回路法,在原有的单模谐振电路上增加额外的谐振电路就可以产生双模乃至多模的谐振器,典型地利用这种方法实现的多模结构是枝节加载谐振器(SLR)。另一种是带有微扰元件的闭合形式的谐振器,如在环形谐振器中加入一些微扰元素,从而导致简并模式对的产生。MMR 的两种典型的结构如图 5-1 所示。

图 5-1　MMR 的典型结构

采用 SLR[1] 或双模环形谐振器[2] 构造的高性能 HTS(High Temperature Superconducting)滤波器已有部分实例。遵循文献中的工作[1,2],一些小型化技术,如折叠线段和电容加载方法已被用于实现紧凑的滤波器。然而,每个谐振器只有两个可控的谐振模式被激发,若要激励出更多的可控谐振模式需要引入更多的枝节或微扰,而这也将导致结构尺寸增大以及设计复杂程度更高[3,4]。因此,为了寻找一种即具有丰富谐振模式,同时结构简单的 MMR,环形加载谐振器(Square Ring Loaded Resonator,SRLR)在 2011 年被随之提出,其单个谐振单元中可激励三种谐振模式[5]。次年,为了进一步提高设计自由度,在环形部分的中心处额外加载了一个短路枝节,构建出了一种新型的环形短路枝节加载谐振器(Square Ring Short Stub Loaded Resonator,SRSLR)[6],并基于这两种谐振器分别设计了两款三通带带通滤波器(Bandpass Filter,BPF)。然而,该类型结构的谐振特性仍然存在一些困惑，值得我们进行进一步系统性的研究。

此外，近年来随着各种无线通信技术的不断发展进步，特别是第五代通信系统大规模商用化，导致通信环境日益复杂，促使人们对微波器件的抗干扰能力提出了更高的要求。对比传统单端口滤波电路，平衡式滤波电路在抑制电磁干扰、环境噪声、不同元件之间的串扰等方面具有显著优势。在本章中，我们将对环形加载谐振器的谐振特性进行全面的讨论和研究，并基于对环形加载谐振器的演变，如阶跃阻抗化、微带线内嵌、金属贴片元素加载、多微带线加载等方式，设计并实现多种平衡式微波滤波电路。

5.1　环形加载谐振器的基本结构

5.1.1　微带线结构

图 5-2 所示的是 SRLR 的基本结构，它由一个全波长环形谐振器和连接到环两侧的两条开路微带线组成。通常来说，两条开路微带线是直线延伸的，这与参考文献中所示的略有不同[5]。L_1、L_2、L_3 和 w_1、w_2、w_3 分别表示相应微带线段的物理长度和宽度。

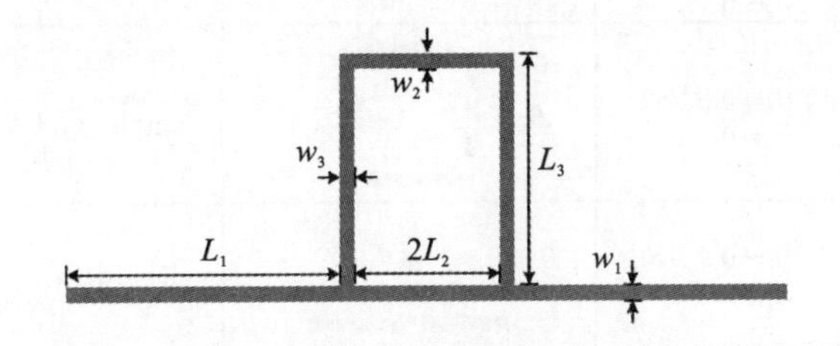

图 5-2　SRLR 的基本微带结构

需要注意的是，环形的水平长度 $2L_2$ 与其垂直长度 L_3 可以相等，也可以不相等。因此，两条开路微带线在环形上的位置是变化的，这与之前所述的环形谐振器被固定在某个位置所不同[7,8]。此外，由于环形部分的存在，所提出的 SRLR 中存在横向信号干扰，从而会产生一个或多个传输零点（TZs）。但同样不可忽视的是，该谐振器上还存在两条额外的开路微带线，因此与以往的文献中所讨论的横向信号干扰结构亦存在一定区别[9-11]。

5.1.2 传输线模型

为了便于对所提出的SRLR结构进行分析，以及利用Agilent Advance Design (ADS)仿真软件探索模式的分布，我们对该结构进行了传输线模型(TLM)的构建，如图5-3所示。该TLM由六个传输线部分组成，所对应的电长度和特征导纳分别为θ_1、θ_2、θ_3和Y_1、Y_2、Y_3，其中，$\theta_1=\beta L_1$，$\theta_2=\beta L_2$，$\theta_3=\beta L_3$，β是传播常数。

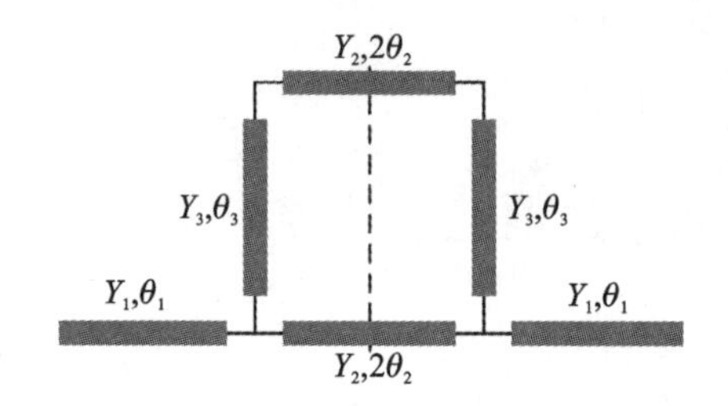

图 5-3　SRLR 传输线模型

由上述内容可知，SRLR的物理长度L_1、L_2和L_3可以选择为任意值，因此该谐振器结构可以获得良好的设计自由度。图5-4所示的是SRLR在不同电长度条件下的四种表现。

条件	TLM的结构	特征
(Ⅰ) $\theta_1\neq0,\theta_2\neq0,\theta_3=0$	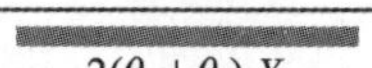 $2(\theta_1+\theta_2),Y_0$	Single-mode
(Ⅱ) $\theta_1=0,\theta_2\neq0,\theta_3\neq0$	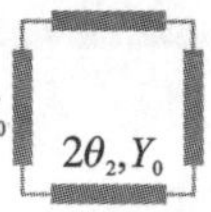 θ_3,Y_0　$2\theta_2,Y_0$	Single-mode
(Ⅲ) $\theta_1\neq0,\theta_2=0,\theta_3\neq0$	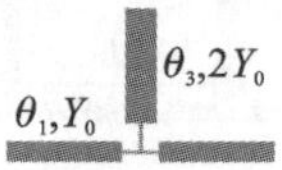 $\theta_3,2Y_0$　θ_1,Y_0	Dual-mode
(Ⅳ) $\theta_1\neq0,\theta_2\neq0,\theta_3\neq0$	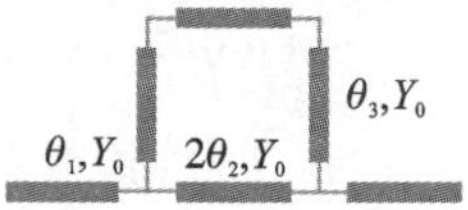 θ_3,Y_0　θ_1,Y_0　$2\theta_2,Y_0$	Multi-mode

图 5-4　具有不同电长度组合的 SRLR 的特殊情况

(1)第一种情况是当θ_3等于0时，SRLR可以看成电长度为$2(\theta_1+\theta_2)$的半波长单模谐振器。

(2)第二种情况是当θ_1等于0时，SRLR可以看成电长度为$2(2\theta_2+\theta_3)$的全波长环形谐振器。

(3)第三种情况是当 θ_2 等于 0 时，SRLR 可以看成一个双模枝节加载谐振器(SLR)。其中，原先的环形部分变为变成了一个电长度为 θ_3，导纳为 $2Y_0$ 的微带线。

(4)最后一种情况是当所有电长度均不等于 0 时，所对应的就是所提出的 SRLR，该结构具有多模谐振特性。

因此，我们可以观察到一些有趣的特性，在某些频率下，环形部分所扮演的角色与 SLR 中被加载的枝节是相同的，即起到分离谐振模式的微扰作用。而在其他频率下，它又处于主导地位，两条开路微带线扮演着分离谐振模式的微扰角色。

5.1.3　环形枝节加载谐振器的特性分析

如图 5-3 所示的虚线是所提出的 SRLR 关于竖直方向上的中心线，因此可采用奇偶模方法对 SRLR 进行分析。在偶模或奇模信号激励下，对称平面分别表现为理想的磁壁或电壁。图 5-5 所示的是等效后的偶模电路和奇模电路，可发现由原先的双端口网络简化为了两个单端口网络，从而便于分析。

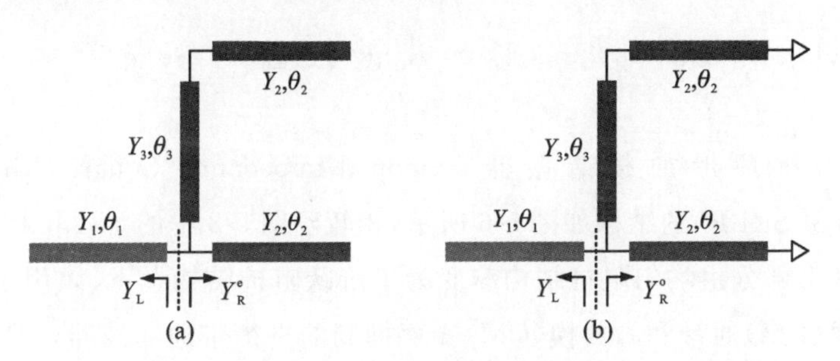

图 5-5　偶模电路和奇模电路

(a)偶模等效电路；(b)奇模等效电路

如图 5-5(a)所示，Y_L 和 Y_R^e 表示偶模等效电路左右两侧对应的输入导纳。其谐振条件可推导为

$$\mathrm{Im}(Y_L + Y_R^e) = 0 \tag{5.1}$$

其中，

$$Y_L = \mathrm{j}\tan\theta_1 \tag{5.2}$$

$$Y_R^e = \mathrm{j}Y_0\tan\theta_2 + \mathrm{j}Y_0\tan(\theta_2 + \theta_3) \tag{5.3}$$

类似地，如图 5-5(b)所示，Y_R^o 表示奇模等效电路左右两侧对应的输入导纳。

因此，其谐振条件可推导为

$$\mathrm{Im}(Y_L + Y_R^o) = 0 \tag{5.4}$$

其中，

$$Y_R^o = -jY_0\cot\theta_2 - jY_0\cot(\theta_2 + \theta_3) \tag{5.5}$$

然后，将式(5.3)和式(5.2)代入到式(5.1)中，偶模等效电路的谐振条件可表示为

$$\tan\theta_1 + \tan\theta_2 + \tan(\theta_2 + \theta_3) = 0 \tag{5.6}$$

类似地，将式(5.2)和式(5.5)代入到式(5.4)中，奇模等效电路的谐振条件可表示为

$$\tan\theta_1 - \cot\theta_2 - \cot(\theta_2 + \theta_3) = 0 \tag{5.7}$$

因此，偶模和奇模的谐振频率可以根据求解公式(5.6)和式(5.7)确定。

5.2 基于阶跃阻抗环形加载谐振器的双通带平衡带通滤波器

5.2.1 阶跃阻抗环形加载谐振器的分析

阶跃阻抗环形加载谐振器(Stepped-Impedance Square Ring Loaded Resonator，SI-SRLR)的结构如图5-6所示，相较于图5-2中的SRLR结构，其不同之处在于环形部分由均匀阻抗结构演变为了阶跃阻抗结构[12-14]，以用于设计具有高性能差模(DM)通带和高共模(CM)噪声抑制的平衡带通滤波器(BPF)。并且，为辅助分析谐振器结构的谐振特性，我们构建了所提出的SI-SRLR的等效TLM[14]，如图5-7(a)所示。

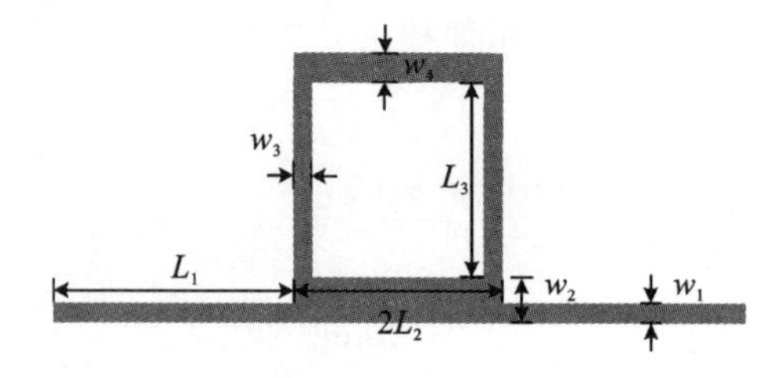

图5-6 所提出的四模SI-SRLR的几何结构

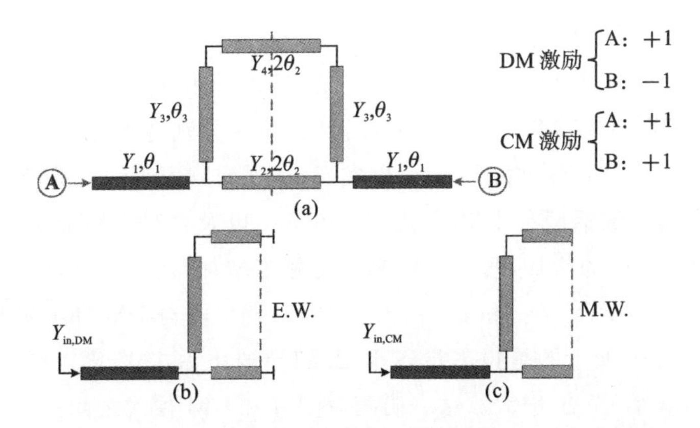

图 5-7　四模 SI-SRLR 的传输线模型及其 DM 和 CM 等效电路

(a)所提出的四模 SI-SRLR 的传输线模型；(b)DM 等效电路；(c)CM 等效电路

由于所提出的 SI-SRLR 同样关于竖直方向对称，如图 5-7(a)所示，因此，同样可以使用奇偶模方法对其进行简化分析[14]。在偶模(对应于 DM)信号激励下，电路的对称面等效为电壁，简化后的偶模等效电路如图 5-7(b)所示。而在奇模(对应于 CM)信号激励下，电路的对称面等效为磁壁，简化后的奇模等效电路如图 5-7(c)所示。

DM 或 CM 等效电路的输入导纳 $Y_{\mathrm{in,DM\&CM}}$ 可推导为

$$Y_{\mathrm{in,DM\&CM}} = Y_1 \frac{Y_{\mathrm{L}} + \mathrm{j}Y_1 \tan\theta_1}{Y_1 + \mathrm{j}Y_{\mathrm{L}} \tan\theta_1} \tag{5.8}$$

其中，

$$Y_{\mathrm{L}} = \begin{cases} \mathrm{j}Y_3 \dfrac{Y_3 \tan\theta_3 - Y_4 \cot\theta_2}{Y_3 + Y_4 \cot\theta_2 \tan\theta_3} - \mathrm{j}Y_2 \cot\theta_2, \text{DM case} \\ \mathrm{j}Y_3 \dfrac{Y_3 \tan\theta_3 + Y_4 \tan\theta_2}{Y_3 - Y_4 \tan\theta_3 \tan\theta_2} + \mathrm{j}Y_2 \tan\theta_2, \text{CM case} \end{cases} \tag{5.9}$$

当输入导纳 $Y_{\mathrm{in,DM\&CM}}$ 的虚部为零时，可推导出 DM 和 CM 等效电路的谐振条件为

$$\begin{aligned} &Y_3(Y_3 \tan\theta_3 - Y_4 \cot\theta_2) + (Y_1 \tan\theta_1 - Y_2 \cot\theta_2) \times (Y_3 + Y_4 \tan\theta_3 \cot\theta_2) = 0, \text{DM case} \\ &Y_3(Y_3 \tan\theta_3 + Y_4 \tan\theta_2) + (Y_1 \tan\theta_1 + Y_2 \tan\theta_2) \times (Y_3 - Y_4 \tan\theta_3 \tan\theta_2) = 0, \text{CM case} \end{aligned} \tag{5.10}$$

为了简计算，假设 $Y_1 = Y_3 = Y_4$，$\theta_1 = 2\theta_2$ 并定义 $K = Y_2/Y_1$。因此，式(5.10)可以重新表述为

$$\begin{aligned} &(\tan\theta_3 - \cot(\theta_1/2)) + (\tan\theta_1 - K\cot(\theta_1/2)) \times (1 + \tan\theta_3 \cot(\theta_1/2)) = 0, \text{DM case} \\ &(\tan\theta_3 + \tan(\theta_1/2)) + (\tan\theta_1 + K\tan(\theta_1/2)) \times (1 - \tan\theta_3 \tan(\theta_1/2)) = 0, \text{CM case} \end{aligned} \tag{5.11}$$

由式(5.11)可以明显看出，DM谐振频率和CM谐振频率都可以通过改变电长度θ_i(i=1,2和3)和导纳比K来改变。基于ADS仿真软件，不同导纳比K值下SI-SRLR的频率响应如图5-8所示，其中θ_1和θ_3分别选择为60°和17°(对应于2.2 GHz)，Y_1为0.01 S。由图5-8可以发现，在观测频率范围内SI-SRLR存在四种谐振模式，其中包括两种DM模式(f_{d1}和f_{d2})以及两种CM模式(f_{c1}和f_{c2})。并且随着导纳比K的增加，两个DM频率均随之增加，而CM的两个频率均随之减小。定义$\Delta_1=|f_{d1}-f_{c1}|$和$\Delta_2=|f_{d2}-f_{c2}|$，表示两对DM和CM模式之间的频率间隔。图5-9所示的是频率差Δ_1和Δ_2随导纳比K的变化。可以看出，随着K的增加，Δ_1减小，而Δ_2增大。这表明两对DM和CM模式之间的频率间隔可以通过改变导纳比K来调整。

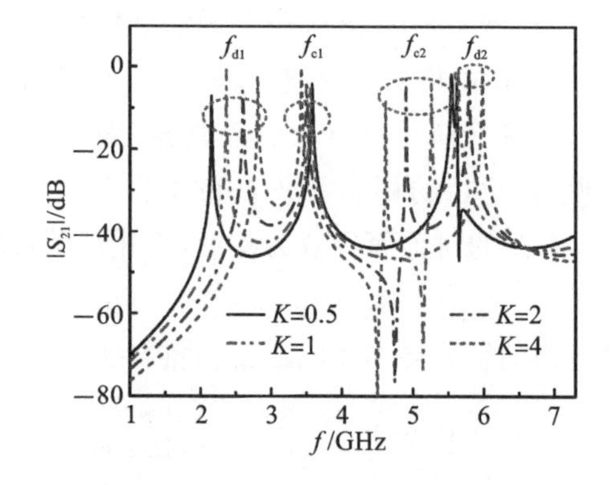

图5-8　SI-SRLR在不同导纳比K值下的频率响应

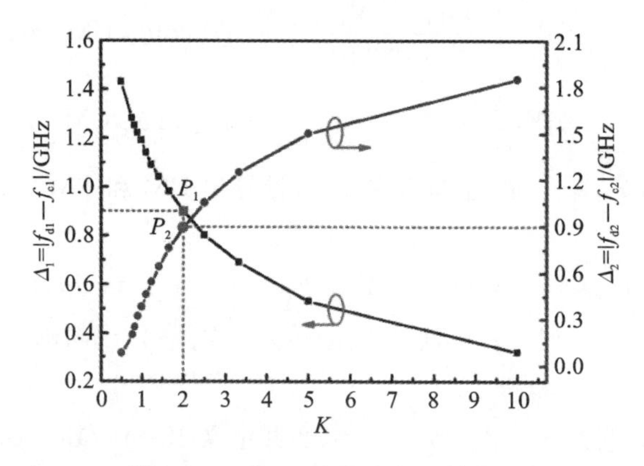

图5-9　Δ_1和Δ_2随导纳比K的变化

在基于MMR的平衡BPF设计中，DM模式和CM模式总是被同时激励。如果CM谐振频率接近DM谐振频率，那么该CM频率将对由DM频率形成的通带产生干扰，从而降低平衡系统的性能。因此，为了获得良好的DM响应和通带内

的高 CM 抑制，需要使得两个相邻 DM 和 CM 谐振频率之间具有较大的频率间隔。如图 5-9 所示，当选择较小的 K 时，对应可以得到较大的 Δ_1，但 Δ_2 很小，反之亦然。权衡后，当 $K=2$ 时，可以获得两对合适的 DM 谐振与 CM 谐振的频率差，对应的 Δ_1 和 Δ_2 分别为 0.9(|2.6−3.5|)GHz 和 0.89(|4.9−5.79|)GHz。

5.2.2　双频带平衡带通滤波器的设计

本小节将基于 SI-SRLR 设计一款双频带平衡 BPF，其两个通带的中心频率分别为 2.6 GHz 和 5.8 GHz。所使用的介质基板为相对介电常数 3.5，厚度 0.8 mm 的 Taconic RF35。其设计步骤为，首先确定 SI-SRLR 的尺寸，然后研究馈电结构与 SI-SRLR 之间的外部耦合以及两个 SI-SRLR 单元之间的内部耦合，最后使用源-负载耦合方法和频率差异技术以改善 DM 响应和 CM 抑制。

1. 谐振单元的设计

由上述讨论可知，当 $\theta_1=60°$，$\theta_3=17°$，$Y_1=0.01$ S 时，SI-SRLR 的导纳比 $K=2$ 是一个合适的选择，设定 $Y_1=0.01$ S 和 $Y_2=0.02$ S 满足该比例条件。基于已知电参数值，并通过电磁仿真软件 Sonnet，得到了 SI-SRLR 的几何尺寸，如图5-10

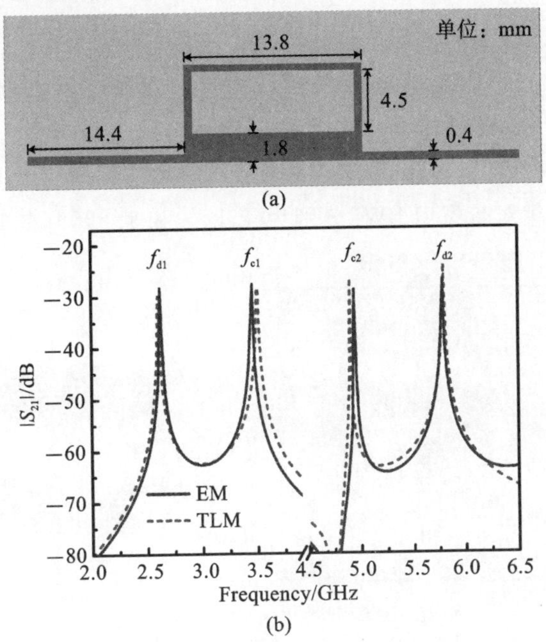

图 5-10　四模 SI-SRLR 的结构图及其 EM 和 TLM 仿真结果

(a)四模 SI-SRLR 的结构图；(b)SI-SRLR 在弱激励下的 EM 和 TLM 仿真结果

(a)所示。其弱激励下的电磁仿真频率响应如图 5-10(b)所示的实线。

由图 5-10(b)可知,仿真得到的频率间隔 Δ_1 和 Δ_2 分别为 0.85(|2.61−3.46|) GHz 和 0.85(|4.94−5.79|)GHz。电磁仿真和 TLM 计算结果之间的差异主要是电路中的寄生效应所导致的,而在 TLM 中可以忽略寄生效应。图 5-11 所示的是 SI-SRLR 四种谐振模式下的电压分布。可以看出,对于 DM 谐振频率 f_{d1},电压主要集中在两个开路枝节上;对于 DM 谐振频率 f_{d2},电压不仅分布在开路枝节上,而且还分布在环形的垂直部分上;对于 CM 谐振频率 f_{c1} 和 f_{c2},电压分布在开路枝节以及环形的水平部分上。DM 谐振和 CM 谐振之间的电压分布差异将有利于辅助改善 CM 抑制。

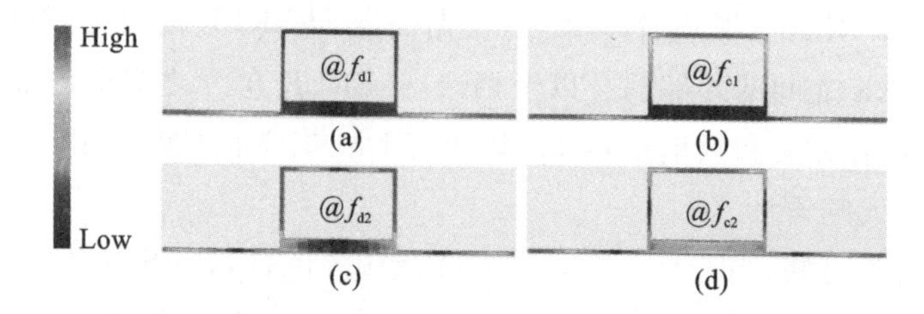

图 5-11 SI-SRLR 在四种谐振模式下的模拟电压分布

(a) f_{d1};(b) f_{c1};(c) f_{d2};(d) f_{c2}

2. 双频带平衡 BPF 的设计

图 5-12(a)所示的是基于 SI-SRLR 所构建的双频带平衡 BPF 的几何结构。其中,为了减小尺寸,我们对 SI-SRLR 的开路枝节线进行折叠。所设计的两个通带的中心频率分别为 2.6 GHz 和 5.8 GHz,具有纹波系数为 0.04321 dB 的切比雪夫响应,相应的相对带宽(FBW)分别为 4.12%和 1.5%。在 DM 信号激励下,

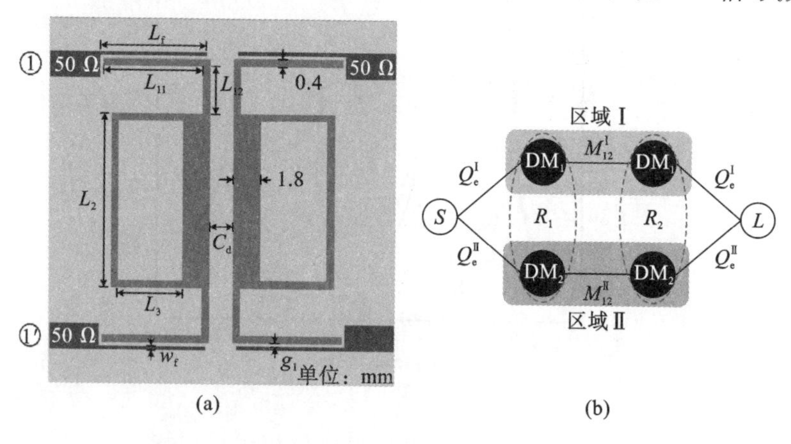

图 5-12 双通带平衡 BPF 的结构图和耦合拓扑图

(a)双通带平衡 BPF 的结构图;(b)DM 激励下平衡 BPF 的耦合拓扑图

BPF 的耦合方案如图 5-12(b)所示，其中节点 S 和 L 分别表示输入和输出端口，节点 DM_1 和 DM_2 代表 SI-SRLR 的两个 DM 谐振频率 f_{d1} 和 f_{d2}。此外，存在上下两条耦合路径，每条耦合路径对应一个 DM 通带。由于滤波电路的阶数 $n=2$，低通原型滤波器的集总电路元件分别为 $g_0=1$，$g_1=0.6648$，$g_2=0.5445$ 和 $g_3=1.2210$[15]。根据式(5.12)和式(5.13)，图 5-12(b)中所需的耦合系数 $M_{12}^{\mathrm{I}}=0.0684$，$M_{12}^{\mathrm{II}}=0.0249$，外部品质因数 $Q_e^{\mathrm{I}}=16.2$ 和 $Q_e^{\mathrm{II}}=44.3$。

$$M_{i,i+1}=\frac{\mathrm{FBW}}{\sqrt{g_i g_{i+1}}}(i=1,2,\cdots,n-1) \tag{5.12}$$

$$Q_e=\frac{g_0 g_1}{\mathrm{FBW}} \tag{5.13}$$

基于理论的外部 Q 值和耦合系数，我们将使用电磁仿真软件 Sonnet 确定两个 SI-SRLR 之间的耦合间隙以及馈线结构的尺寸。

如图 5-13(a)所示，微带平行耦合线作为滤波电路的馈电结构，其线宽和耦合间隙分别表示为 w_f 和 g_1。当 $w_f=0.2$ mm 时，外部 Q 值(第一通带的 Q_e^{I} 和第二通带的 Q_e^{II})与耦合线长度 L_f 的关系如图 5-13(b)所示。可观察到，随着 L_f 的增加，Q_e^{I} 将随之单调减小。而对于 Q_e^{II}，当 L_f 小于 7 mm 时，它随着 L_f 的增加而减小，但当 L_f 大于 7 时，它将随之单调增加。两个通带外部 Q 值变化的差异主要由于开路枝节上两个 DM 谐振的电压分布不同，如图 5-11 所示。此外，还可以观察到，随着耦合间隙 g_1 的增加，两个通带的外部 Q 值都将随之增加，即耦合间隙越大，外部耦合就越弱。因此，为满足所需的外部 Q 值，滤波器的 L_f 和 g_1 分别选择为 9.3 mm 和 0.2 mm。

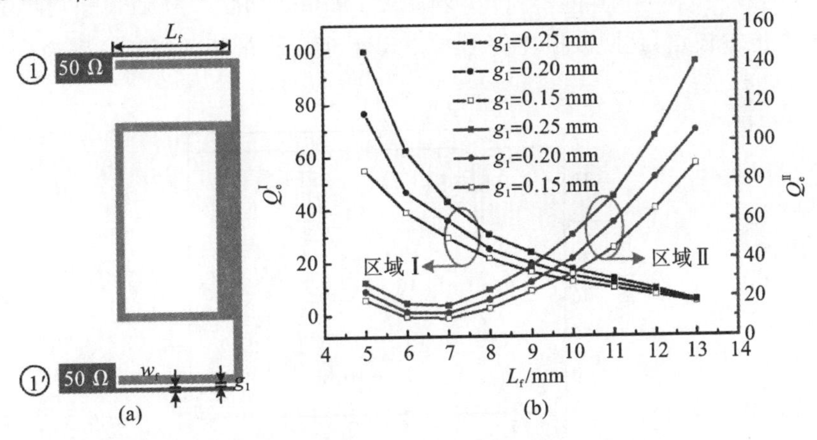

图 5-13　平行耦合线馈电结构

(a)所采用的平行耦合线馈电结构；(b)两个 DM 通带仿真提取得到的外部品质因数

图 5-14(a)所示的是两个 SI-SRLR 之间的耦合示意图，其中 C_d 用于调节谐振器间的耦合间隙，L_{12} 用于调节谐振器耦合面的总长度。需要注意的是，为了保持谐振频率不变，L_{11} 和 L_{12} 之和应保持不变。图 5-14(b)所示的是两个通带的耦合系数随 C_d 和 L_{12} 的变化关系。可以看出，两个通带的耦合系数随着 C_d 的增大或 L_{12} 的减小而单调减小。为满足通带所需的耦合系数，滤波器的 C_d 和 L_{12} 分别选择为0.9 mm 和 4 mm。

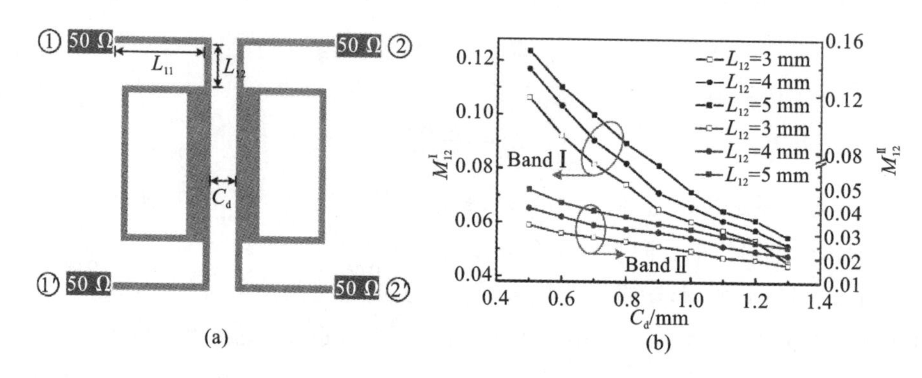

图 5-14　两个 SI-SRLRs 之间的耦合

(a)相邻 SI-SRLRs 间的内部耦合；(b)两个 DM 通带的耦合系数随耦合间隙 C_d 的变化情况

基于上述讨论，将所确定的参数 L_f、g_1、C_d 和 L_{12} 代入到图 5-12(a)所示的电路结构中，并使用 Sonnet 仿真软件进行适当优化，所得到的双频带平衡 BPF 的频率响应如图 5-15 所示。其中，$L_{11}=8.7$ mm，$L_2=13.8$ mm 和 $L_3=6.1$ mm。由图 5-15可观察到，两个 DM 通带的中心频率分别为 2.6 GHz 和 5.8 GHz，相应的 FBW 分别为 4.13%和 1.51%，符合所需设计规格。两个 DM 通带中均可清晰观测到两个传输极点，且回波损耗优于−20 dB。通带内的插入损耗分别为−0.2 dB 和−0.5 dB。

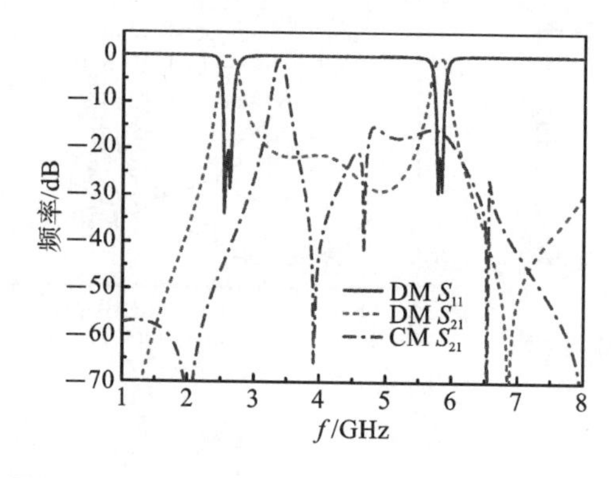

图 5-15　双通带平衡 BPF 的 DM 和 CM 频率响应

对于 CM 响应，可以看出，第一个 DM 通带内的最小 CM 抑制为 −40 dB，第二个 DM 通带内的最小 CM 抑制为 −15 dB。然而，两个通带之间存在一个明显的 CM 谐振峰。因此，CM 抑制还需进一步改善。此外，还需提升两个 DM 通带的选择性。

如图 5-12(a)所示，平衡 BPF 具有两个相同的 SI-SRLR，因此它们的 DM 和 CM 谐振频率是相同的。当 DM 谐振频率能很好地耦合形成所需的 DM 通带时，CM 噪声也将通过 CM 耦合路径从输入传输到输出，从而导致较差的 CM 抑制。通过分离相邻谐振器中的 CM 谐振的频率差异技术是一种阻止 CM 信号传输的有效方法。如图 5-11 所示，两个 DM 谐振处 SI-SRLR 中心部分的电压均接近零，而对于 CM 谐振该位置的电压较强，特别是在高阻抗线段上。因此，通过在对称平面加载元件，CM 谐振频率将发生偏移，而 DM 谐振频率将只受到很小的影响。如图 5-16(a)所示，在左侧 SI-SRLR 的中心平面处加载了一根长度为 S_L，宽度为

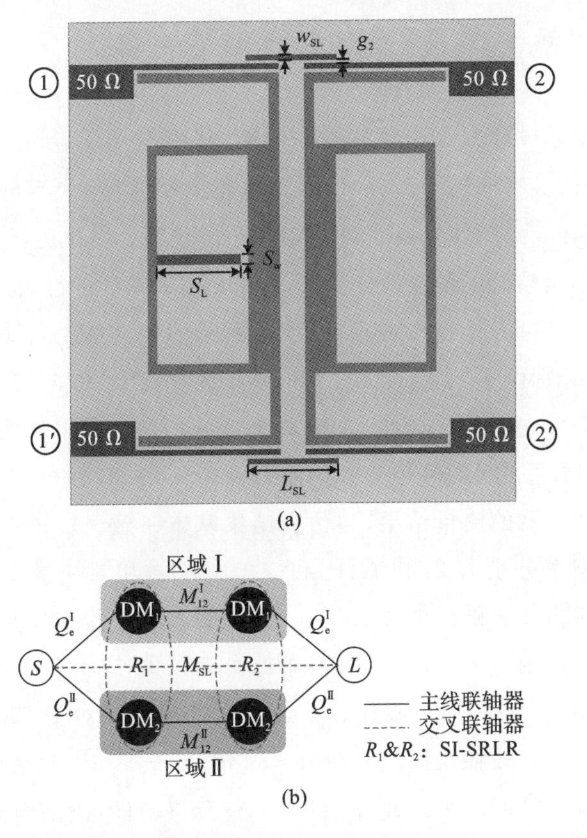

图 5-16　双频带平衡 BPF 的结构图和耦合拓扑图

(a)改进后双频带平衡 BPF 的结构图；(b)改进后的双通带平衡 BPF 的耦合拓扑图

S_w的开路枝节，以偏移其CM谐振频率。那么，左右两侧SI-SRLR之间的CM耦合强度将被减弱，从而使得CM噪声信号传输困难。

此外，为了进一步提高DM通带内的CM抑制水平以及DM通带的选择性，在输入和输出馈线附近添加了两条长度为L_{SL}，宽度为w_{SL}的微带线，如图5-16(a)所示。图5-16(b)所示的是改进后的平衡BPF的耦合方案，与图5-12(b)中的耦合方案相比，它引入了源和负载之间的耦合M_{SL}，提供了一条额外的传输路径。基于横向信号干扰理论，这将能够产生多个TZs，从而进一步提高BPF的选择性。此外，引入的源-负载耦合也会影响CM响应，因为它会改变CM TZs的位置或产生新的TZs。并且，通过选择适当的耦合强度，可以调节CM TZs使其偏移到DM通带所在位置或在该位置处产生新的TZs，这将显著提高DM通带内的CM抑制水平。

5.2.3 平衡带通滤波器的测量结果

为了验证上述设计方法和滤波器的性能，将图5-16(a)所示的电路进行了加工制作，所获得的实物如图5-17(a)所示。电路的整体尺寸(不包括馈线)为18.2 mm×24.0 mm，约为0.26 λ_g×0.34 λ_g，其中λ_g为2.6 GHz处的波导波长。所制作的滤波器采用四端口矢量网络分析仪Agilent E5071C进行测试。

DM频率响应的仿真结果如图5-17(b)所示的粗实线。可观察到，通带附近存在四个TZs，分别位于1.9 GHz、3.78 GHz、5.3 GHz和6.15 GHz处，这极大地提高了两个DM通带的选择性。CM频率响应的仿真结果如图5-17(b)所示的细实线，两个DM通带内的最小CM抑制分别为−60 dB和−45 dB。图5-17(b)中的虚线表示滤波器的测量结果，与仿真结果基本一致。对于DM频率响应，两个通带的中心频率分别为2.58 GHz和5.79 GHz，相对应的3 dB带宽范围为2.44 GHz～2.71 GHz和5.68 GHz～5.89 GHz。两个通带内测得的最小插入损耗分别为−1.1 dB和−2.1 dB。观察到1.8 GHz、3.77 GHz、5.3 GHz和6.17 GHz处共存在四个TZs，进一步提高了通带的选择性。对于CM频率响应，DM通带内测得的最小CM插入损耗分别为−62 dB和−48 dB，这表明DM通带内具有良好的CM噪声抑制水平。此外，在1 GHz至8 GHz范围内的CM抑制度均优于−15 dB。仿真结果和测量结果之间的偏差主要是由于加工误差和焊接导致的寄生效应所造成的。

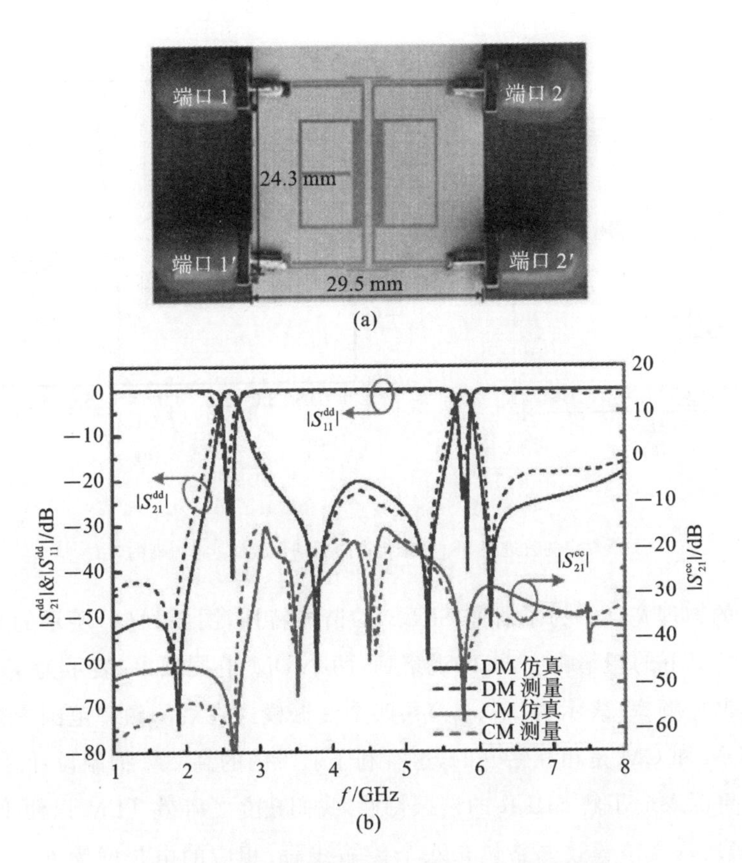

图 5-17　双频带平衡 BPF 及其仿真和测量结果

(a)制作的双频带平衡 BPF 的照片；(b)BPF 的频率响应仿真和测量结果

5.3　基于磁耦合环形加载谐振器的双通带平衡滤波器

5.3.1　谐振器的特性分析

图 5-18(a)所示的是改进型 SRLR 的几何结构，它由一个阶跃阻抗环形谐振器和两个微带开路线组成。与图 5-6 中谐振单元结构不同之处在于对其环形部分进行了轻微的折叠，以及两条开路微带线被对称地加载在环形谐振器的内部，从而大幅度减小了谐振器的体积。参数 $L_1 \sim L_5$ 表示 SRLR 的物理长度，$w_1 \sim w_3$ 表

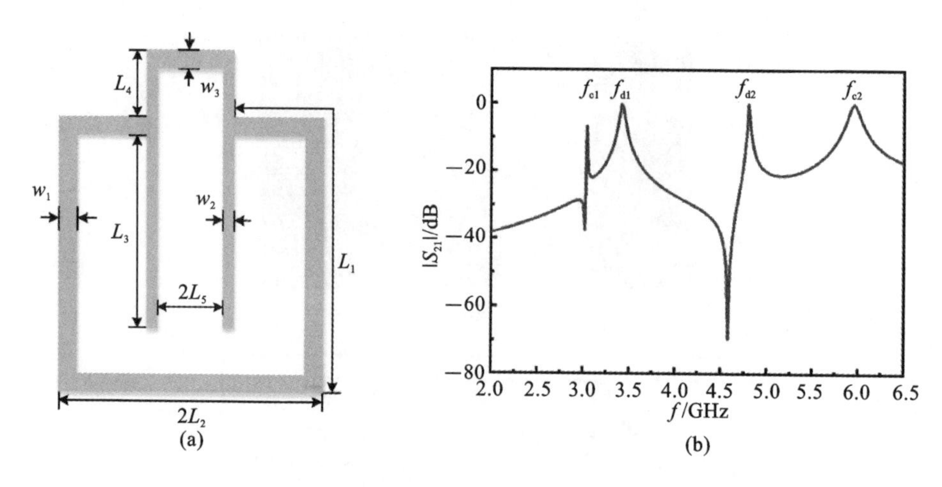

图 5-18 改进型 SRLR

(a)所提出的改进型 SRLR 结构;(b)弱耦合激励下谐振器的 S_{21}

示 SRLR 的物理宽度。为了研究 SRLR 的谐振特性,图 5-18(b)所示的是谐振器在弱耦合情况下的频率响应,可以观察到,两个 DM 谐振频率(表示为 f_{d1}、f_{d2})和两个 CM 谐振频率(表示为 f_{c1}、f_{c2})共四个谐振模式在观测频率范围内被激励出来,并且 DM 和 CM 是相互错开的,这有利于通带内的高 CM 抑制设计。

为了更深入地了解 SRLR 的谐振特性,我们建立了等效 TLM 以便于分析,如图 5-19(a)所示。该等效电路包含八个传输线段,相应的电长度为 $\theta_1=\beta L_1$,$\theta_2=\beta L_2$,$\theta_3=\beta L_3$,$\theta_4=\beta L_4$,$\theta_5=\beta L_5$,其中 β 是微带线的传播常数。此外,由于图 5-19(a)所示的电路是对称结构,因此可采用奇偶模分析方法来研究谐振器的谐振特

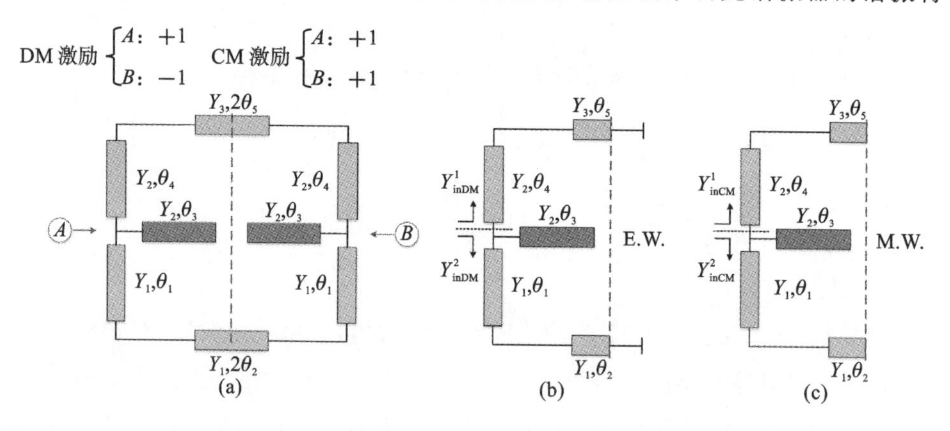

图 5-19 改进型 SRLR 传输线模型及其 DM 和 CM 等效电路

(a)所提出的改进型 SRLR 传输线模型;(b)DM 等效电路;(c)CM 等效电路

性。在 DM 激励下，对称面（图 5-19(a)中的虚线）可被视为电壁，简化后的 DM 等效电路如图 5-19(b)所示。而在 CM 激励下，对称平面可被视为磁壁，简化后的 CM 等效电路如图 5-19(c)所示[16]。

如图 5-19(b)所示，Y_{inDM}^{1} 和 Y_{inDM}^{2} 分别表示 DM 等效电路上下两侧的输入导纳，并可推导出 DM 谐振条件为

$$\text{Im}(Y_{\text{inDM}}^{1}+Y_{\text{inDM}}^{2})=0 \tag{5.14}$$

$$Y_{\text{inDM}}^{1}=\text{j}Y_{2}\frac{Y_{2}\tan\theta_{4}-Y_{3}\cot\theta_{5}}{Y_{2}+Y_{3}\cot\theta_{5}\tan\theta_{4}} \tag{5.15}$$

$$Y_{\text{inDM}}^{2}=-\text{j}Y_{1}\cot(\theta_{1}+\theta_{2})+\text{j}Y_{2}\tan\theta_{3} \tag{5.16}$$

如图 5-19(c)所示，Y_{inCM}^{1} 和 Y_{inCM}^{2} 分别表示 CM 等效电路上下两侧的输入导纳，类似地，其 CM 谐振条件可推导为

$$\text{Im}(Y_{\text{inCM}}^{1}+Y_{\text{inCM}}^{2})=0 \tag{5.17}$$

$$Y_{\text{inCM}}^{1}=\text{j}Y_{2}\frac{Y_{2}\tan\theta_{4}+Y_{3}\tan\theta_{5}}{Y_{2}-Y_{3}\tan\theta_{5}\tan\theta_{4}} \tag{5.18}$$

$$Y_{\text{inCM}}^{2}=-\text{j}Y_{1}\cot(\theta_{1}+\theta_{2})+\text{j}Y_{2}\tan\theta_{3} \tag{5.19}$$

将式(5.15)和式(5.16)代入式(5.14)中，DM 等效电路的谐振条件可表示为

$$Y_{2}(Y_{2}\tan\theta_{4}-Y_{3}\cot\theta_{5})-(Y_{2}+Y_{3}\cot\theta_{5}\tan\theta_{4})\times(Y_{1}\cot(\theta_{1}+\theta_{2})-Y_{2}\tan\theta_{3})=0 \tag{5.20}$$

将式(5.18)和式(5.19)代入式(5.17)中，CM 等效电路的谐振条件可表示为

$$Y_{2}(Y_{2}\tan\theta_{4}+Y_{3}\tan\theta_{5})+(Y_{2}-Y_{3}\tan\theta_{5}\tan\theta_{4})\times(Y_{1}\tan(\theta_{1}+\theta_{2})+Y_{2}\tan\theta_{3})=0 \tag{5.21}$$

因此，DM 和 CM 谐振频率可以根据式(5.20)和式(5.21)的解来确定。图 5-20(a)和图 5-20(b)所示的是磁耦合 SRLR 的谐振频率随宽度 w_2 和 w_3 的变化关系。如图 5-20(a)所示，谐振频率 f_{d2} 和 f_{c1} 将随着宽度 w_2 的增加而减小，而谐振频率 f_{d1} 和 f_{c2} 几乎保持不变。此外，如图 5-20(b)所示，随着宽度 w_3 的增加，只有谐振频率 f_{d1} 将会增加，其他三个谐振频率基本不受影响。因此，可以通过控制宽度 w_2 的值来同时调节 f_{d1} 和 f_{d2}，然后通过控制 w_3 独立调节第一个 DM 频率 f_{d1}，从而实现两个 DM 谐振频率的独立可控。此外，通过调控有关参数可以使两个 CM 谐振频率远离 DM 谐振频率，有利于设计具有高共模抑制的平衡滤波器。

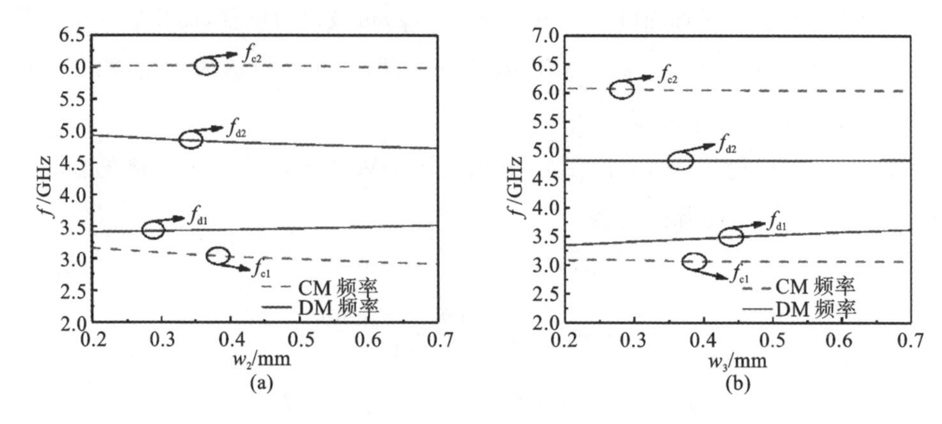

图 5-20　磁耦合 SRLR 的谐振频率随宽度 w_2 和 w_3 的变化关系

(a)w_2;(b)w_3

5.3.2　基于磁耦合 SRLR 双通带平衡 BPF 的设计

1. 双通带平衡 BPF 的设计

基于上述对改进型 SRLR 的分析，我们提出了一种应用于 5G 频段的双通带平衡 BPF，两个通带的中心频率分别为 3.45 GHz 和 4.84 GHz。具有纹波系数为 0.04321 dB 切比雪夫响应的两个 DM 通带的相对带宽分别为 3.5%和 4.2%。双通带平衡 BPF 的结构布局如图 5-21 所示，由两个所提出的改进型 SRLR 和两对平衡馈电结构组成。滤波器的 DM 耦合原理图如图 5-22 所示，其中节点 S 和 L 分别表示源和负载，节点 DM_1 和 DM_2 分别代表两个 DM 谐振频率 f_{d1} 和 f_{d2}，两条耦合路径分别对应所形成的两个 DM 通带。基于经典的滤波器设计理论，计算得到两个 DM 通带的耦合系数 $M_c^{\mathrm{I}}=0.065$，$M_c^{\mathrm{II}}=0.0721$ 和外部品质因数 $Q_e^{\mathrm{I}}=19.15$，$Q_e^{\mathrm{II}}=15.83$，其中上标 Ⅰ 和 Ⅱ 分别表示第一通带和第二通带。

根据上述计算得到的外部品质因数和耦合系数，馈线结构的尺寸和两个 SRLR 之间的耦合距离将可以确定。为了实现两个 DM 通带所需的外部品质因数，我们采用混合馈线结构(由抽头馈线和耦合线馈线组成)平衡 BPF 进行激励，如图 5-21 所示。图 5-23 所示的是平衡 BPF 两个 DM 通带的外部品质因数随参数 w_{f1}、w_{f2}、d_1 和 d_2 的变化关系。其中，Q_e^{I} 表示第一个 DM 通带的外部品质因数，Q_e^{II} 表示第二个 DM 通带的外部品质因数。由图 5-23(a)可观察到，Q_e^{I} 将随着 w_{f1} 的增加而单调递减，而 Q_e^{II} 随着 w_{f1} 的增加先单调递减，当 w_{f1} 的值大于 0.2 mm

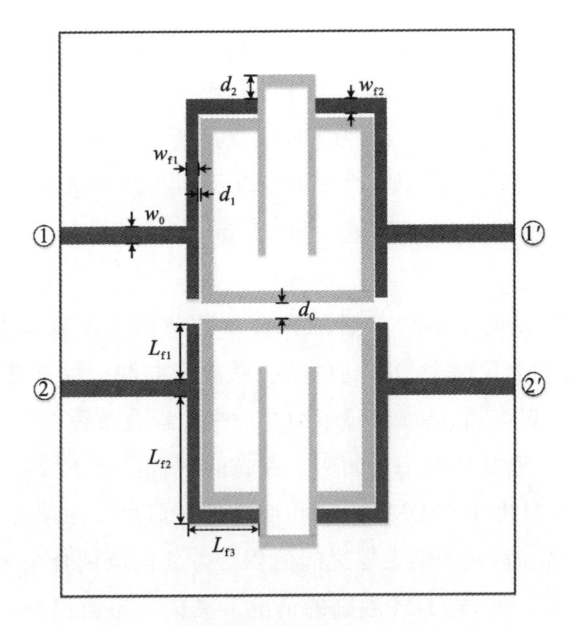

图 5-21　所提出的双通带平衡 BPF 的结构图

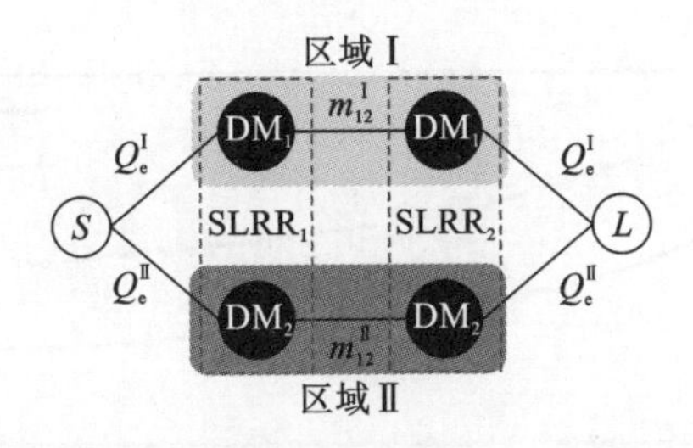

图 5-22　DM 激励时双通带平衡滤波器的耦合拓扑图

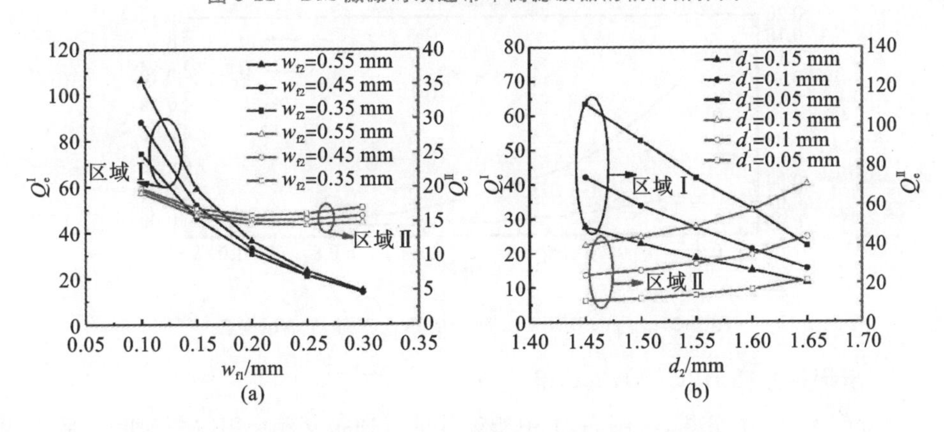

图 5-23　两个 DM 通带外部品质因数的提取

(a)不同 w_{f1} 和 w_{f2} 时的外部品质因数；(b)不同 d_1 和 d_2 时的外部品质因数

后，$Q_e^{Ⅱ}$ 将随着 w_{f1} 的增加而递增。由图 5-23(b)可观察到，$Q_e^{Ⅰ}$ 随着 d_2 的增加而单调递减，随着 d_1 的减小而逐渐增大。对于 $Q_e^{Ⅱ}$ 而言，它随着 d_2 的增大而单调递增，随着 d_1 的减小而逐渐减小。因此，为了同时满足两个 DM 通带所需的外部品质因数，可通过调控耦合馈线的宽度，抽头位置以及耦合线与谐振器之间的间距灵活获得。最终这四个参数被确定为 $w_{f1}=0.25$ mm，$w_{f2}=0.5$ mm，$d_1=0.1$ mm 和 $d_2=1.55$ mm。

图 5-24 所示的是两个 DM 通带的耦合系数和耦合距离 d_0 之间的关系。其中，$M_{DM}^{Ⅰ}$ 和 $M_{DM}^{Ⅱ}$ 分别表示两个 DM 通的耦合系数，$E_{CM}^{Ⅰ}$ 和 $E_{CM}^{Ⅱ}$ 分别表示两个 CM 通带的耦合系数。可观察到，差模激励下两个通带的耦合系数 $M_{DM}^{Ⅰ}$ 和 $M_{DM}^{Ⅱ}$ 将随着 d_0 的增大而缓慢减小，而共模激励下的两个通带的耦合系数 $E_{CM}^{Ⅰ}$ 和 $E_{CM}^{Ⅱ}$ 随着 d_0 的增大而迅速减小。这是由于在 DM 激励时，两个谐振器之间的耦合方式以磁耦合为主导；而在 CM 激励时，两个谐振器之间的耦合方式以电耦合为主导。因此，在一个较大的耦合距离 d_0 时，在 DM 激励的情况下其耦合系数仍为一个较大的值，而在 CM 激励的情况下的耦合系数几乎为 0，从而可以获得固有的高共模抑制。

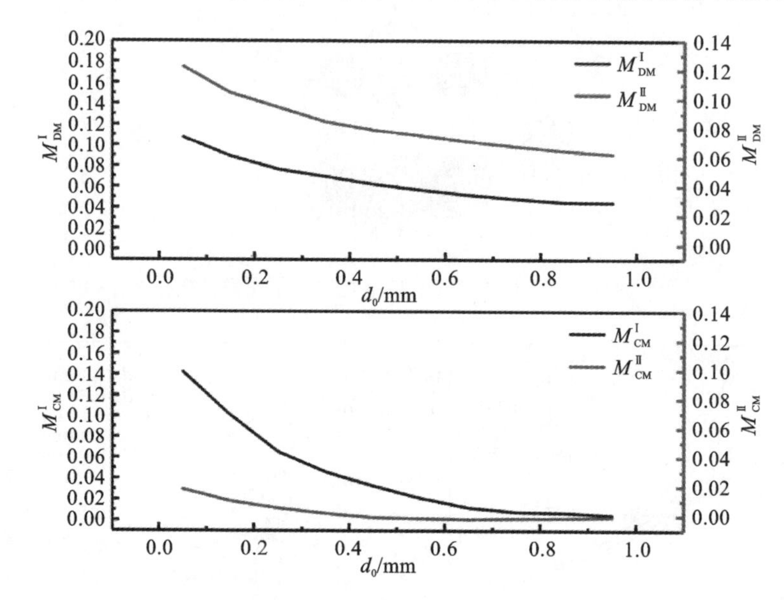

图 5-24 两个 DM/CM 通带的耦合系数与 d_0 的关系

2. 双通带平衡 BPF 的测量结果

为了验证以上分析，将图 5-21 中所设计的双通带平衡 BPF 进行加工，所使用的介质基板为 RT6010LM(相对介电常数 10.2、损耗角正切 0.0023、厚度 0.635 mm)。最终滤波器的尺寸为(标识参见图 5-21) $L_1=10.55$，$L_2=3.8$，$L_3=5.25$，

$L_4=1.55$，$L_5=0.9$，$w_0=0.55$，$w_1=0.35$，$w_2=0.2$，$w_3=0.65$，$d_0=0.85$，$d_1=0.1$，$d_2=1.55$，$w_{f1}=0.25$，$w_{f2}=0.5$，$L_{f1}=2.6$，$L_{f2}=5.45$ 和 $L_{f3}=3.05$（单位：mm）。加工后的电路如图 5-25 所示，其整体尺寸（不包括馈线）为 8.3 mm×20.9 mm，约为 0.24 λ_g×0.52 λ_g，其中 λ_g 为第一通带中心频率处的波导波长。

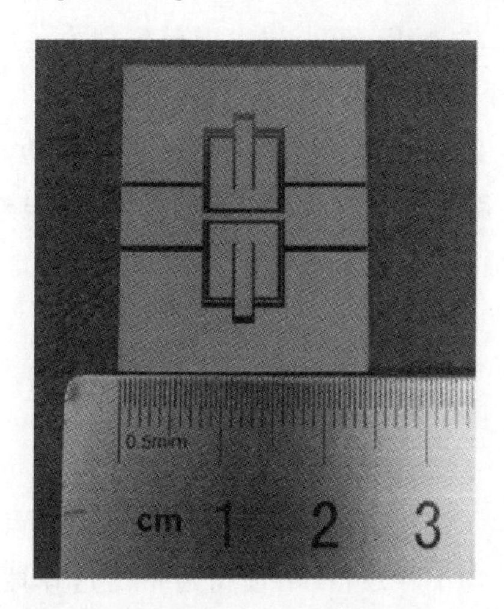

图 5-25　基于磁耦合 SRLR 的双通带平衡 BPF 的实物图

平衡 BPF 的仿真和测试结果如图 5-26 所示，其中实线表示仿真结果，虚线表示测试结果。由仿真结果可观察到，两个 DM 通带的中心频率分别为 3.44 GHz 和 4.84 GHz，所对应的 3 dB 相对带宽分别为 3.47%和 4.13%。在两个 DM 通带中都可以清楚地观察到两个传输极点，回波损耗分别为－24.7 dB 和－28.2 dB，通带内的插入损耗分别为－0.16 dB 和－0.25 dB。对于 CM 响应，第一个 DM 通

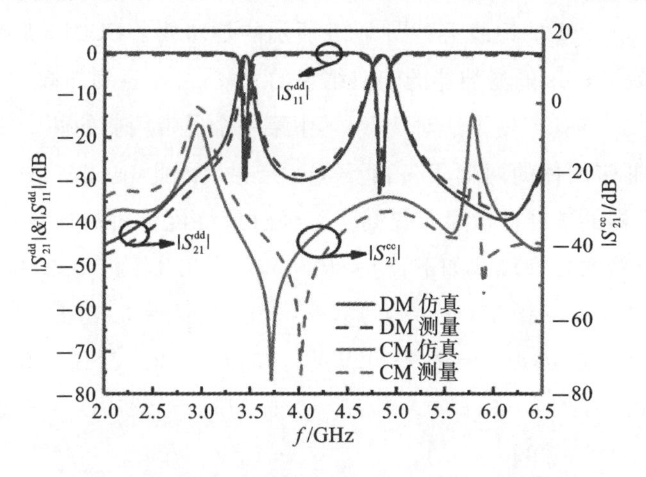

图 5-26　所设计的双通带平衡 BPF 的仿真和测量结果

带内的 CM 抑制度为－38.84 dB,第二个 DM 通带内的 CM 抑制度为－27.51 dB,其展示了基于磁耦合 SRLR 的平衡滤波电路天然的 CM 抑制能力。

此外,由测试结果可观察到,两个 DM 通带中心频率分别为 3.47 GHz 和 4.82 GHz,相对应的 3 dB 相对带宽为 3.37%和 4.38%。两个 DM 通带内的回波损耗分别为－17.27 dB 和－22.4 dB,最小插入损耗分别为－1.1 dB 和－1.9 dB。对于 CM 响应,测得第一个 DM 通带的最小 CM 抑制为－31.35 dB,第二个 DM 通带内最小 CM 抑制为－29.94 dB。这表明它具有良好的 CM 抑制水平。仿真结果与测试结之间的一些微小差异主要是由于加工时的误差以及焊接的寄生效应产生的。

5.3.3 基于短路平行耦合线结构的改进型平衡双通带 BPF 设计

上述所讨论的基于磁耦合 SRLR 的平衡滤波器虽然具有天然的高 CM 抑制,然而由于两个 DM 通带均不存在 TZs,使得通带的选择性并不高。因此,为了提高通带的陡峭度,我们在上述设计的双通带平衡 BPF 的基础上引入了短路平行耦合线结构以产生多个 TZs。

根据以往文献中对短路耦合线(Short-Circuited Coupled Line,SCCL)结构的分析[17-19],该结构可以引入一对对称的 TZs。因此,通过在输入和输出馈线加载不同的 SCCLs,并根据设计要求确定 SCCLs 结构的参数后,可以在每个通带旁边引入 TZ,从而提高通带的选择性[20]。如图 5-27 所示,$SCCL_1$ 和 $SCCL_2$ 被分别加载在端口 1/1′和 2/2′的馈线上。图 5-28 所示的是加载了 SCCLs 后滤波器的响应结果和未加载 SCCLs 的滤波器的响应结果的比较,可观察到加载了 SCCLs 后,两个 DM 通带两侧均各产生了一对 TZs,其中第一个通带两侧的两个 TZs 由 $SCCL_2$ 产生,第二个通带两侧的两个 TZs 由 $SCCL_1$ 产生。因此,通过加载 SCCL 结构,双通带平衡滤波器的选择性被显著提高了。经过最终优化后的加载了 SCCLs 的双通带平衡滤波器的物理尺寸如下:$L_1=10.55$,$L_2=3.8$,$L_3=5.2$,$L_4=1.55$,$L_5=0.95$,$w_0=0.55$,$w_1=0.35$,$w_2=0.15$,$w_3=0.55$,$d_0=0.7$,$d_1=0.1$,$d_2=0.1$,$w_{f1}=0.25$,$w_{f2}=0.85$,$L_{f1}=2.75$,$L_{f2}=5.75$,$L_{f3}=3.05$,$L_6=5.2$,$L_7=3.95$,$L_8=2.5$,$s=0.25$,$s_1=0.8$,$s_2=0.1$,$L_9=9.95$,$L_{10}=9.05$,$L_{11}=1.35$,$s_3=0.25$,$s_4=0.35$ 和 $s_5=0.3$(单位:mm)。

为了验证上述 SCCLs 加载双通带平衡 BPF 的设计方法,对图 5-27 所示的电

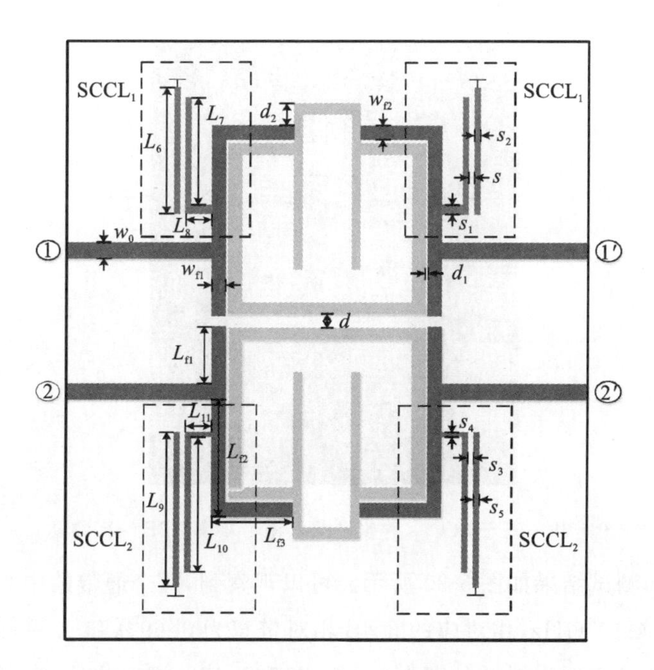

图 5-27　基于 SCCLs 的改进型双通带平衡 BPF

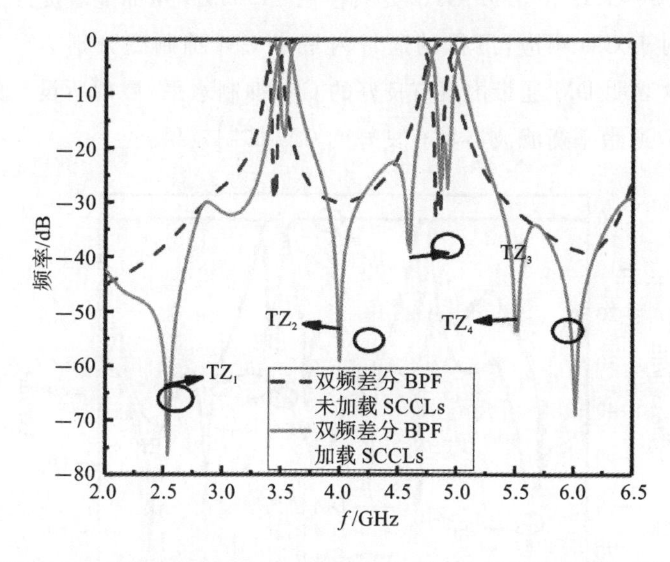

图 5-28　加载和未加载 SCCLs 的双频段平衡滤波器的频率响应对比图

路进行了加工制作，其实物如图 5-29 所示。

平衡 BPF 的整体尺寸(不包括馈线)为 12.5 mm×27.85 mm，约为 0.36 λ_g× 0.65 λ_g，其中 λ_g 为第一通带中心频率处的波导波长。基于 SCCLs 的双通带平衡

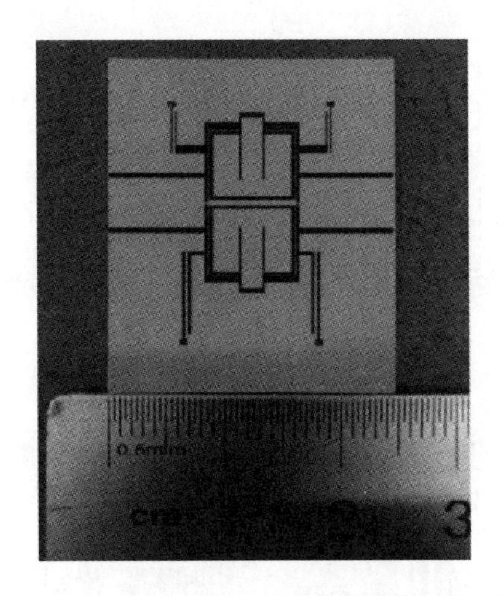

图 5-29　基于 SCCLs 的改进型双通带平衡 BPF 的实物图

BPF 的仿真和测试结果如图 5-30 所示。可以观察到，两个通带的中心频率分别为 3.52 GHz 和 4.91 GHz，相对应的 3 dB 相对带宽为 3.69%和 4.97%。测量得到的 DM 通带内最小插入损耗分别为－1.1 dB 和－1.8 dB。此外，观察 2.54 GHz、4.03 GHz、4.56 GHz 和 5.52 GHz 处共存在四个 TZs，从而显著提升了 DM 通带的选择性。对于 CM 响应，测得的通带内最小 CM 抑制度分别为－31.0 dB 和－34.8 dB，这表明 DM 通带内具有良好的 CM 抑制水平，展现所设计的基于磁耦合 SRLR 的双通带平衡滤波器具有良好的 CM 抑制效果。

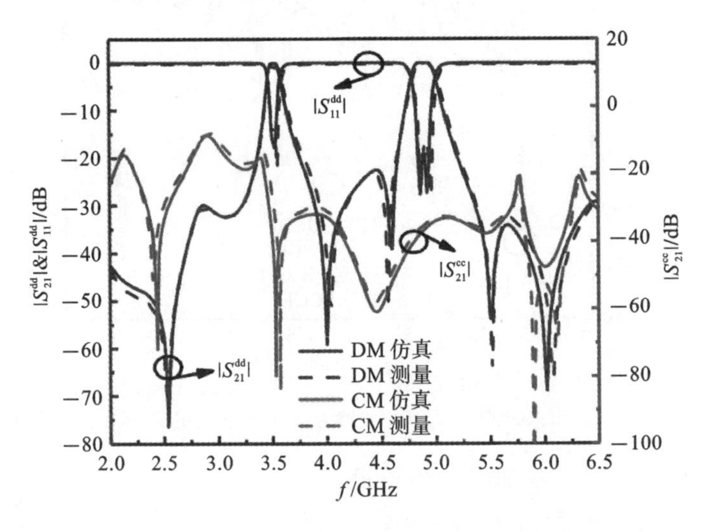

图 5-30　基于 SCCLs 的改进型双通带平衡 BPF 的仿真和测量结果

5.4　基于环形加载谐振器的带宽可控双通带超导平衡滤波器

5.4.1　改进型 SRLR 的谐振特性

传统的 SRLR 结构如图 5-31(a)所示，由于该谐振结构并不完全对称，因此在实际上很难用于设计具有所需双通带特性的高阶平衡 BPF。因此，为实现带宽可控的高阶双通带平衡滤波器设计，该小节提出了一种新型的改进型 SRLR，如图 5-31(b)所示。与图 5-31(a)中的常规结构相比，本小节提出的新型谐振结构有两个不同之处。首先，它将图 5-31(a)中的均匀阻抗开路微带线替换为图 5-31(b)中的 T 形分支线。其次，它将 T 形分支线加载在环形部分两边垂直线的中心位置处，使新的谐振器结构变得完全对称，从而将更灵活地控制两个改进的 SRLR 之间的多模耦合，并允许所提出的结构适用于设计具有所需中心频率和带宽的高阶双通带 BPF。

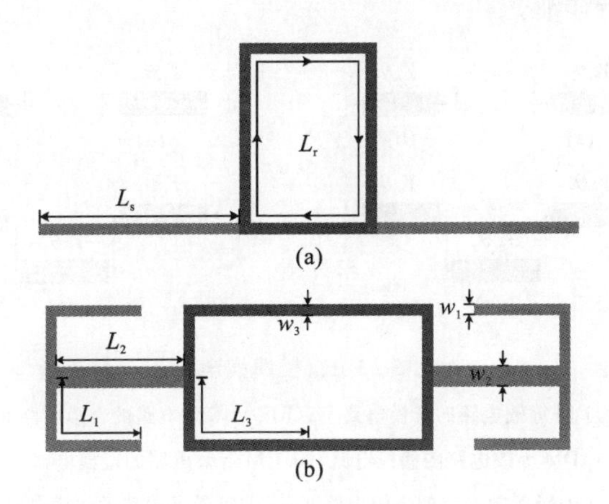

图 5-31　两种 SRLR

(a)传统 SRLR；(b)所提出的改进型多模 SRLR

图 5-31(b)中所提出的改进型 SRLR 的 TLM 如图 5-32(a)所示，该电路模型由八个传输线段组成，其中 θ_1、θ_2 和 θ_3 分别表示对应物理长度 L_1、L_2 和 L_3 的电长度($\theta_1=\beta L_1$，$\theta_2=\beta L_2$，$\theta_3=\beta L_3$)，其中 β 是微带线的传播常数。Y_1、Y_2 和 Y_3 分别表示对应物理宽度 w_1、w_2 和 w_3 的特征导纳。为简化电路的分析，假设 $\theta_1=\theta_2$ 以及 $Y_1=Y_2$。

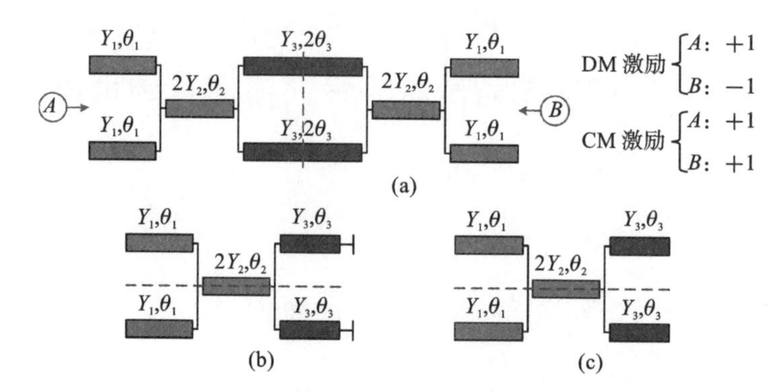

图 5-32 改进型 SRLR 的 TLM 模型及其 DM 和 CM 等效电路

(a)改进型 SRLR 的 TLM 模型;(b)DM 等效电路;(c)CM 等效电路

由于图 5-32(a)中的电路是对称结构,因此可以采用奇偶模方法进行分析。在奇模激励(对应于 DM 激励)时,电路的对称平面(虚线)等效为电壁,简化后的电路如图 5-32(b)所示。在偶模激励(对应于 CM 激励)时,电路的对称平面等效为磁壁,简化后的电路如图 5-32(c)所示。并且可发现,简化后的 DM 和 CM 等效电路仍然是对称结构,因此可再次利用奇偶模方法对电路进一步简化分析。

图 5-33 所示的是 DM 和 CM 等效电路进一步简化后的奇模和偶模电路,并将在下述内容中进行详细。

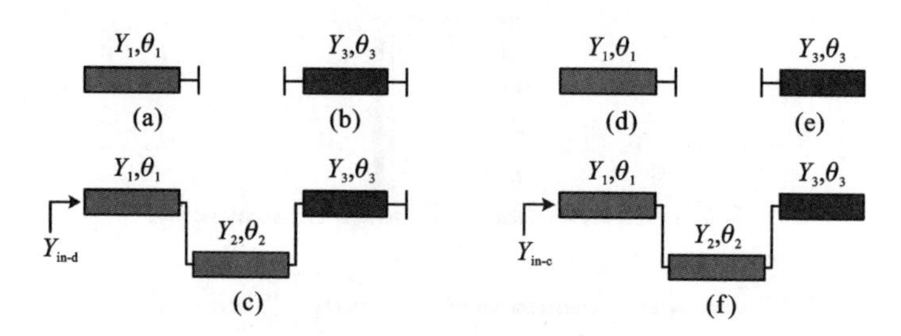

图 5-33 奇模偶模电路

(a)DM 等效电路的奇模电路Ⅰ;(b)DM 等效电路的奇模电路Ⅱ;

(c)DM 等效电路的偶模电路;(d)CM 等效电路的奇模电路Ⅰ;

(e)CM 等效电路的奇模电路Ⅱ;(f)DM 等效电路的偶模电路

图 5-33(a)至图 5-33(c)中的 DM 等效电路被首先研究以对 DM 谐振特性进行分析。由图 5-33 可观察到,前两个奇模子电路均为传统的均匀阻抗谐振器,它们所对应的 DM 频率分别表示为 f_{d1} 和 f_{d2},可由下式表示:

$$f_{\mathrm{d1}} = \frac{c}{4L_1\sqrt{\varepsilon_{\mathrm{eff}}}} \tag{5.22}$$

$$f_{d2} = \frac{c}{2L_3\sqrt{\varepsilon_{eff}}} \tag{5.23}$$

其中，c 是自由空间中的光速，ε_{eff} 为介质基板的有效介电常数。对于图 5-33(c)中的偶模子电路，其输入导纳 $Y_{in\text{-}d}$ 可推导为

$$Y_{in\text{-}d} = Y_1 \frac{Y_L + jY_1\tan(2\theta_1)}{Y_1 + jY_L\tan(2\theta_1)} \tag{5.24}$$

$$Y_L = -jY_3\cot\theta_3 \tag{5.25}$$

将式(5.25)代入式(5.24)中，令输入导纳 $Y_{in\text{-}d}$ 的虚部为 0，则图 5-33(c)中的电路的 DM 谐振条件可推导为

$$\tan(2\theta_1)\tan\theta_3 = Y_3/Y_1 = R_Y \tag{5.26}$$

式(5.26)的前两个解表示为 f_{d3} 和 f_{d4}，是图 5-33(c)中阶跃阻抗谐振器的 DM 谐振频率，其主要由电长度 θ_1、θ_3 和导纳比 R_Y 决定。

由式(5.22)、式(5.23)和式(5.26)可得到四个 DM 谐振频率，需要从其中选择频率最低的两个模式用于形成所需的双 DM 通带。基于式(5.22)、式(5.23)和式(5.26)，图 5-34 所示的是当 $\theta_1=30°$ 时，DM 谐振频率比(f_{d4}/f_{di}，$i=1,2,3$)随电长度 θ_3 和阻抗 R_Y 的变化关系。所有的电长度均对应于设计的第一个通带的中心频率 $f_0=2.325$ GHz。可观察到，频率比 f_{d4}/f_{d2} 总是小于或等于 1，而频率比 f_{d4}/f_{d1} 在 $\theta_3<30°$ 时大于 1，在 $\theta_3\geqslant30°$ 时小于或等于 1。此外，当阻抗比 R_Y 小于 1 时，频率比 f_{d4}/f_{d3} 将大于 3，而当 R_Y 大于 1 时，频率比 f_{d4}/f_{d3} 将小于 3。为方便起见，由图 5-34 中总结出七种典型情况，如表 5-1 所示。因此，当决定了采用某两个 DM 谐振作为前两个较低频率时，可根据表 5-1 选择一种对应的情形。

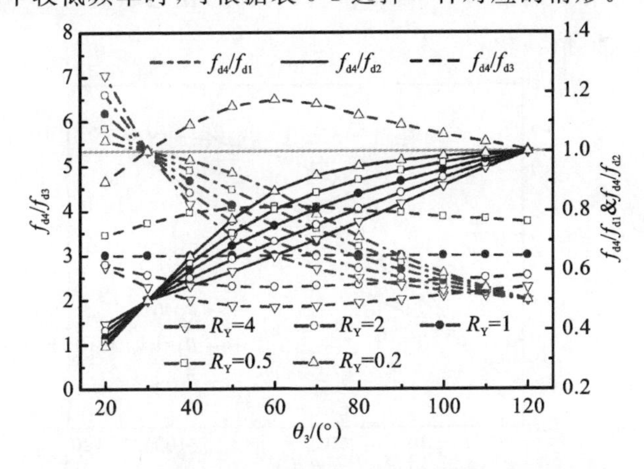

图 5-34　$\theta_1=30°$ 时，DM 谐振频率比随 θ_3 和 R_Y 的变化关系

表 5-1　图 5-34 中不同电长度和导纳比组合下七种 DM 谐振频率分布情况

TLM No. & Type	TLM1, UIR	TLM2, UIR	TLM3, SIR
结构	Y_1,θ_1	Y_3,θ_3	$Y_1,2\theta_1$　Y_3,θ_3
谐振	f_{d1}	f_{d2}	f_{d3} & f_{d4} ($f_{d3}<f_{d4}$)
案例 1	$R_Y=1,\theta_3\leqslant 2\theta_1\leqslant 2\theta_3$		$f_{d4}=3f_{d3}\leqslant f_{d1}\leqslant f_{d2}$
案例 2	$R_Y=1,\theta_3/2\leqslant 2\theta_1<\theta_3$		$f_{d4}=3f_{d3}\leqslant f_{d2}<f_{d1}$
案例 3	$R_Y>1,\theta_3\leqslant 2\theta_1\leqslant 2\theta_3$		$f_{d4}<3f_{d3}$ & $f_{d4}\leqslant f_{d1}\leqslant f_{d2}$
案例 4	$R_Y>1,\theta_3/2\leqslant 2\theta_1<\theta_3$		$f_{d4}<3f_{d3}$ & $f_{d4}\leqslant f_{d2}<f_{d1}$
案例 5	$R_Y<1,\theta_3\leqslant 2\theta_1\leqslant 2\theta_3$		$f_{d4}>3f_{d3}$ & $f_{d4}\leqslant f_{d1}\leqslant f_{d2}$
案例 6	$R_Y<1,\theta_3/2\leqslant 2\theta_1<\theta_3$		$f_{d4}>3f_{d3}$ & $f_{d4}\leqslant f_{d2}<f_{d1}$
案例 7	$\theta_1>\theta_3$		$f_{d3}<f_{d1}<f_{d4}<f_{d2}$

图 5-33(d)至图 5-33(f)展示了 CM 等效电路经再次奇偶模分析后所得到的子电路。显然，前两个子电路是四分之一波长均匀阻抗谐振器，第三个子电路是一个阶跃阻抗谐振器。这些子电路将会产生多个 CM 谐振频率，从而降低 DM 通带的性能。一种有效的方法是通过对谐振器的合理设计使得 CM 谐振频率远离 DM 谐振频率，从而提高通带内的 CM 抑制水平。

通过采用类似的方法求解得到 CM 子电路的谐振频率，发现图 5-33(c)中的电路的 DM 谐振频率 f_{d4} 与图 5-33(e)中的电路的 CM 谐振频率 f_{c2} 将非常靠近。图5-35所示的是当阻抗比 R_Y 等于 0.2、1 和 4 时频率比 f_{d4}/f_{c2} 随电长度 θ_3 的变化关系。可观察到，当 θ_3 选择为 30°时，f_{d4}/f_{c2} 等于 1。这表明当 θ_3 接近 30°时，CM 谐振频率 f_{c2} 将与 DM 谐振频率 f_{d4} 相重合。因此，在之后的设计中，电长度 θ_3 应选择一个远离 30°的值。

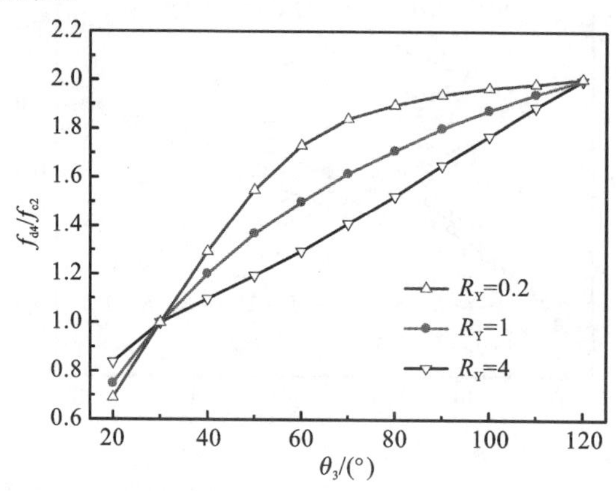

图 5-35　$\theta_1=30°$时，不同阻抗比 R_Y 情况下频率比 f_{d4}/f_{c2} 随电长度 θ_3 的变化关系

此外，图 5-33(a)和图 5-33(d)中的电路具有相同结构和参数，这意味着图 5-33(a)中的电路产生的 DM 频率 f_{d1} 等于图 5-33(d)中的电路产生的 CM 频率 f_{c1}。从 CM 抑制的角度来看，f_{d1} 不适合用于构成 DM 通带。

作为演示，选择表 5-1 中的案例 1 来检验所提出的改进型多模 SRLR 的频率特性。根据案例 1 中对电长度的限制条件，假设 $\theta_1=\theta_2=30°$，$\theta_3=42°$，以及 $Y_1=Y_2=0.0143$，由于阻抗比 $R_Y=1$，因此 Y_3 为 0.0143 S。所使用的介质基板为相对介电常数 9.78，厚度 0.5 mm 的 MgO 材料。根据上述电参数，基于仿真软件 Advance Design System 和 Sonnet 的协同辅助，改进型 SRLR 的微带线结构及其尺寸参数如图 5-36(a)所示。图 5-36(b)所示的是该谐振器在弱耦合下的频率响应。可发现，在观测频率范围内存在四个 DM 谐振频率(依次为 f_{d3}、f_{d4}、f_{d1}、f_{d2})和四个 CM 谐振频率(依次为 f_{c3}、f_{c2}、f_{c1}、f_{c4})。四个 DM 谐振的频率顺序如表 5-1所示，且 f_{d1} 和 f_{c1} 重合在同一个位置。如图 5-36(b)所示，DM 和 CM 谐振频率的电磁仿真结果分别为 2.06 GHz、4.12 GHz、4.96 GHz、6.14 GHz、6.95 GHz、8.38 GHz 和9.66 GHz。另外，根据图 5-33(a)至图 5-33(f)中的电路推导出的公式计算得到频率分别为 2.06 GHz、4.12 GHz、4.96 GHz、6.14 GHz、6.95 GHz、8.38 GHz 和 9.96 GHz。因此，公式计算结果与仿真结果基本一致，其中后两种谐

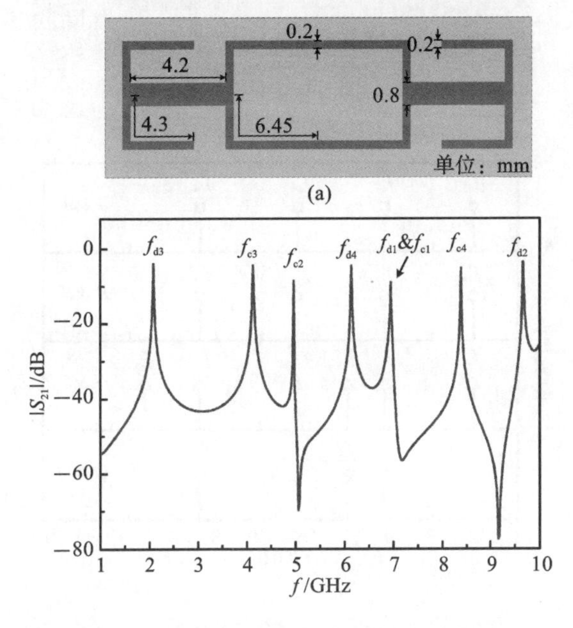

图 5-36　改进型 SRLR 的微带线及其频率响应

(a)改进型 SRLR 的微带线结构；(b)弱耦合情况下的$|S_{21}|$

振模式之间存在较大的差异主要是由于微带线结构中的寄生效应所导致的。

此外，一个有趣的现象是，当馈电点位于谐振器相关模式的零电压位置时，上述的一些DM和CM谐振模式将不能被很好地激励。参照图5-33中的子电路，分别选择在四对馈电点位置（即A_1和A_2、B_1和B_2、C_1和C_2、D_1和D_2）激励所提出的谐振器，如图5-37(a)所示。谐振器的尺寸与图5-36(a)中的电路尺寸相同。通过在这些不同的馈电点处对改进型SRLR进行激励，不同的谐振频率将被随之激励出来，如图5-37(b)所示。一方面，当馈电点选择为D_1和D_2时，所有的DM谐振均未被激励出来，因此不能将D_1和D_2作为谐振器的馈电点。此外，谐振频率f_{d3}、f_{c3}、f_{d4}和f_{c4}在除D_1和D_2之外的任何馈电对情况下均能很好地被激励。另一方面，谐振频率f_{d1}和f_{c1}（由图5-33(a)和图5-33(d)中的电路分别产生）只有馈电点选择在B_1和B_2所对应的开路枝节处才能被激励。此外，当馈电对选择为C_1和C_2时，由于在C_1和C_2处馈电可以激励环形部分，从而激励出谐振频率f_{d2}（由图5-33

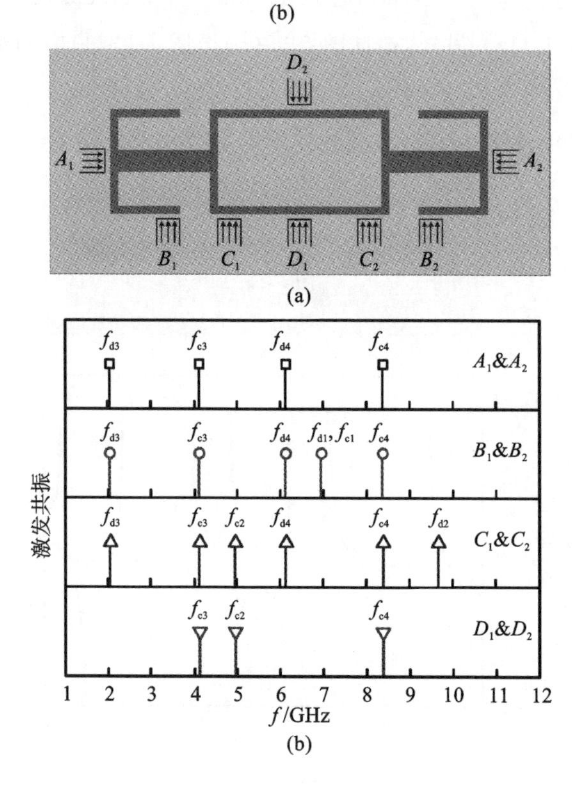

图5-37　四对馈电点

(a)改进型SRLR上的四对馈电点的示意图；(b)不同位置馈电时，改进型SRLR的谐振频率分布

(b)中的电路产生)。上述讨论对于确定馈电结构以实现所需的 DM 通带响应,同时在宽频率范围内减少 CM 谐振具有重要意义。

5.4.2　双通带超导平衡滤波器的设计

本小节将基于改进型多模 SRLR 构建一款高性能双通带平衡 BPF,所需通带的中心频率分别为 2.325 GHz 和 4.900 GHz。下面将详细介绍谐振器的设计,相邻两个谐振器之间的内部耦合,谐振器与馈线之间的外部耦合,以及对所采用的 CM 抑制方法。

1. 谐振器的设计

如 5.4.1 节中所讨论的,谐振频率 f_{d3} 和 f_{d4} 将被选择用于构成双通带平衡 BPF 的两个所需 DM 通带。因此,首先需要对改进型 SRLR 进行设计,使得谐振频率 f_{d3} 和 f_{d4} 的谐振频率分别为 2.325 GHz 和 4.900 GHz。在图 5-34 中可发现,当 $f_{d4}/f_{d3}=2.1<3$ 时,阻抗比 R_Y 可以取为 3。由于 R_Y 大于 1,根据表 5-1 可发现第三种情况和第四种情况都是合适的选择。若选择 $w_1=0.2$ mm 和 $R_Y=3$,可得到 $w_3=1.7$ mm。然而,当环形部分的线宽 w_3 为 1.7 mm 时,图 5-31(b)所示的谐振器尺寸将非常大。因此,为了避免后续设计中导致电路体积过大,需对谐振器进一步小型化。

首先,假设 $R_Y=Y_3/Y_1=1$,此时图 5-33(c)中的电路(假设 $Y_2=Y_1$)将转变为一段四分之一波长均匀阻抗谐振器,如图 5-38 所示。其中上、下两条虚线分别表示基模 f_0(f_{d3})和高次谐波 $3f_0$(f_{d4})在谐振器上的电压分布。可以看出,在靠近短路端的灰色区域 S_3 中,基模 f_0 的电压分布微弱。因此,在 S_3 区域处加载金属贴片,虽然对基模 f_0 的影响不大,但会显著影响高次谐波 $3f_0$。

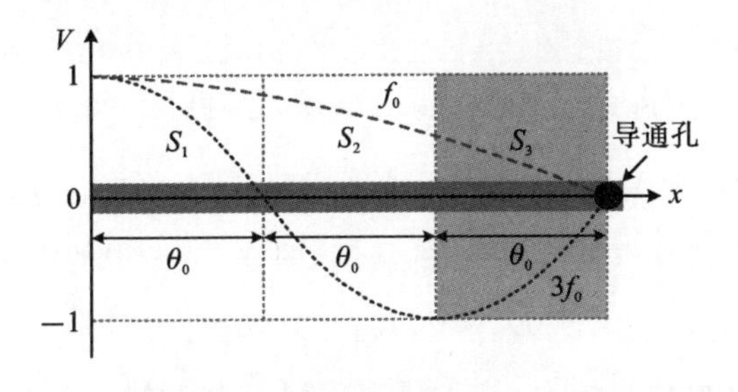

图 5-38　四分之一波长均匀阻抗谐振器上基模 f_0 和高次谐波 $3f_0$ 的电压分布

基于上述讨论，两个金属调谐贴片被对称地加载到改进型 SRLR 的环形部分上，所得到的新谐振器结构如图 5-39(a)所示。其中 L_p 和 H_p 分别表示被加载的金属贴片宽度和长度。为方便设计，参数 L_p 等于环形结构的宽度并保持不变，通过改变 H_p 的值实现对谐振频率 f_{d4} 的控制。首先根据所确定的电参数 $\theta_1=\theta_2=30°$，$\theta_3=42°$，$R_Y=1$ 和 $Y_1=Y_2=0.0143$ S 映射得到谐振器的初始值，然后通过优化参数 L_1、L_2、L_3、w_1、w_2 和 w_3 将谐振器的谐振频率 f_{d3} 设置在 2.325 GHz 附近。图 5-39(b)所示的是弱耦合激励下谐振器的传输响应 $|S_{21}|$ 随金属贴片长度 H_p 的变化情况。可观察到，随着长度 H_p 的增大，谐振频率 f_{d4} 显著减小，而谐振频率 f_{d3} 仅略有增加，该现象与上述内容中的讨论相吻合。同时，它也验证了所提出的频率调谐方法的有效性，表明通过两个金属调谐贴片可使得改进型 SRLR 的两个 DM 谐振频率(f_{d3} 和 f_{d4})实现独立可控。

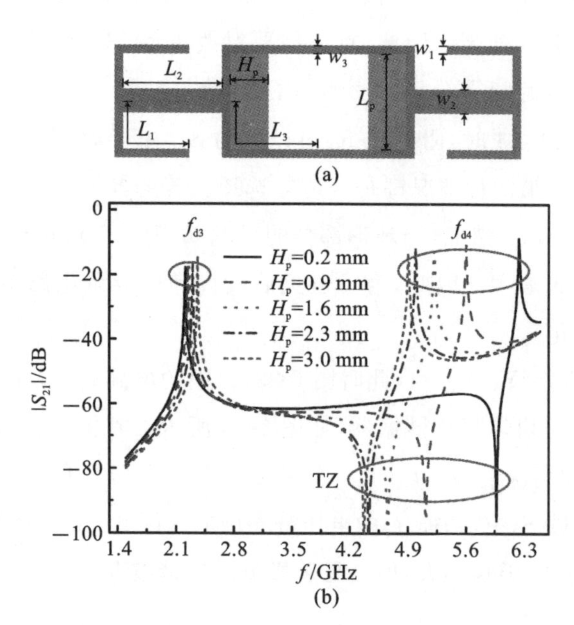

图 5-39　加载金属贴片后的改进型 SRLR 及其 DM 频率响应

(a)加载金属贴片后的改进型 SRLR 结构；(b)弱耦合下不同 H_p 所对应的 DM 频率响应

为了进一步减小谐振器的尺寸，对图 5-39(a)中的 SRLR 结构进行折叠，如图 5-40(a)所示。基于仿真软件 Sonnet 的帮助，图 5-40(a)中的电路优化后的尺寸为 $L_1=4.2$，$L_2=3.8$，$L_{31}=4.9$，$L_{32}=1$，$L_{33}=1.3$，$w_1=0.2$，$w_2=0.5$，$w_3=0.2$，$H_p=2.8$ 和 $L_p=3$(单位：mm)。在 DM 和 CM 信号激励下，相应的频率响应如图 5-40(b)所示。仿真结果表明，DM 谐振频率 f_{d3} 和 f_{d4} 分别位于 2.325 GHz 和

4.900 GHz 处，满足设计要求。同时，还观察到两个 DM 谐振频率之间存在一个 TZ，为所提出的改进型 SRLR 结构的固有 TZ。为解释该 TZ 的产生，图 5-41 所示的是由图 5-32(b)中的 DM 等效电路简化后的 TLM，其中对传输线（Y_3，θ_3）进行了合并。可以发现，该 TLM 等效为一个中心枝节加载谐振器，因此可由加载的短路枝节产生一个 TZ。该 TZ 的位置取决于所加载枝节的尺寸，即本设计中的环形结构（$2Y_3$，θ_3）和部分微带枝节（$2Y_2$，θ_2）的大小。此外，由图 5-40 可观察到在 3.800 GHz 处附近存在一个不需要的 CM 谐振频率 f_{c3}，对该谐振频率的抑制将在后述内容中进行讨论。

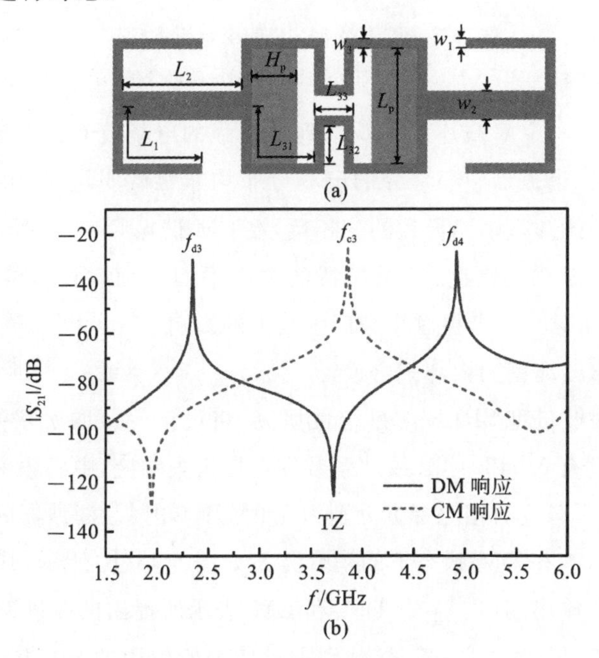

图 5-40　折叠后的改进型 SRLR 及其 DM 和 CM 频率响应

(a)折叠后的改进型 SRLR 单元结构；(b)弱耦合下的 DM 和 CM 频率响应

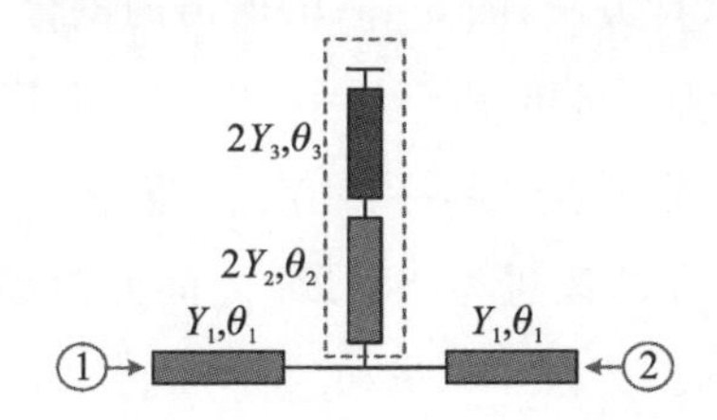

图 5-41　简化的具有固有 TZ 的传输线模型

图 5-42 所示的是改进型 SRLR 在不同谐振模式下的电场密度分布。结果表明，在谐振频率 f_{d3} 处，电场主要集中在谐振器两侧的枝节上，而在谐振频率 f_{d4}

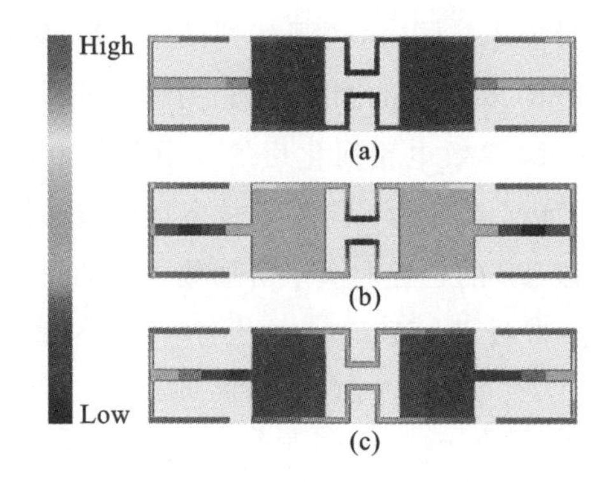

图 5-42　改进型 SRLR 的电场密度分布

(a)在 $f_{d3}=2.325$ GHz 处;(b)在 $f_{d4}=4.90$ GHz 处;(c)在 $f_{c3}=3.80$ GHz 处

处,在加载的枝节和金属贴片上都观察到了较强的电场分布。此外,在 DM 谐振频率 f_{d3} 和 f_{d4} 处,谐振器中心部分的电场分布均非常微弱,这是由于 DM 激励时谐振器中心平面的虚拟短路导致的。相反,在 CM 谐振频率 f_{c3} 处,谐振器中心部分的电场分布非常强。因此,在谐振器的中心平面上加载枝节将基本不会影响 DM 谐振频率,而对 CM 谐振频率会产生较大的影响。

2. 两个谐振器之间的内部耦合设计

基于上述对改进型 SRLR 的系统性研究,将设计一款四阶双通带平衡 BPF。两个 DM 通带具有 0.04321 dB 纹波系数的切比雪夫响应,中心频率为 2.325 GHz 和 4.900 GHz,所对应的相对带宽分别为 3.9%和 4.9%。滤波器的微带线结构如图 5-43(a)所示,其在 DM 状态下的耦合方案如图 5-43(b)所示,其中节点 S 和 L 分别表示输入和输出端口。节点 DM_1 和 DM_2 表示所提出的改进型 SRLR 的两个 DM 谐振频率 f_{d3} 和 f_{d4}。R_1 至 R_4 分别表示四个所使用的 SRLRs。此外,图5-43(b)中多模谐振器之间存在两条耦合路径,分别对应于所形成的两个通带。

根据滤波器的经典设计方法,图 5-43(b)所需的耦合系数 $m_{12}^{\mathrm{I}}=m_{34}^{\mathrm{I}}=0.0355$,$m_{23}^{\mathrm{I}}=0.0273$,$m_{12}^{\mathrm{I}}=m_{34}^{\mathrm{I}}=0.0446$ 和 $m_{23}^{\mathrm{I}}=0.0343$,外部品质因数 $Q_{ex}^{\mathrm{I}}=23.9$ 和 $Q_{ex}^{\mathrm{II}}=19$,其中上标Ⅰ和Ⅱ分别表示第一和第二个通带。为了实现所需的耦合系数和外部品质因数,将依次介绍改进型 SRLRs 之间的内部耦合以及外部馈电结构的设计。

图 5-44(a)所示的是两个相邻 SRLRs 之间的耦合结构,其中 g_1 是加载的枝节之间的间距,g_2 是加载的贴片之间的间距,它们都被用于调整两个谐振器之间的耦合强度。由图 5-42(a)和图 5-42(b)中关于谐振频率 f_{d3} 和 f_{d4} 的电场分布可知,

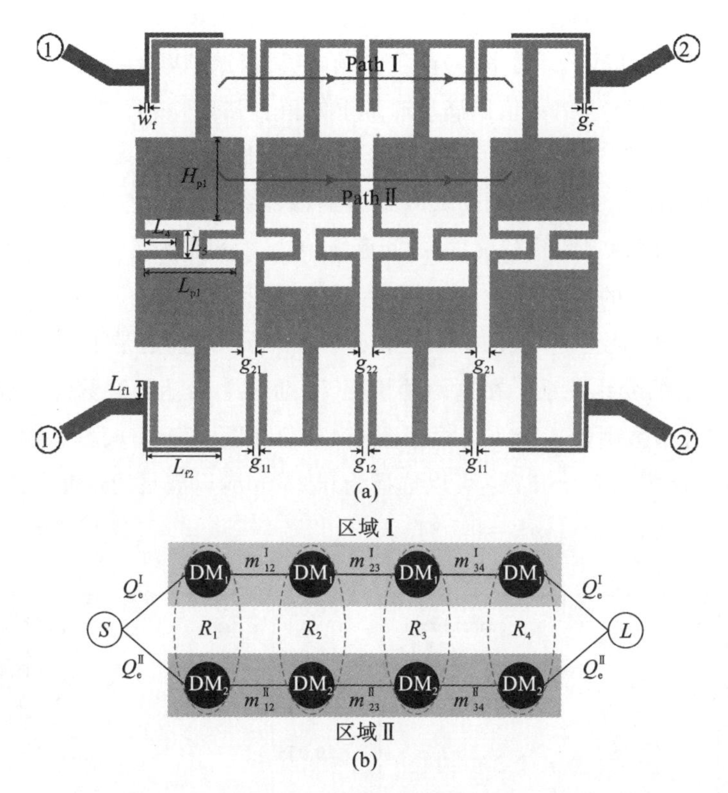

图 5-43　双通带平衡滤波器的结构图和耦合拓扑图

(a)双通带平衡滤波器的结构图；(b)DM 激励下四阶双通带滤波器的耦合拓扑图

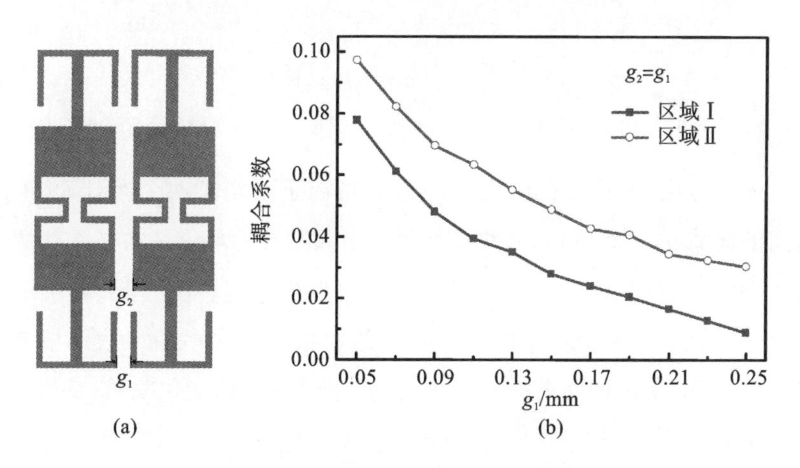

图 5-44　两个相邻 SRLRs 之间的耦合

(a)相邻 SRLRs 间的耦合示意图；(b)耦合系数随 $g_1(g_2=g_1)$ 的变化关系

加载的枝节之间的间隔 g_1 将对谐振频率 f_{d3} 和 f_{d4} 产生影响，而加载的贴片之间的间距 g_2 将对谐振频率 f_{d4}（通带Ⅱ）产生影响，但对谐振频率 f_{d3}（通带Ⅰ）的影响很小。因此，可以先确定 g_1 的值以满足通带Ⅰ的耦合强度，然后改变 g_2 以满足通带Ⅱ的耦合强度。图 5-44(b)所示的是耦合系数随间距 g_1($g_2=g_1$)的变化关系。可观察到，随着间距 g_1 的增大，两个 DM 通带的耦合系数均随之单调减小。因此，根据图 5-44(b)可以确定图 5-43(a)中的间距 g_{11} 和 g_{12} 分别为 0.13 mm 和 0.15 mm，以获得通带Ⅰ所需的耦合系数 $m_{12}^{\mathrm{I}}=m_{34}^{\mathrm{I}}=0.0355$ 和 $m_{23}^{\mathrm{I}}=0.0273$。图 5-45(a)和图 5-45(b)所示的是当 $g_1=0.13$ mm 和 $g_2=0.15$ mm 时，通带Ⅰ和通带Ⅱ的耦合系数随间距 g_2 的变化关系。在这两种情况下，通带Ⅰ的耦合系数均变化不大，而通带Ⅱ的耦合系数则快速减小。根据图 5-45(a)和图 5-45(b)，图 5-43(a)中的间距 g_{21} 可以选择为 0.26 mm，g_{22} 可以选择为 0.23 mm，以满足通带Ⅱ所需的耦合系数 $m_{12}^{\mathrm{II}}=m_{34}^{\mathrm{II}}=0.0446$ 和 $m_{23}^{\mathrm{II}}=0.0343$。

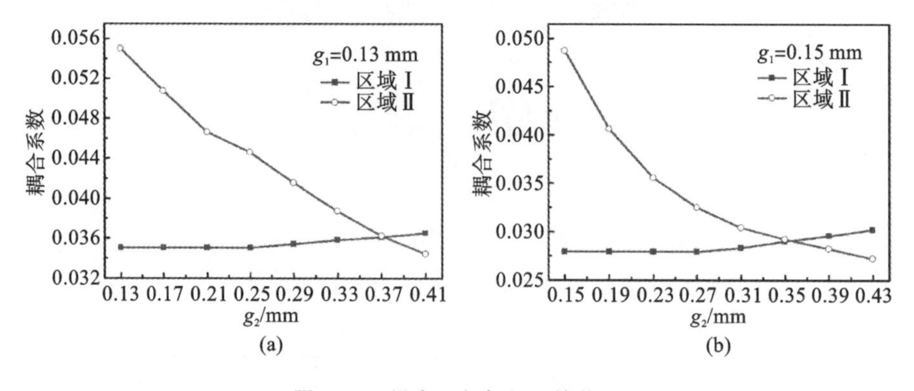

图 5-45　耦合系数与间距的关系

(a)$g_1=0.13$ mm 时，耦合系数随 g_2 的变化关系；(b)$g_1=0.15$ mm 时，耦合系数随 g_2 的变化关系

在上述的讨论中，首先在假设 $g_1=g_2$ 的情况下确定了两个 SRLRs 被加载的枝节之间的间隙 g_1。然后，通过移动加载了金属贴片的环形结构来重新调整间隙 g_2。因此，枝节加载在环形上的位置也将随之发生改变。图 5-46(a)所示的是改进型 SRLR 上加载了两个可移动的 T 形枝的示意图，其中变量 t 表示枝节的加载位置。图 5-46(b)所示的是谐振频率 f_{d3} 和 f_{d4} 随参数 t 的变化关系。可以观察到，两个 DM 谐振频率随着 t 值的改变而基本不发生变化，这表明在通过改变间距 g_1 和 g_2 来设计两个 SRLRs 之间的内部耦合时，并不会影响到所需的 DM 谐振频率，这也是所提出的改进型 SRLR 结构的优势之一。

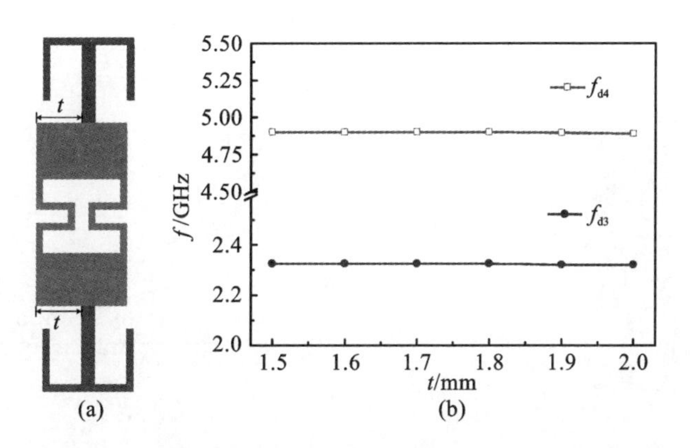

图 5-46　T 型枝节可移动的改进型 SRLR 及其 DM 谐振频率

(a)T 型枝节可移动的改进型 SRLR 示意图;(b)DM 谐振频率随加载位置 t 的变化关系

3. 外部耦合结构的设计

下述内容将介绍外部耦合结构的设计,以同时满足两个通带所需的外部品质因数 Q_{ex}。如图 5-47 所示,该设计中采用了微带平行耦合线作为外部馈电结构,以提供足够的设计自由度。在对图 5-37(b)的讨论中,为了抑制 CM 谐振频率,可选择图 5-37(a)中 A_1 和 A_2 点或 B_1 和 B_2 点作为馈电点。然而,如图 5-42(b)所示的谐振器在 f_{d4}(通带Ⅱ)处的电场分布,A_1 和 A_2 点的电场分布微弱。因此,如果馈电点放置在点 A_1 和 A_2 处,将很难获得足够第二个通带所需的 Q_{ex}。因此,在点 B_1 和 B_2 处进行馈电是更好的选择。

在图 5-47 所示的外部馈电结构中,耦合线的线宽 w_f 和耦合间隙 g_f 分别被设置为 0.05 mm 和 0.1 mm。L_{f1} 和 L_{f2} 分别表示馈电位置和耦合线长度。图 5-48 所示的是双通带 BPF 的外部品质因数 Q_{ex} 的设计图,可以通过选择适当的 L_{f1} 和 L_{f2} 的组合来满足两个通带所需的外部耦合强度。尽管图 5-48 中的 Q_{ex}^{I} 和 Q_{ex}^{II} 的调谐范围有限,但在需要时可以通过选择 L_{f1}、L_{f2}、w_f 和 g_f 的不同组合来提取更多的数据。根据计算得到的 Q_{ex}^{I} 和 Q_{ex}^{II} 的需求值,确定 L_{f1} 和 L_{f2} 分别为 0.9 mm 和2.8 mm,如图 5-48 所示的实心点。此外,采用 Sonnet 仿真软件优化后,图 5-43(a)所示的电路中的其他参数分别为 $L_4=1.2$,$L_5=0.9$,$l_{p1}=3.2$,$H_{p1}=3.5$(单位:mm)。

4. 四阶双通带平衡 BPF 的设计

基于改进型 SRLRs 的双通带平衡 BPF 的设计过程可总结如下。

(1)在图 5-39(a)中,根据第一个通带所需的中心频率以及 CM 和 DM 谐振频率之间的间隔,在给定 L_1 和 L_2 情况下推断出环形结构的物理长度 L_3。然后,调节

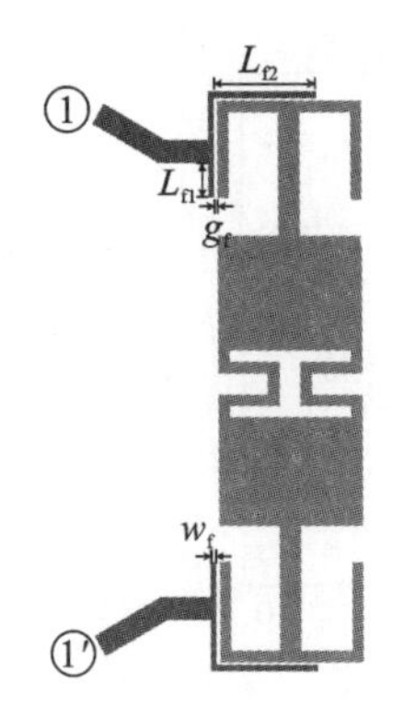

图 5-47 所使用的平行耦合线馈电结构

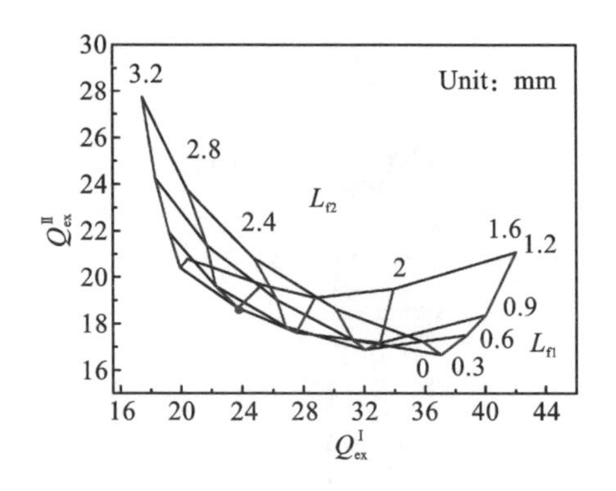

图 5-48 不同馈电位置 L_{f1} 和耦合线长度 L_{f2} 组合下所提取得到的外部品质因数

加载的金属贴片的宽度 H_P 使谐振频率 f_{d4} 位于第二个通带的中心频率处。

(2)基于所需的两个通带的耦合系数，首先调节 SRLRs 上被加载的枝节之间的耦合间距，满足第一个通带所需的带宽。然后，通过调节环形结构之间的耦合距离以满足第二个通带所需的带宽。

(3)选择合适的外部馈线结构和物理参数，以同时满足两个通带外部品质因数的要求。

(4)对整个滤波电路进行优化，以获得设计开始时滤波器的预期性能。

所设计的平衡滤波器在无损条件下的仿真频率响应如图 5-49 所示，其中实线表示 DM 频率响应，虚线表示 CM 频率响应。对于 DM 响应，两个 DM 通带的中心频率分别为 2.325 GHz 和 4.900 GHz，对应的相对带宽分别为 4%和 4.92%，符合预期指标。每个 DM 通带内均可观察到四个传输极点，其回波损耗均优于

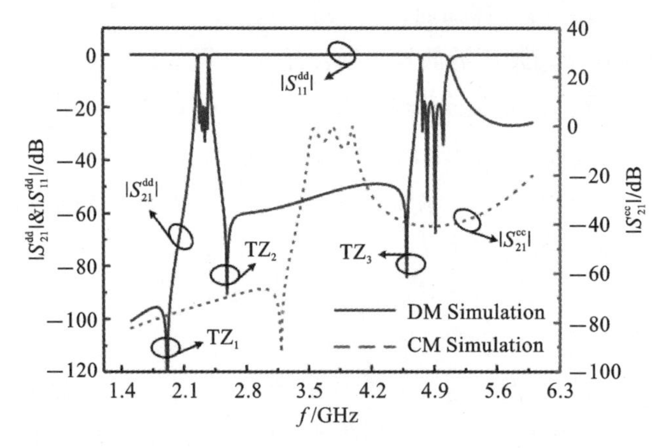

图 5-49 所设计的双通带平衡 BPF 的仿真频率响应

-18 dB。此外，在 DM 通带附近还可观察到三个 TZs 的存在，分别命名为 TZ_1、TZ_2 和 TZ_3。其中，TZ_3 是所提出的改进型 SRLR 的固有 TZ，如图 5-39(b)所示，而 TZ_1 和 TZ_2 是由横向信号干扰产生的。如图 5-43(a)所示，电路结构中存在两条信号传输路径，即路径Ⅰ和路径Ⅱ。当这两条路径的相位差为 180°或 180°的奇数倍时，将产生一个 TZ。并且，根据图 5-42(a)和图 5-42(b)中的电场分布，在 f_{d3} 处谐振时相邻 SRLRs 之间为路径Ⅰ提供了电耦合，为路径Ⅱ提供了磁耦合。而在 f_{d4} 处谐振时，相邻 SRLRs 之间为路径Ⅰ和路径Ⅱ均提供为电耦合。表 5-2 所示的是四阶 BPF 各信号路径的相移变化。可以发现，对于第一个通带，在 $f<f_{d3}$ 的情况下，两条信号路径之间的相位差为 540°，同样的，在 $f>f_{d3}$ 的情况下，两条信号路径之间的相位差也为 540°。因此，在第一通带的左右两边将各产生一个 TZs，如图 5-49 所示的 TZ_1 和 TZ_2。但是对于第二个通带，无论在中心频率以下还是以上，两条信号路径之间都是同相的，并不会产生零点。

表 5-2　图 5-43(a)中两条信号传输路径的相移变化

通常	情况	路径	R_1	M_{12}	R_2	M_{23}	R_3	M_{34}	R_4	结果
通带Ⅰ	$f<f_{d3}$	路径Ⅰ	+90°	−90°	+90°	−90°	+90°	−90°	+90°	540°
		路径Ⅱ	+90°	+90°	+90°	+90°	+90°	+90°	+90°	异相
	$f>f_{d3}$	路径Ⅰ	−90°	−90°	−90°	−90°	−90°	−90°	−90°	540°
		路径Ⅱ	−90°	+90°	−90°	+90°	−90°	+90°	−90°	异相
通带Ⅱ	$f<f_{d4}$	路径Ⅰ	+90°	−90°	+90°	−90°	+90°	−90°	+90°	0°
		路径Ⅱ	+90°	−90°	+90°	−90°	+90°	−90°	+90°	同相
	$f>f_{d4}$	路径Ⅰ	−90°	−90°	−90°	−90°	−90°	−90°	−90°	0°
		路径Ⅱ	−90°	−90°	−90°	−90°	−90°	−90°	−90°	同相

对于图 5-49 中的 CM 响应，可以观察到第一个 DM 通带内的最小的 CM 抑制为 -72 dB，第二个 DM 通带内的最小的 CM 抑制为 -41 dB，均具有良好的 CM 抑制效果。但遗憾的是，在两个通带之间存在 CM 谐振，这降低了平衡系统的整体 CM 抑制性能。因此，需要进一步改善滤波器的 CM 抑制。

5. 共模抑制的设计

正如前文所讨论的，所使用的 SRLR 同时提供 DM 和 CM 谐振。因此，如图 5-43(a)所示，DM 和 CM 信号具有相同的传输路径，从而导致所设计的双通带平衡 BPF 在 3.8 GHz 附近 CM 抑制效果较差。

基于对图 5-42 中谐振器电场分布的讨论，将在谐振器的中心平面加载微带枝节使 CM 谐振频率产生偏移。图 5-50 所示的是改进后的双通带平衡 BPF 的示意图，其不同之处在于 SRLRs 的中心对称部分被加载了多个枝节。为了扩大相邻两个谐振器的 CM 频率差，第二个和第三个 SRLR 通过一条狭窄的微带线连接，并且在第三个 SRLR 上还加载了两个 T 形枝节，在第四个 SRLR 上加载了一根较长的 T 形枝节。因此，四个 SRLRs 的 CM 谐振频率都不同，从而削弱了 CM 谐振之间的耦合强度，使得信号无法有效传输。基于电磁仿真软件 Sonnet 优化后，图 5-50中被加载的枝节尺寸如下：$L_{s1}=0.9$，$L_{s2}=2.3$，$L_{s3}=2.4$，$L_{s4}=4.1$，$w_s=0.1$（单位：mm）。改进后的 CM 频率响应如图 5-51 所示的细实线，结果表明通过使用该方法，在较宽的频率范围内（从直流处到 6 GHz）CM 抑制效果均优于－20 dB，且 DM 频率响应几乎保持不变。

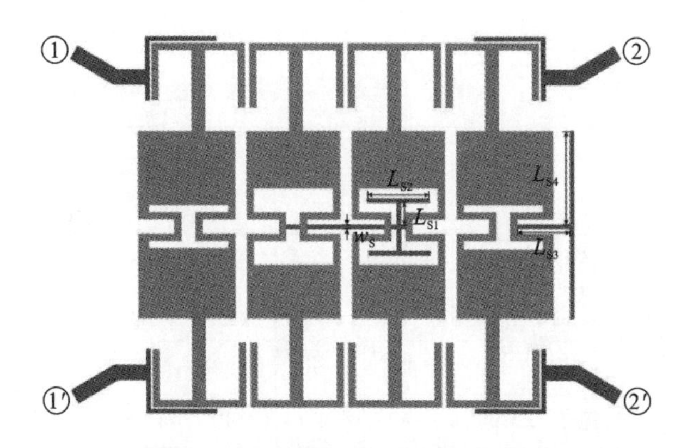

图 5-50　中心对称平面加载多个枝节后的双通带平衡 BPF

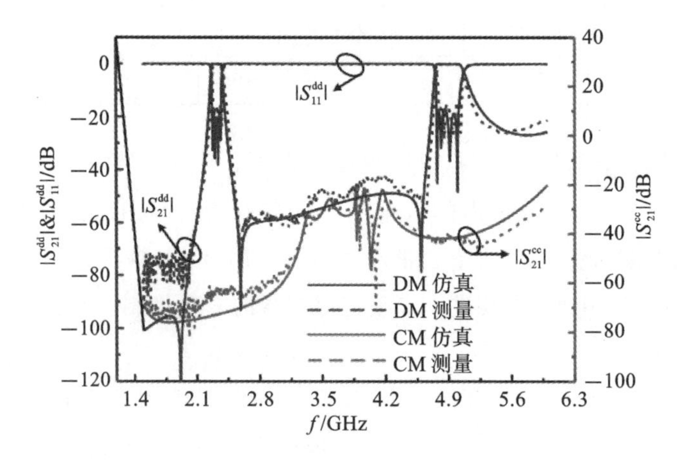

图 5-51　双通带超导平衡 BPF 的仿真和测量结果

5.4.3　滤波器的加工和测试

为了验证上述所设计的四阶平衡 BPF 的性能，将图 5-50 中的电路采用 HTS 工艺制作在双侧沉积 YBCO 薄膜的 MgO 衬底上，并嵌入金属屏蔽盒中，所得到的实际电路如图 5-52 所示，不包含馈电部分的电路尺寸为 16.1 mm×15.9 mm，约为 0.32 λ_g×0.31 λ_g，其中 λ_g 为 2.325 GHz 处的导波波长。

图 5-52　所制作的 HTS 平衡 BPF 的照片

之后，将该 HTS 平衡 BPF 置于 77 K 的低温冷却板上，并通过型号为 Agilent E5071C 的矢量网络分析仪进行测试。测试结果如图 5-51 所示的虚线，与仿真结果基本吻合。对于 DM 响应，两个通带的中心频率分别为 2.325 GHz 和 4.900 GHz，对应的 3 dB 带宽范围分别为 2.26 GHz～2.38 GHz 和 4.75 GHz～5.07 GHz。通带内最大插入损耗分别约为－0.13 dB 和－0.16 dB，表明了 HTS 技术的低损耗优势。在两个通带内测得的回波损耗均优于－16 dB。对于 CM 响应，第一个通带内的最小 CM 抑制度为－63 dB，第二个通带内的最小 CM 抑制度为－40 dB，这表明 DM 通带内具有优秀的 CM 抑制水平。此外，在直流 0～6 GHz 范围内，CM 抑制度均优于－21 dB。测试与仿真数据之间的一些微小偏差主要是由于介电常数和衬底厚度的标称值和实际值之间存在差异。

5.5　基于双环形加载谐振器的双通带平衡滤波器

本节在传统的双环形谐振器(Twin Ring Resonator，TRR)的基础上提出了一种新型的双环形加载谐振器(Twin-Square Ring Load Resonator,T-SRLR)结构,该结构的特性适宜于谐振器间的高阶耦合级联。本节详细研究了该谐振器的DM和CM谐振特性,两个合适的DM谐振频率被选择用于设计平衡BPF的两个DM通带。然后,基于该谐振器,我们构建了一款具有通带完全独立可控特性的六阶双通带超导平衡BPF,并详细阐述了设计过程。

5.5.1 双环形加载谐振器的特性

传统的TRR结构布局如图5-53(a)所示,它由两个共享一条宽度为w_2的短边的环形谐振器组成。其中,P_1和$P_1{}'$是一对平衡输入端口,P_2和$P_2{}'$是一对平衡输出端口。由于TRR结构是关于虚线A-B对称的,因此该结构能够使用经典的奇偶模方法进行简化分析。TRR的DM等效电路如图5-53(b)所示,TRR的CM等效电路如图5-53(c)所示,并且它们的传输响应均如图5-54所示。其中,前三个DM谐振频率分别命名为f_{d1}、f_{d2}和f_{d3},前两个CM谐振频率分别命名为f_{c1}和f_{c2}。为了电路的小型化,前两个DM谐振频率f_{d1}和f_{d2}将用于形成所需的两个DM通带。所采用的介质基板为相对介电常数9.78,厚度0.5 mm的MgO。

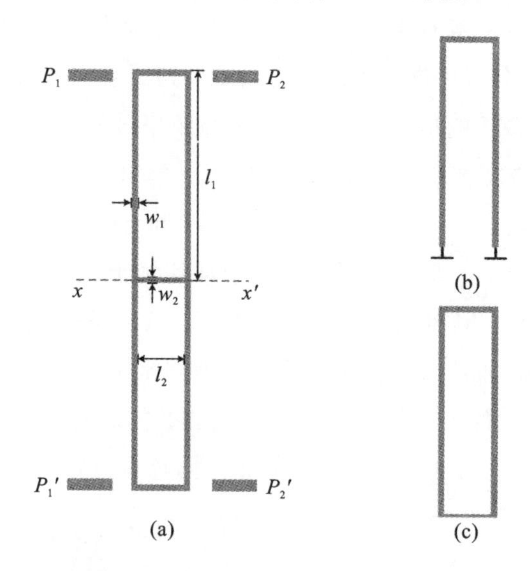

图5-53 TRR及其DM和CM等效电路

(a)双环形谐振器结构,其中$l_1=7.8$,$l_2=1.6$,$w_1=0.2$和$w_2=0.1$(单位:mm);

(b)DM等效电路;(c)CM等效电路

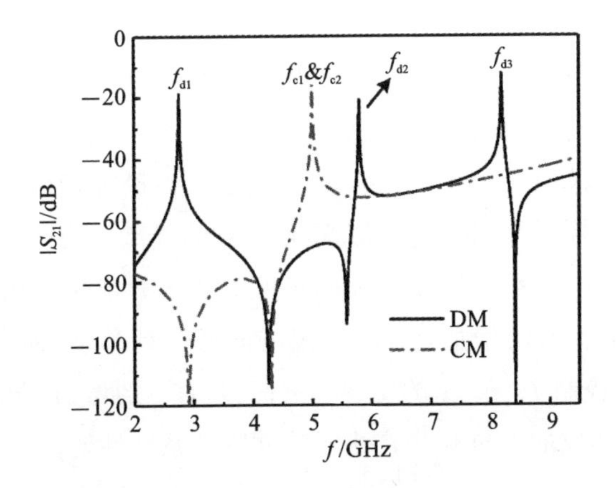

图 5-54　T-SRLR 结构 DM 和 CM 传输响应

由于被简化后的 DM 等效电路是一个两端短路的发夹形均匀阻抗半波长谐振器，因此其前两个谐振频率 f_{d1} 和 f_{d2} 能够被表示为

$$f_{d1} \approx \frac{c}{(4l_1 + 2l_2)\sqrt{\varepsilon_{eff}}} \tag{5.22}$$

$$f_{d2} \approx \frac{c}{(2l_1 + l_2)\sqrt{\varepsilon_{eff}}} \tag{5.23}$$

其中，ε_{eff} 是介质基板的有效介电常数，c 是自由空间中的光速。当介质基板被确定时，可以发现谐振频率 f_{d1} 和 f_{d2} 的位置主要取决于长度 $2l_1 + l_2$，并且存在着 $f_{d1} \approx 1/2 f_{d2}$ 的关系。然而，这不利于双通带平衡滤波器的设计，特别是在高阶电路的设计中。

枝节加载技术是使谐振器的谐振频率能够独立控制的一种有效方法[21]。通常，当在谐振器的零电压位置加载枝节时，它对相关的谐振模式没有影响，但被加载在电压非零位置时，则会产生较大的影响。图 5-55 所示的是两端短路的均匀阻

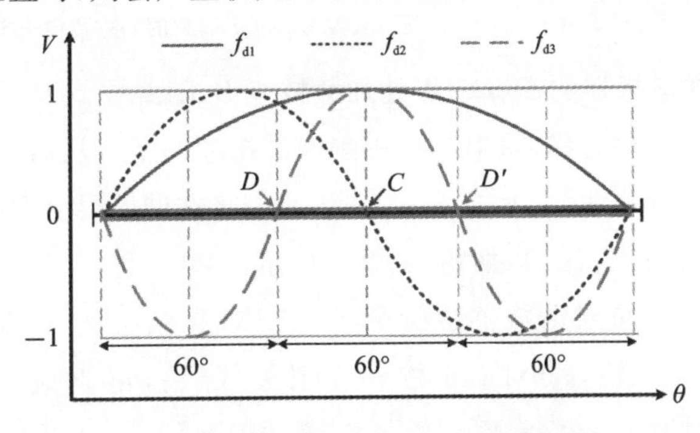

图 5-55　两端短路的均匀阻抗半波长谐振器的电压分布

抗半波长谐振器在不同谐振模式下的电压分布，其中横坐标表示电长度 θ，纵坐标表示归一化电压值。观察到谐振 f_{d2} 的电压零点位于 90°（C 点）处，谐振 f_{d3} 的电压零点位于 60°（D 点）和 120°（D' 点）处。

基于上述讨论，如图 5-56(a)所示，在相应的 C 点处加载两个相同的开路枝节 $A(l_3, w_3)$ 以独立地控制 f_{d1} 和 f_{d2} 的位置，所得到的新型结构即为双环形加载谐振器。此外，图 5-56(b)所示的是枝节 A 的长度 l_3 变化时谐振器相对应的 DM 频率响应，可以发现，随着 l_3 的增加，f_{d1} 的位置将向低频处移动，而 f_{d2} 的位置几乎不变，即可以独立地控制 f_{d1} 和 f_{d2} 的位置。然而，随着 l_3 的增加，谐波 f_{d3} 将逐渐靠近 f_{d2}，这将对由 f_{d2} 形成的 DM 通带产生干扰并降低系统性能。

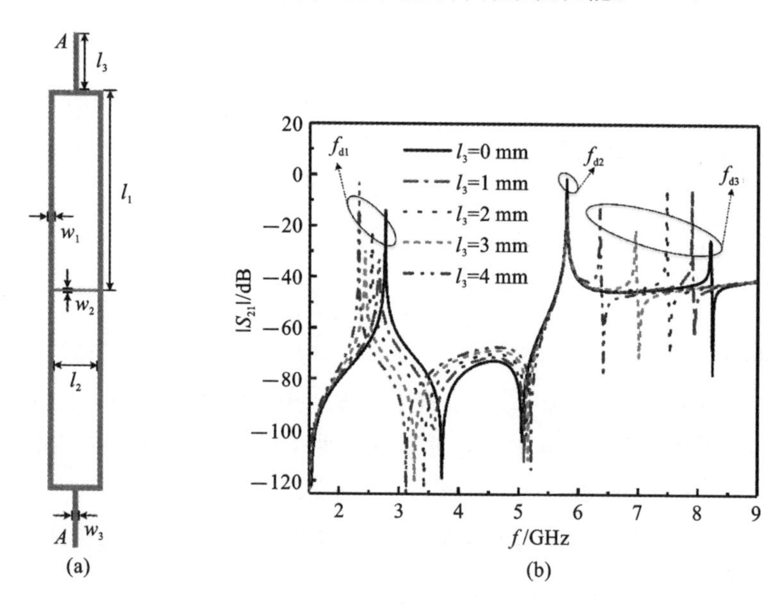

图 5-56 T-SRLR 及其 DM 传输响应

(a)T-SRLR 结构；(b)不同枝节长度 l_3 时 T-SRLR 的 DM 传输响应

类似地，若在谐振器的 $D(D')$ 点处加载枝节 B，随着枝节 B 长度的增加，谐振频率 f_{d2} 将向较低频率处移动，但不会影响到谐振频率 f_{d3}，从而使得 f_{d2} 可以远离 f_{d3}。因此，为了避免谐波 f_{d3} 所造成的干扰，我们将在谐振器的 $D(D')$ 点处加载四个相同的开路枝节 $B(l_4, w_4)$，如图 5-57(a)所示。

并且，为了进一步对谐振器进行分析，T-SRLR 结构的 TLM 建立在图5-57(b)中，其中传输线($2Y_3, \theta_3$)对应于枝节 A，传输线(Y_4, θ_4)对应于枝节 B。此外，为了简化计算，假设 $Y_1 = Y_2 = Y_3 = Y_4 = Y_5$，$\theta_2 + \theta_3 = \theta_1$。

T-SRLR 结构的 DM 等效电路的 TLM 如图 5-58(a)所示，由于其结构依然是

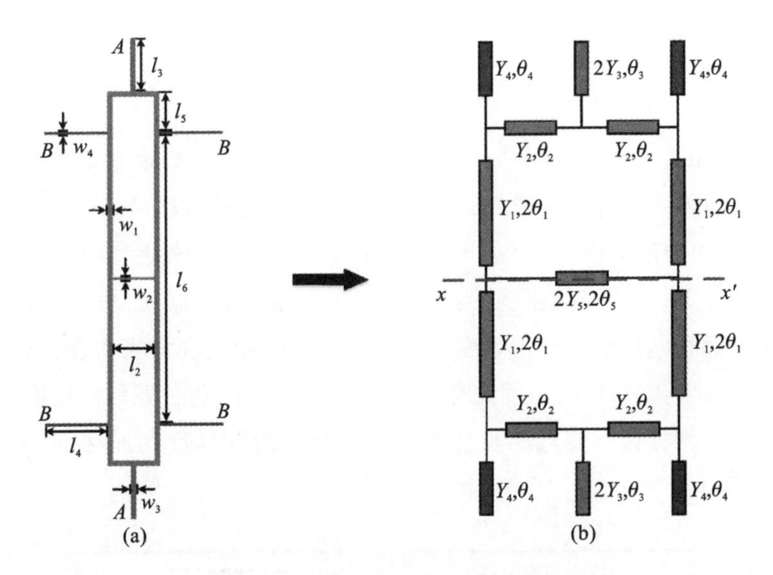

图 5-57 加载枝节 *B* 后的 T-SRLR

(a)加载枝节 B 后的 T-SRLR 结构;(b)等效传输线模型

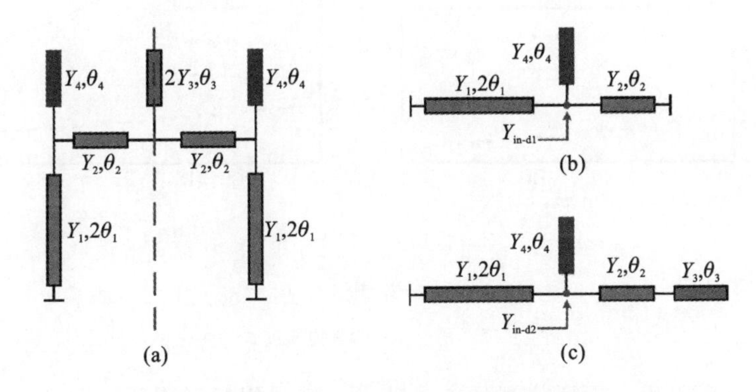

图 5-58 T-SRLR 的 DM 等效电路及其奇模偶模子电路

(a)T-SRLR 的 DM 等效电路;(b)其奇模子电路;(c)其偶模子电路

对称的,因此奇偶模方法能够被再次使用。图 5-58(b)所示的是 DM 等效电路的奇模电路,其输入导纳 $Y_{\text{in-d1}}$ 被计算为

$$Y_{\text{in-d1}} = \text{j}Y_4\tan\theta_4 - \text{j}Y_1\cot 2\theta_1 - \text{j}Y_2\cot\theta_2 \tag{5.24}$$

当 $Y_{\text{in-d1}}$ 的虚部等于零时,谐振条件被推导为

$$\tan\theta_4 - \cot 2\theta_1 - \cot\theta_2 = 0 \tag{5.25}$$

式(5.25)的第一个解对应于 DM 谐振频率 f_{d2},其与传输线($2Y_3$,θ_3)无关。图 5-58(c)所示的是 DM 等效电路的偶模电路,输入导纳 $Y_{\text{in-d2}}$ 被计算为

$$Y_{\text{in-d2}} = \text{j}Y_4\tan\theta_4 - \text{j}Y_1\cot 2\theta_1 + \text{j}Y_1\tan\theta_1 \tag{5.26}$$

然后，谐振条件被推导为

$$\frac{2\tan\theta_1\tan\theta_4+3\tan^2\theta_1-1}{2\tan\theta_1}=0 \tag{5.27}$$

式中：$2\tan\theta_1\tan\theta_4+3\tan2\theta_1-1=0$ 的第一个解，对应于 DM 谐振频率 f_{d1}。而 $1/\tan\theta_1=0$ 的第一个解对应于 DM 谐振频率 f_{d3}，其与传输线(Y_4,θ_4)无关。

此外，DM 谐振频率 f_{d1}、f_{d2}、f_{d3} 的位置与电长度 θ_3 和 θ_4 之间的关系如图 5-59 所示。由图 5-59(a)可以观察到，当 $\theta_4=0$ 且 θ_3 增加时，谐振 f_{d1} 和 f_{d3} 均向更低的频率处移动，而 f_{d2} 的位置保持不变，这与图 5-56(b)中的现象相吻合。此外，如图 5-59(b)所示，当 $\theta_3=20°$ 且 θ_4 增大时，发现谐振 f_{d1} 和 f_{d2} 的位置均向较低频率处移动，而 f_{d3} 的位置保持不变。故通过增加电长度 θ_4 的值，需要的谐振频率 f_{d2} 可以远离谐波 f_{d3}。

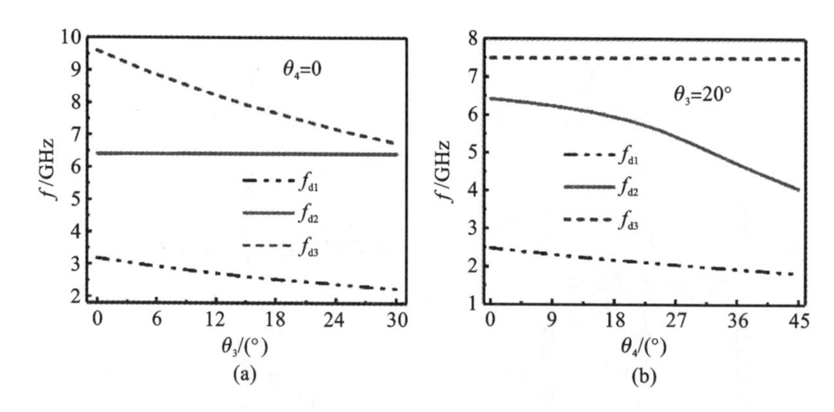

图 5-59　不同电长度 θ_3、θ_4 时谐振频率 f_{d1}、f_{d2}、f_{d3} 的变化情况

(a)随电长度 θ_3 的变化；(b)随电长度 θ_4 的变化

因此，可以采用下面所描述的方法独立地获得用于形成两个 DM 通带的谐振频率 f_{d1} 和 f_{d2}。

(1)首先调节电长度 θ_4 的值以满足所需的谐振频率 f_{d2}，同时使其远离谐波 f_{d3}。

(2)然后调节电长度 θ_3 以满足所需的谐振频率 f_{d1}，而 f_{d2} 的位置保持不变。

T-SRLR 结构的 CM 等效电路如图 5-60(a)所示，其简化后的奇模和偶模子电路如图 5-60(b)和图 5-60(c)所示。对于图 5-60(b)中的奇模子电路，其输入导纳 $Y_{\text{in-c1}}$ 可计算为

$$Y_{\text{in-c1}}=\mathrm{j}Y_4\tan\theta_4-\mathrm{j}Y_2\cot\theta_2-\mathrm{j}Y_1\frac{Y_5-Y_1\tan\theta_5\tan2\theta_1}{Y_1\tan\theta_5+Y_5\tan2\theta_1} \tag{5.28}$$

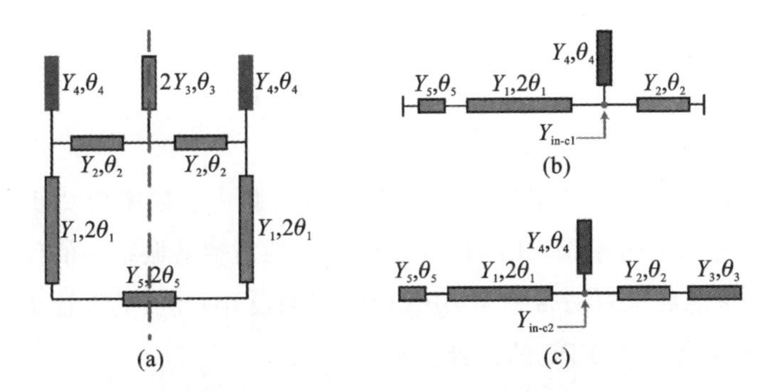

图 5-60　T-SRLR 的 CM 等效电路及其奇模偶模子电路

(a) T-SRLR 的 CM 等效电路；(b) 其奇模子电路；(c) 其偶模子电路

然后，其谐振条件可被推导为

$$(\tan\theta_5 + \tan 2\theta_1)(\tan\theta_4 - \cot\theta_2) + \tan\theta_5 \tan 2\theta_1 - 1 = 0 \tag{5.29}$$

式(5.29)的第一个解对应于谐振频率 f_{c1}，它与传输线($2Y_3$,θ_3)无关。对于图 5-60(c)中的偶模子电路，其输入导纳 Y_{in-c2} 可推导为

$$Y_{in-c2} = jY_4 \tan\theta_4 + jY_1 \tan\theta_1 - jY_1 \frac{Y_5 \tan\theta_5 + Y_1 \tan 2\theta_1}{Y_5 \tan\theta_5 \tan 2\theta_1 - Y_1} \tag{5.30}$$

其谐振条件为

$$(\tan\theta_5 \tan 2\theta_1 - 1)(\tan\theta_4 + \tan\theta_1) - \tan\theta_5 - \tan 2\theta_1 = 0 \tag{5.31}$$

式(5.31)的第一个解对应于谐振频率 f_{d2}。

此外，我们还研究了 CM 谐振频率 f_{c1}、f_{c2} 与电长度 θ_3 和 θ_4 之间的关系。由图 5-61(a)可观察到，当 $\theta_4 = 0$ 且 θ_3 增加时，谐振 f_{c2} 的位置将向更低的频率处移动，而谐振 f_{c1} 的位置保持不变。且如图 5-61(b)所示，当 $\theta_3 = 20°$ 且 θ_4 增大时，我们发现谐振 f_{c1} 和 f_{c2} 的位置均将向更低的频率处移动，其中 f_{c1} 的变化曲线具有更大的斜率。

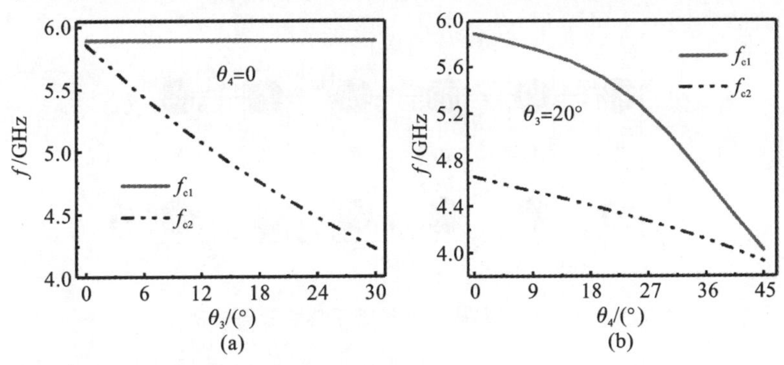

图 5-61　不同电长度 θ_3 和 θ_4 时谐振频率 f_{c1} 和 f_{c2} 的变化情况

(a) 随电长度 θ_3 的变化；(b) 随电长度 θ_4 的变化

5.5.2 双频带平衡带通滤波器设计

基于所提出的 T-SRLR 结构，本小节将设计一款中心频率为 2.5 GHz 和 5.2 GHz 的六阶超导双通带平衡 BPF，以展示所提出的新型谐振结构的优势。

为了更清楚地展示双通带平衡 BPF 所采用的设计方法，其设计步骤如下。

(1)确定双通带平衡 BPF 的设计指标。

(2)通过调整 f_{d1} 和 f_{d2} 的位置得到双通带 BPF 所需的中心频率。

(3)设计双通带平衡 BPF 所需的相对带宽，包括双通带耦合结构和双通带馈电结构的设计。

(4)改善平衡 BPF 的 CM 抑制，以获得对 CM 噪声信号的良好抑制。

1. 设计指标

在进行平衡 BPF 的设计工作之前，所期望的设计指标需要被首先确定。对于 DM 通带响应，两个通带的中心频率分别为 2.5 GHz 和 5.2 GHz，具有带内纹波系数为 0.04321 dB 的切比雪夫频率响应，对应的 FBW 为 4%和 1.5%。此外，对于 CM 阻带响应，DM 通带内的 CM 抑制大于−20 dB。

图 5-62 所示的是当 DM 信号激励时，所设计的六阶双通带平衡 BPF 采用的耦合级联方案。其中，节点 S 和 L 表示输入和输出端口，R_1～R_6 表示被使用的六个 T-SRLRs，两条耦合路径对应平衡 BPF 的两个 DM 通带。计算得到的所需理论耦合系数为 $m_{12}^{\mathrm{I}}=m_{56}^{\mathrm{I}}=0.034$，$m_{23}^{\mathrm{I}}=m_{45}^{\mathrm{I}}=0.024$，$m_{34}^{\mathrm{I}}=0.023$，$m_{12}^{\mathrm{II}}=m_{56}^{\mathrm{II}}=0.0127$，$m_{23}^{\mathrm{II}}=m_{45}^{\mathrm{II}}=0.009$，$m_{34}^{\mathrm{II}}=0.0088$ 以及外部品质因数为 $Q_{ex}^{\mathrm{I}}=24.85$，$Q_{ex}^{\mathrm{II}}=66.27$，其中第一通带和第二通带分别由数字Ⅰ和Ⅱ表示。

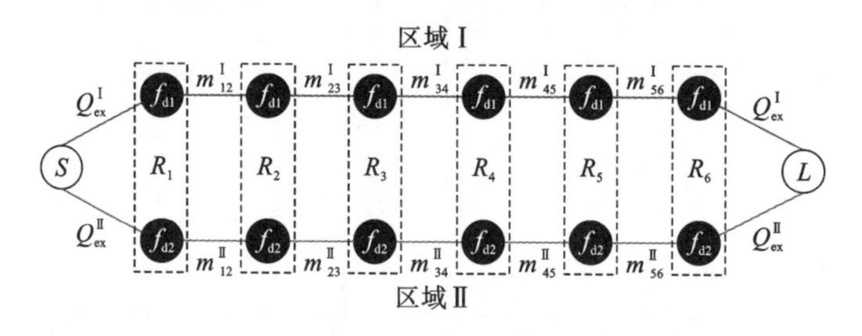

图 5-62 DM 信号激励时双通带平衡滤波器的耦合方案

2. 中心频率的设计

首先，基于以上讨论，当 $Y_1=Y_2=Y_3=Y_4=Y_5=0.014$ S、$\theta_1=24°$、$\theta_2=17.2°$、

$\theta_3=6.8°$、$\theta_4=24°$和 $\theta_5=6.3°$时，可以使得 DM 谐振频率 f_{d1} 和 f_{d2} 被设置在所需通带的中心频率处，即 2.5 GHz 和 5.2 GHz。然后，根据所确定的电参数，图 5-57(a)所示的电路结构可通过映射得到。此外，为了电路的小型化以及满足两个相邻谐振器之间的多模耦合，对图 5-57(a)中的谐振器结构进行了一些变化，其步骤如图 5-63 所示。将枝节 B 分支线化并折叠成螺旋形嵌入到环中，缩减谐振器的横向尺寸。然后，在步骤 2 中对双环形结构进行折叠，缩减谐振器的纵向尺寸。最后，基于分支线技术将枝节 A 变化为 T 形结构，使得相邻谐振器的枝节 A 之间能够相互耦合，额外增加了一个耦合自由度。

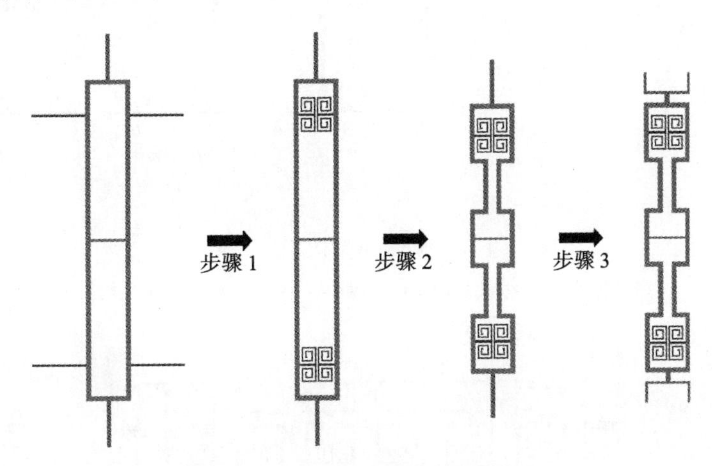

图 5-63　T-SRLR 的详细变形步骤

由于阻抗的不连续性和终端效应，需要对变化后的 T-SRLR 结构进行适当的优化。优化后的 T-SRLR 如图 5-64(a)所示，各尺寸参数分别为 $L_2=1.6$，$L_5=1.65$，$L_7=0.95$，$L_8=2$，$L_9=3.3$，$L_{10}=3$，$L_{11}=3$，$L_{12}=1.4$，$L_{13}=0.15$，$w_1=0.2$，$w_2=0.1$，$w_3=0.2$，$w_4=0.1$，$w_5=0.1$，$w_6=0.05$，$s_1=0.4$，$s_2=0.4$，$s_3=0.1$，$s_4=0.1$(单位：mm)。图 5-64(b)所示的是 T-SRLR 在 DM 弱激励下的传输响应，观察到 f_{d1} 和 f_{d2} 分别位于 2.5 GHz 和 5.2 GHz 处，且谐波大于 8 GHz，满足设计要求。

3. 相对带宽的设计

基于调节后的 T-SRLRs，我们构建了一款六阶双通带平衡 BPF。它由六个 T-SRLRs 和四个相同的馈电结构组成，其布局如图 5-65 所示。下述内容将讨论谐振器与谐振器之间的耦合以及馈电结构与谐振器之间的耦合，以满足所需的理论耦合系数 m 和 Q_{ex}。

图 5-66(a)所示的是两个相邻 T-SRLRs 间的双通带耦合结构，其中 T 形枝节 A 之间的间隙表示为 g_1，双环形部分之间的间隙表示为 g_2。此外，图 5-66(b)所

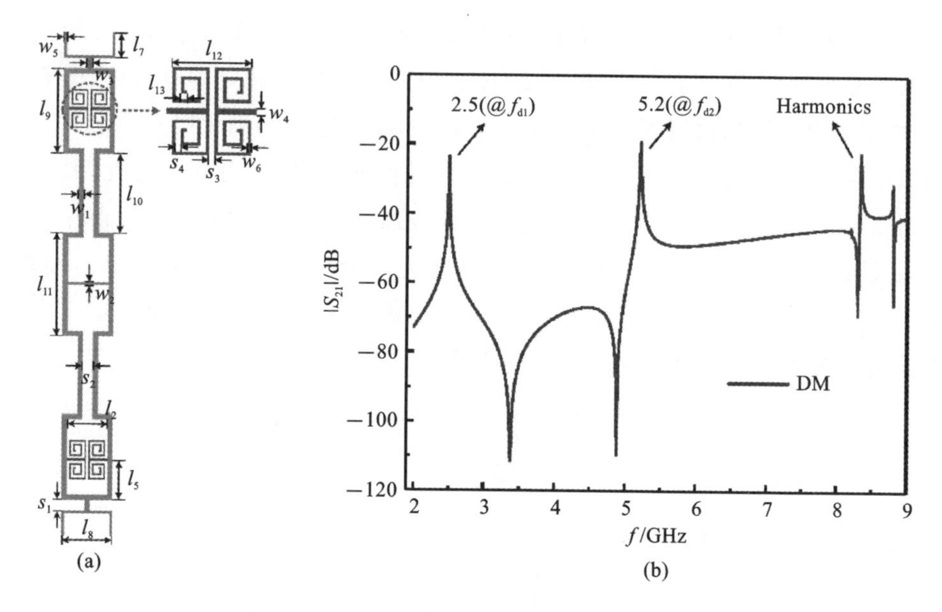

图 5-64 T-SRLR 小型化及其频率响应

(a) T-SRLR 小型化后的拓扑结构；(b) DM 弱激励下的频率响应

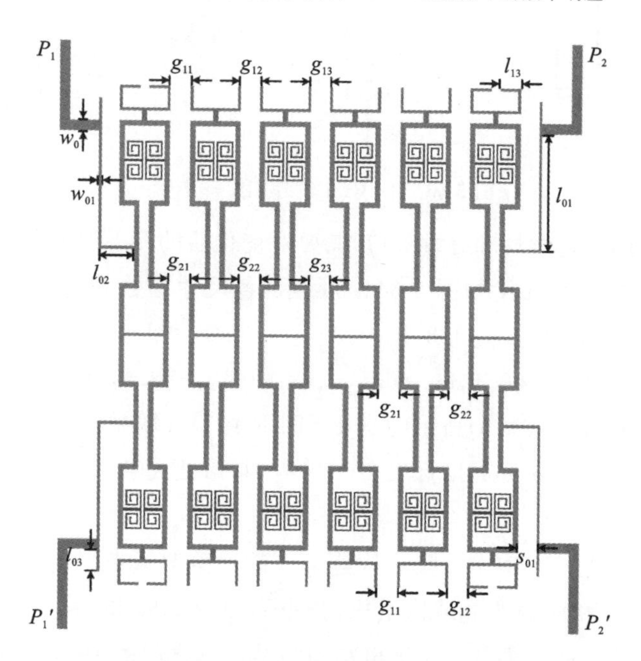

图 5-65 六阶双通带 HTS 平衡 BPF

示的是 f_{d1} 和 f_{d2} 处谐振器的电场密度分布，观察到 T-SRLRs 结构在 f_{d1} 处的电场集中分布在枝节 A、B 和双环形部分上，而 f_{d2} 处的电场集中在枝节 B 和双环形部

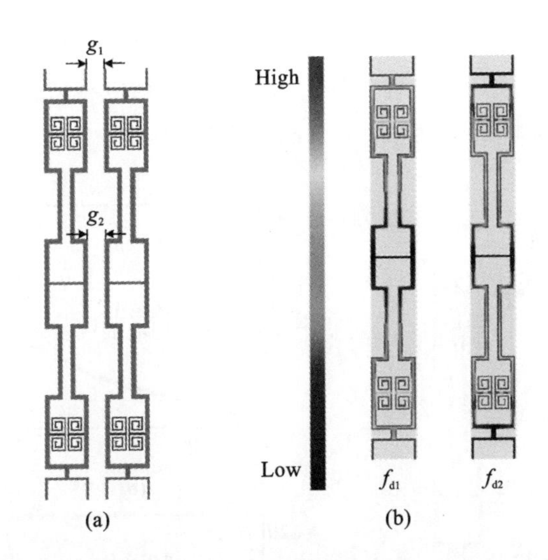

图 5-66　相邻 T-SRLRs 之间的耦合及其电场密度分布

(a)相邻 T-SRLRs 之间的耦合；(b)谐振器在 f_{d1} 和 f_{d2} 处的电场密度分布

分上，但在枝节 A 上的电场接近于零。因此，谐振频率 f_{d1}（通带Ⅰ）将同时受到间隙 g_1 和 g_2 的影响，而谐振频率 f_{d2}（通带Ⅱ）将仅受到间隙 g_2 的影响。

图 5-67 所示的是仿真提取得到的耦合系数随间隙 g_1 和 g_2 的变化关系。由图 5-67(a)中可发现，随着 g_1 和 g_2 的同时增加，第一个通带的耦合系数变化趋势是先增大后减小，而第二个通带的耦合系数则单调减小。另外，由图 5-67(b)可发现，当 $g_2=0.5$ mm 时，随着 g_1 的增大，第一个通带的耦合系数随之单调增加，而第二个通带的耦合系数几乎不变，与所预期的情况相吻合。

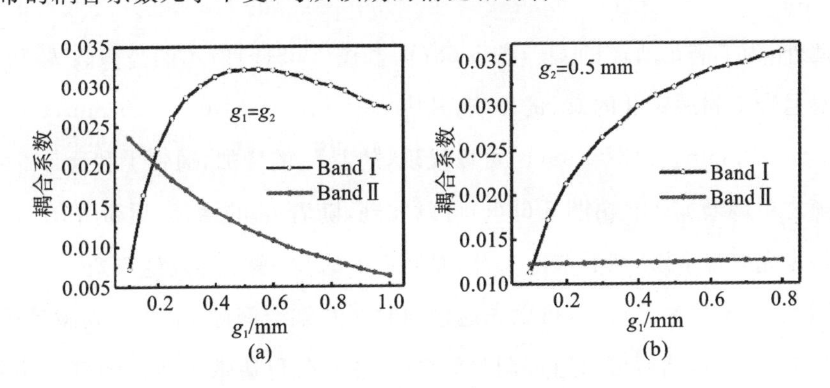

图 5-67　耦合系数随间隙的变化关系

(a)耦合间隙 $g_1=g_2$ 且等幅度变化时对耦合系数的影响；

(b)当 $g_2=0.5$ mm 时，耦合系数随间隙 g_1 的变化关系对于双通带的设计而言,外部品质因数 Q_{ex} 的独立控制至关重要。因此,如图 5-68(a)所示,本小节设计了一种由抽头馈电和耦合馈电相结合而成的双通带馈电结构,以能够独立控制两个通带的外部品质因数。

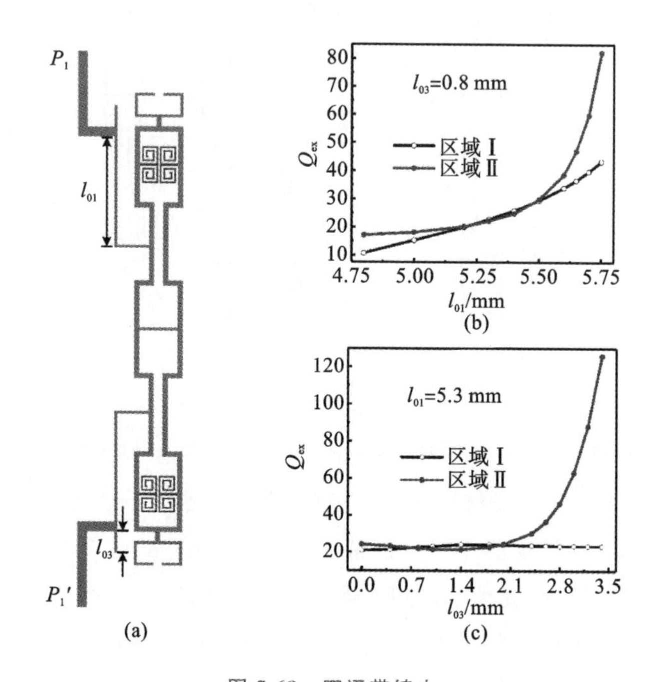

图 5-68　双通带馈电

(a)所设计的双通带馈电结构;(b)外部品质因数 Q_{ex} 随参数 l_{01} 的变化关系;

(c)外部品质因数 Q_{ex} 随参数 l_{03} 的变化关系

此外,为了满足所需的 Q_{ex},图 5-68(b)和图 5-68(c)所示的是参数 l_{01} 和 l_{03} 的变化对通带Ⅰ和通带Ⅱ的 Q_{ex} 的影响,其中 $l_{02}=0.9$ mm,$w_0=0.5$ mm,$w_{01}=0.1$ mm,$s_{01}=0.2$ mm。由图 5-68(b)可以发现,随着 l_{01} 的增加,通带Ⅰ和通带Ⅱ的 Q_{ex} 都将随之单调增加。且由图 5-68(c)可以发现,随着 l_{03} 的增加,通带Ⅱ的 Q_{ex} 的变化趋势是先缓慢下降,然后快速上升,而通带Ⅰ的 Q_{ex} 基本不发生改变。

因此,由上述讨论可知,可以先通过同时调整耦合间隙 g_1 和 g_2 以满足通带Ⅱ所需的耦合系数,然后可以通过调整间隙 g_1 独立获得通带Ⅰ所需的耦合系数,而不影响已获得的通带Ⅱ的耦合系数。另外,可以先通过调整 l_{01} 首先满足通带Ⅰ所需的 Q_{ex},然后通过调整 l_{03} 独立满足通带Ⅱ所需的 Q_{ex},而不影响已获得的通带Ⅰ的 Q_{ex}。

4. 改善 CM 抑制

基于上述对中心频率和相对带宽的讨论，所设计的平衡滤波器优化后的 DM 仿真结果如图 5-69 所示的虚线。可观察到两个通带的中心频率分别为 2.492 GHz 和 5.197 GHz，对应的相对带宽分别为 4.09%和 1.5%，符合设计指标。另外，得益于高阶电路的设计，两个 DM 通带的 20 dB 带宽与 3 dB 带宽之比 $\Delta f_{20\ \mathrm{dB}}/\Delta f_{3\ \mathrm{dB}}$分别为 1.33 和 1.31。然而，对于 CM 响应，在第二 DM 通带范围内存在一个 CM 谐振峰，这将对 DM 通带的性能造成破坏，因此需要对该谐振峰进行抑制以增强对 CM 噪声的抗干扰能力。

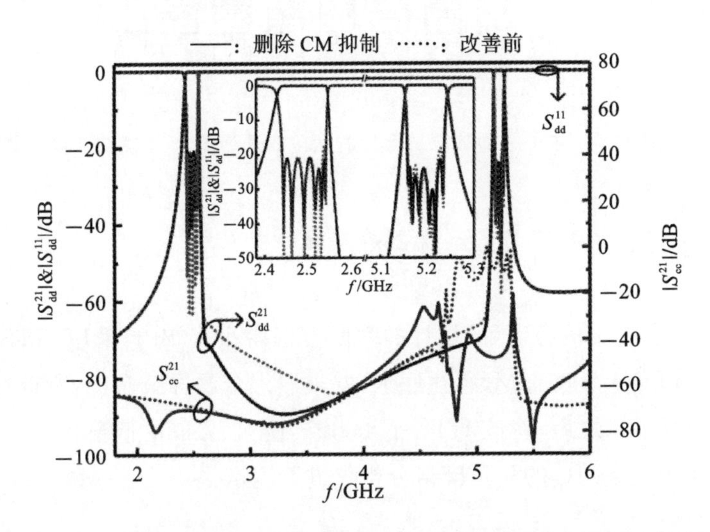

图 5-69　六阶双通带 HTS 平衡 BPF 其 CM 抑制被改善前后的频率响应

为了解决这一问题，我们将采用频率差异技术对 CM 信号进行抑制。所采取的操作如下：在第一、第二和第三个谐振器的中心对称平面上分别加载三个相同的折叠 H 形枝节。而且，第一个谐振器和第二个谐振器之间被一条短线连接，第五个谐振器和第六谐振器之间也被一条短线连接，如图 5-70 所示。最终优化后的仿真结果如图 5-69 实线所示，第二通带内的 CM 抑制度被提升到−46 dB，且在观测范围内 CM 抑制均大于−20 dB。另外，由于当施加 DM 信号时，谐振器的中心对称平面表现为一块电壁，因此两个已被设计好的 DM 通带几乎不发生改变。

最终优化后的电路尺寸为 $g_{11}=0.83$，$g_{12}=0.37$，$g_{13}=0.33$，$g_{21}=0.42$，$g_{22}=0.68$，$g_{23}=0.72$，$L_{01}=5.2$，$L_{02}=1.2$，$L_{03}=0.8$，$L_{s1}=0.9$，$L_{s2}=0.15$，$s_{01}=0.5$，$w_{s1}=0.1$，$w_{s2}=0.05$，$w_{s3}=0.1$（单位：mm），不包括馈线部分的总体电路尺寸为 14.92 mm×18.3 mm（$0.32\ \lambda_g\times0.39\ \lambda_g$）。

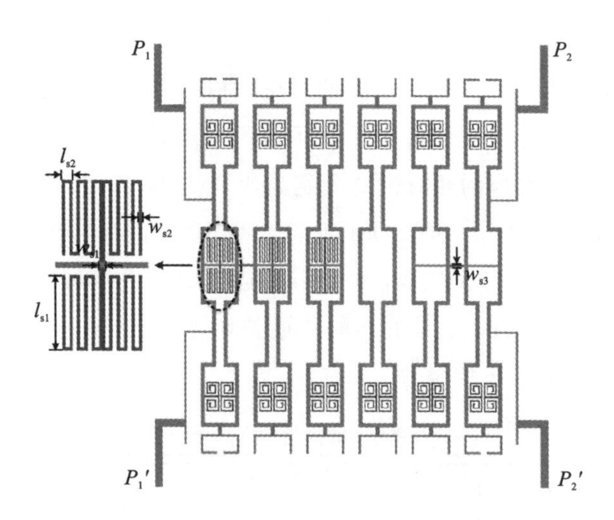

图 5-70　中心平面加载枝节后的六阶双通带 HTS 平衡滤波器

5.5.3　滤波器的加工与测试

为了验证所提出的方法，所设计的六阶双通带平衡 BPF 采用 HTS 工艺制作在双侧沉积 YBCO 薄膜的 MgO 衬底上，并被嵌入金属屏蔽盒中，所得到的电路样品如图 5-71 所示。之后，将该 HTS 平衡 BPF 置于 77 K 的低温冷却板上，并通过型号为 Agilent E5071C 的矢量网络分析仪进行测试。

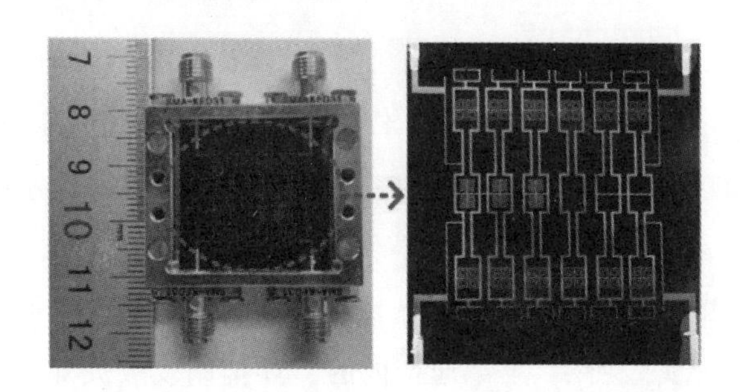

图 5-71　所设计的六阶双通带 HTS 平衡 BPF 的实物图

平衡 BPF 的测试结果和仿真结果的比较如图 5-72 所示，其中测试结果由虚线表示。测试结果表明，两个 DM 通带的中心频率分别为 2.49 GHz 和 5.21 GHz，相应的纹波相对带宽分别为 3.9％和 1.52％。通带内所测得的最大插入损耗分别为－0.26 dB 和－0.29 dB。对于 CM 响应，测得的最小 CM 抑制在第一个通带内为－48.5 dB，在第二个通带内为－42.8 dB。此外，整个测试范围内的 CM

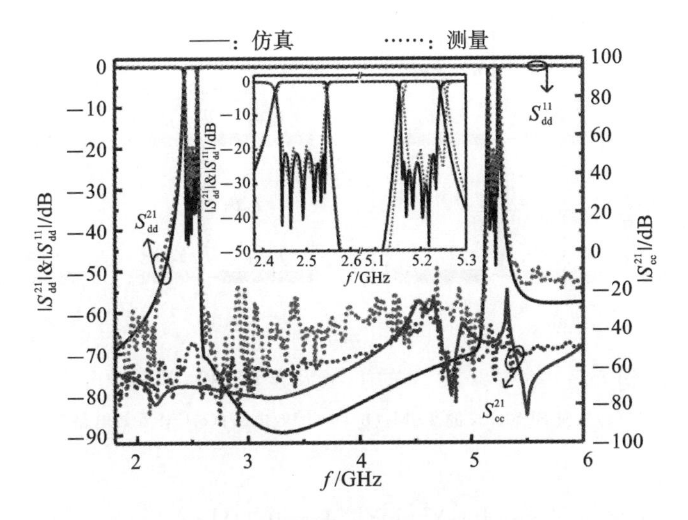

图 5-72　所设计的六阶双通带 HTS 平衡 BPF 的仿真与测量结果

抑制度均大于－26 dB。测试和仿真的 S 参数之间的差异主要是由于滤波器的制造和测量中的误差所导致的。

5.6　基于阶跃阻抗环形加载谐振器的三通带平衡滤波器

本节在 5.2 节中所讨论的四模 SI-SRLR 基础上提出了一种新型的六模 SI-SRLR 结构，并基于两个耦合的 SI-SRLRs 设计了一款高性能的小型化平衡三通带 BPF。此外，三个 T 形枝节被加载在谐振器的中心平面使得 CM 谐振发生错位，从而提高对 CM 噪声的抑制水平。

5.6.1　谐振器的特性分析

图 5-73(a)所示的是六模 SI-SRLR 的 TLM，该模型由八个传输线段组成，相对应的电长度和特征导纳分别为 θ_1、θ_2、θ_3、θ_4 和 Y_1、Y_2、Y_3、Y_4。与 5.2 节中所讨论的四模 SI-SRLR 相比，所提出的新型六模 SI-SRLR 在环形结构的另外两个角上额外加载了两个开路枝节。因此，两个额外的可控谐振频率被随之获得。对所提出的六模 SI-SRLR 结构进行奇偶模分析，所得到的 DM 和 CM 等效电路分别如图 5-73(b)和图 5-73(c)所示。为了简化计算过程，假设 $Y_1=Y_2=Y_4$，并定义导纳比 $K=Y_1/Y_3$。根据基本传输线理论，DM 和 CM 等效电路的谐振条件可分别

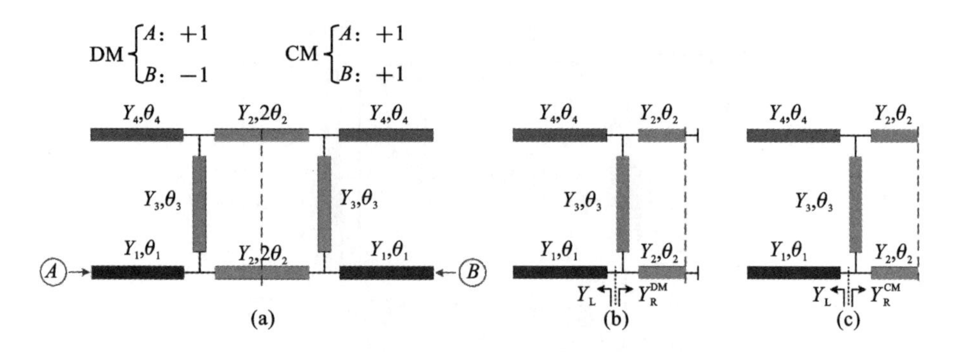

图 5-73　六模 SI-SRLR 的 TLM 及其 DM 和 CM 等效电路

(a)六模 SI-SRLR 的 TLM;(b)DM 等效电路;(c)CM 等效电路

表示为

$$\mathrm{Im}(Y_{\mathrm{L}}+Y_{\mathrm{R}}^{\mathrm{DM}})=0,\mathrm{DM} \tag{5.32}$$

$$\mathrm{Im}(Y_{\mathrm{L}}+Y_{\mathrm{R}}^{\mathrm{CM}})=0,\mathrm{CM} \tag{5.33}$$

其中,Y_{L}、$Y_{\mathrm{R}}^{\mathrm{DM}}$ 和 $Y_{\mathrm{R}}^{\mathrm{CM}}$ 是如图 5-73(b)和图 5-73(c)所示的对应传输线部分的输入导纳,分别可被计算为

$$Y_{\mathrm{L}}=\mathrm{j}Y_1\tan\theta_1 \tag{5.34}$$

$$Y_{\mathrm{R}}^{\mathrm{DM}}=\mathrm{j}Y_1\left[\frac{\tan\theta_3+K\tan\theta_4-K\cot\theta_2}{K+K^2\cot\theta_2\tan\theta_3-K^2\tan\theta_3\tan\theta_4}-\cot\theta_2\right] \tag{5.35}$$

$$Y_{\mathrm{R}}^{\mathrm{CM}}=\mathrm{j}Y_1\left[\frac{\tan\theta_3+K\tan\theta_2+K\tan\theta_4}{K+K^2\tan\theta_2\tan\theta_3+K^2\tan\theta_3\tan\theta_4}+\tan\theta_2\right] \tag{5.36}$$

因此,通过求解式(5.32)和式(5.33)可以分别求出 DM 谐振频率和 CM 谐振频率。其中,所有的谐振频率都将随着电长度和导纳比 K 的改变而随之变化。并且可发现的是,六模 SI-SRLR 的 DM 等效电路和 CM 等效电路都表现为一个三模枝节加载谐振器。三个 DM 和三个 CM 谐振频率分别记为 f_{d1}、f_{d2}、f_{d3} 和 f_{c1}、f_{c2}、f_{c3}。SI-SRLR 结构的 TLM 和微带线模型的仿真频率响应如图 5-74 所示。在仿真过程中,参数为 $\theta_1=48°$,$\theta_2=53°$,$\theta_3=37°$,$\theta_4=34°$,$Y_1=0.01$ S 和 $K=0.42$,其中电长度均在频率 1.9 GHz 处被给定。在给定电参数基础上,可映射得到 SI-SRLR 微带线模型的初始尺寸,然后经优化后所得到的频率响应如图 5-74 所示。所使用的介质基板为相对介电常数 3.38,厚度 0.813 mm 的 Roger RO4003C。从图 5-74 中可清晰地观察到 6 个谐振频率被激励出来,且电磁仿真结果与 TLM 模型仿真结果吻合。

此外,通过仿真发现,谐振频率 f_{c1} 与 f_{d2} 之间、f_{c3} 与 f_{d3} 之间的频率差可以通过改变导纳 K 进行调节。定义 $\Delta_1=|f_{\mathrm{d2}}-f_{\mathrm{c1}}|$ 和 $\Delta_2=|f_{\mathrm{d3}}-f_{\mathrm{c3}}|$,表示两对相邻

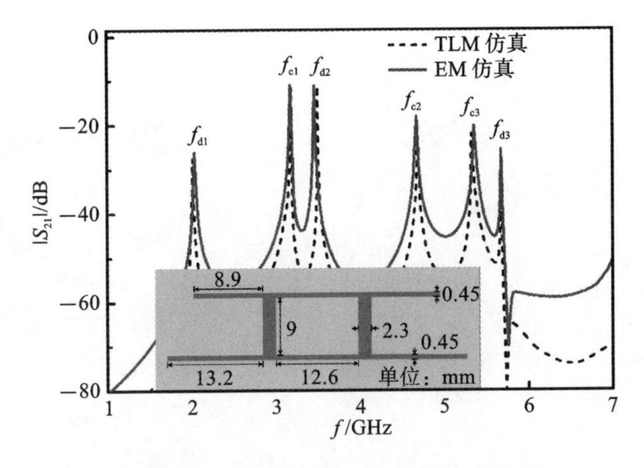

图 5-74　弱激励下 SI-SRLR 结构的 TLM 和微带线模型仿真结果

的 DM 和 CM 谐振之间的频率差。图 5-75 所示的是 Δ_1 和 Δ_2 随导纳比 K 的变化情况。可以看出，频率差 Δ_1 将随着 K 值的增大而随之减小，而 Δ_2 将随着 K 的增大而随之增大。当导纳比 $K=4.2$ 时，两对谐振之间的频率差都将达到一个相对均衡的值，如图 5-75 所示的 P 点。

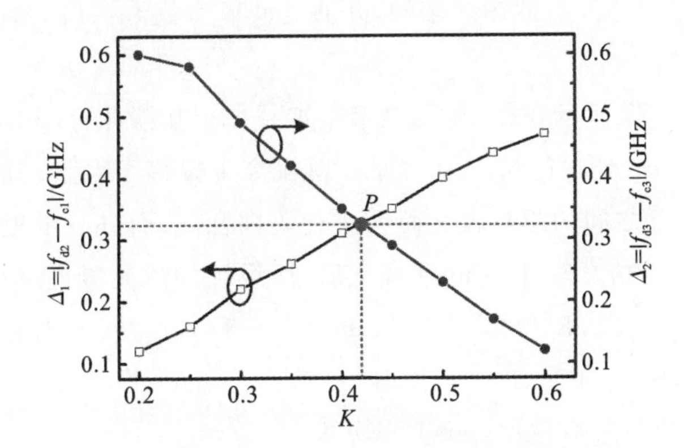

图 5-75　频率差 Δ_1 和 Δ_2 随导纳比 K 的变化情况

5.6.2　三通带平衡通 BPF 设计

本小节中基于所提出六模 SI-SRLR 设计了一个中心频率 1.9 GHz、3.35 GHz 和 5.8 GHz 的小型化三通带平衡 BPF，滤波器的电路结构如图 5-76(a)所示。其中，四个开路枝节以及环形部分的长边被进行折叠弯曲，以实现紧凑的尺

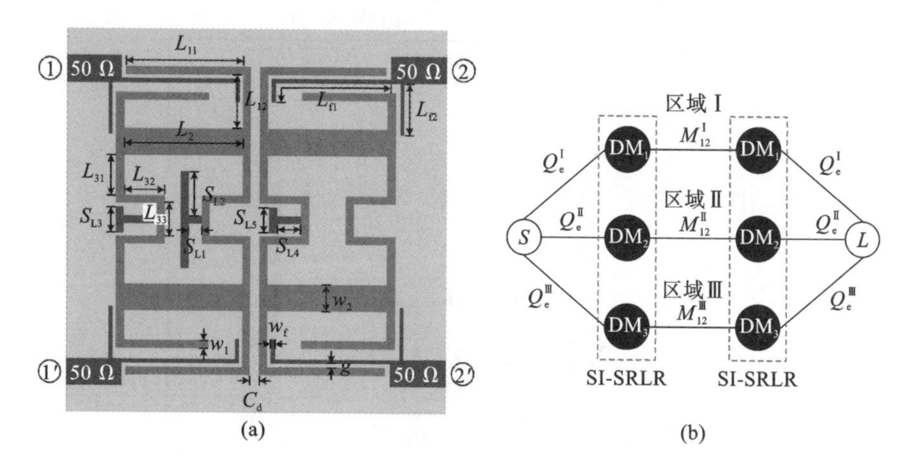

图 5-76　三通带平衡 BPF 及其耦合拓扑图

(a)三通带平衡 BPF 结构；(b)DM 激励下平衡滤波器的耦合拓扑图

寸。图 5-76(b)所示的是 DM 激励下平衡 BPF 的耦合方案，存在三条耦合路径，每条路径对应形成一个 DM 通带。为了获得三个 DM 通带所需的耦合系数，将仿真提取不同参数 L_{12}、L_{33} 和 C_d 下的耦合系数，从而满足理论所需值。另外，两条高阻抗微带线被作为滤波器的馈线结构，并通过调节参数 L_{f1}、L_{f2}、w_f 和 g 满足外部品质因数的要求。

此外，如图 5-77 所示，三个 T 形枝节被加载在相互耦合的 SI-SRIRs 的中心平面，可在不影响 DM 谐振的情况下对 CM 谐振产生偏移。因此，SI-SRIRs 之间的 CM 谐振由于相互之间的距离较远而无法有效耦合，从而进一步提高对 CM 噪声的抑制水平。基于仿真软件 Sonnet 优化后，所设计的滤波器最终尺寸参数如下：$L_{11}=8.15$，$L_{12}=3.55$，$L_2=9$，$L_{31}=3.35$，$L_{32}=3.3$，$L_{33}=3.2$，$L_{f1}=9.3$，$L_{f2}=4.2$，$S_{L1}=0.65$，$S_{L2}=3.5$，$S_{L3}=2.4$，$S_{L4}=2$，$S_{L5}=2.6$，$w_1=0.45$，$w_2=2.3$，$w_f=0.2$，$g=0.2$ 和 $C_d=0.3$(单位：mm)。

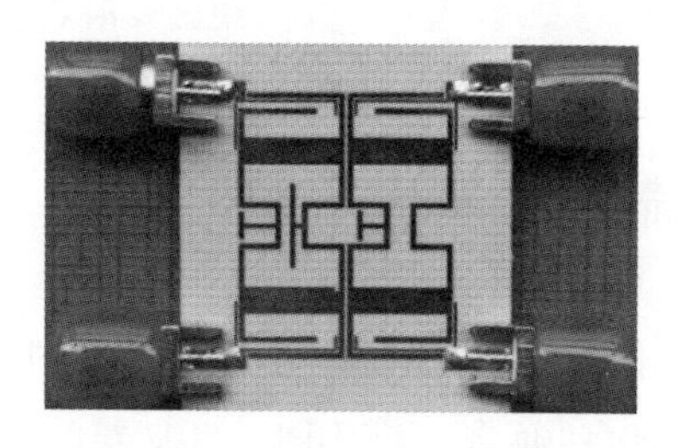

图 5-77　三通带平衡 BPF 实物图

5.6.3　滤波器加工与测试

为了验证上述设计，对图 5-76(a)中的滤波电路采用微带工艺进行加工，所得到的实物图如图 5-77 所示，其整体尺寸为 19.1 mm×23.4 mm(0.19 λ_g×0.23 λ_g)，其中 λ_g 为 1.9 GHz 的波导波长。然后，通过型号为 Agilent E5071C 的四端口矢量网络分析仪进行测试。

仿真结果和测试结果如图 5-78 所示，其中实线表示仿真结果，虚线表示实测结果，两者基本吻合。对于 DM 响应，三个 DM 通带的中心频率为 1.92 GHz、3.34 GHz 和 5.84 GHz，对应的 3-dB 相对带宽分别为 4.74%，8.61%和 2.78%。通带内测得的最小插入损耗分别为−0.94 dB、−1.21 dB 和−1.93 dB。此外，可观察到通带附近存在 5 个 TZs(TZ_1～TZ_5)，它们是 SI-SRLR 固有的和两条耦合路径之间的信号相互抵消所产生，从而进一步提高了 DM 通带的选择性。对于 CM 响应，三个 DM 通带对应范围内的最小 CM 抑制度分别为−54 dB、−27 dB 和−32 dB，显示了 DM 通带内良好的 CM 噪声抑制效果。所实现的三通带平衡 BPF 具有 DM 通带平坦、选择性高、电路体积小等优点。

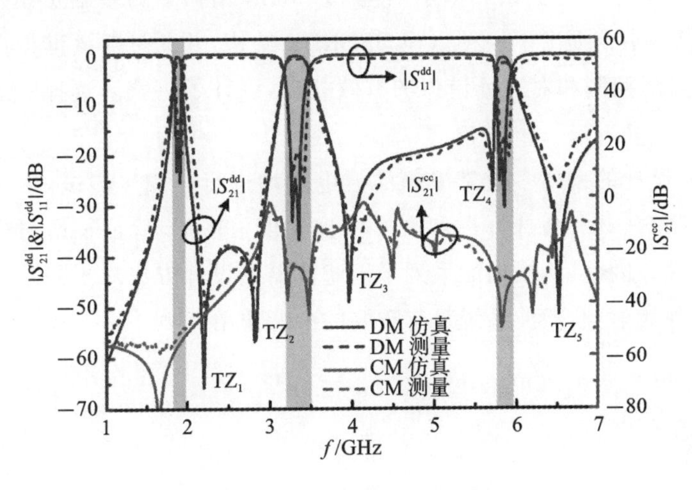

图 5-78　滤波器的仿真和测量结果

5.7　小结

本章对传统 SRLR 的结构构造和谐振特性进行了详细分析，并基于此演变出多种新型多模 SRLR 结构用于多通带平衡滤波电路的设计。首先将传统 SRLR 中的均匀阻抗线改进为阶跃阻抗线，提出了一种新型的四模 SI-SRLR 结构，并基于该谐振器设计了一款高性能的双通带平衡 BPF。然后对 SI-SRLR 结构进一步改进，将两根微带开路微带线嵌入到环形部分中，使得谐振器结构更加紧凑，并且得益于 SCCL 结构和磁耦合 CM 抑制方法的使用，基于该谐振器设计的双通带平衡电路具有 DM 通带的高选择性和天然的高 CM 抑制。

考虑到上述设计中敷铜介质基板的固有导体损耗，结合 HTS 技术设计了两款具有极低损耗特性的双通带平衡滤波器。首先，通过将传统 SRLR 结构上的两根开路微带线平移到中心位置并分支线化，演进得到了一种适宜于高阶电路设计的新型 SRLR 结构，并对该结构的谐振特性进行了详细的分析，其具有设计灵活和高耦合自由度的特点。然后，基于该谐振结构设计了一款带宽可控的高性能四阶双通带 HTS 平衡滤波器。紧接着，为实现通带的完全独立可控，本章提出了一种新型的 T-SRLR 结构，基于该谐振器设计的六阶双通带 HTS 平衡滤波器具有谐振频率、耦合系数、外部品质因数均独立可控的优势。

此外，除了双通带平衡滤波电路的设计外，本章在三通带平衡滤波器的设计领域也进行了一些研究探索。基于四模 SI-SRLR 谐振器的基础上额外加载两根开路微带线后，本章提出了一种六模 SI-SRLR 结构，并通过对该谐振器三个可控 DM 谐振的灵活控制和对 CM 谐振的有效分离，设计了一款高选择三通带平衡滤波器。

最后，所设计的系列多通带平衡滤波电路均进行了加工测试，测试结果均与仿真结果相吻合，具有高选择性和高 CM 抑制度，进一步验证了所讨论的方法与理论的正确性。因此，所提出的系列平衡滤波器的设计方法对于需求高灵敏度和高抗干扰的现代射频/微波系统具有重要的参考作用。

参考文献

[1] X. L. Lu, B. Wei, B. S. Cao, et al. Design of a high-order dual-band superconlucting filter with controllable frequencies and bandwidths[J]. *IEEE Trans. Appl. Supercond*, 2014, 24(2): 3-7.

[2] H. W. Liu, Y. L. Zhao, X. H. Li, et al. Compact superconducting bandpass filter using dual-mode loop resonator[J]. *IEEE Trans. Appl. Supercond*, 2013, 23(3): 1501304.

[3] S. B. Zhang, L. Zhu. Compact and high-selectivity microstrip bandpass filters using triple-quad-mode stub-loaded resonators[J]. *IEEE Microw. Wireless Compon. Lett.*, 2011, 21(10): 522-524.

[4] S. Luo, L. Zhu, S. Sun. A dual-band ring-resonator bandpass filter based on two pairs of degenerate modes[J]. *IEEE Trans. Microw. Theory Tech.*, 2010, 58(12): 3427-3432.

[5] J. Z. Chen, N. Wang, Y. He, et al. Fourth-order tri-band bandpass filter using square ring loaded resonators[J]. *Electron. Lett.*, 2011, 47(15): 858-859.

[6] M. T. Doan, W. Q. Che, W. J. Feng. Tri-band bandpass filter using square ring short stub loaded resonators[J]. *Electron. Lett.*, 2012, 48(2): 106-107.

[7] S. Sun. A dual-band bandpass filter using a single dual-mode ring resonator [J]. *IEEE Microw. Wireless Compon Lett.*, 2011, 21(6): 298-300.

[8] S. Sun, L. Zhu. Wideband microstrip ring resonator bandpass filters under multiple resonances[J]. *IEEE Trans. Microw. Theory Tech.*, 2007, 55(10): 2176-2182.

[9] R. Gomez-Garcia, J. Alonso. Design of sharp-rejection and low-loss wide-band planar filters using signal-interference techniques[J]. *IEEE Microw. Wireless Compon. Lett.*, 2005, 15(8): 530-532.

[10] R. Gomez-Garcia, M. Sanchez-Renedo. Microwave dual-band bandpass planar filters based on generalized branch-line hybrids[J]. *IEEE Trans. Microw. Theory Tech.*, 2010, 58(12): 3760-3769.

[11] R. Gomea-Garcia, J. M. Munoz-Ferreras, M. Sanchez-Renedo. Microwave transversal sixband bandpass planar filter for multi-standard wireless applications[J]. *IEEE Radio Wireless Symposium, Phoenix*, 2011, 16-19: 166-169.

[12] H. W. Liu, B. P. Ren, X. H. Guan, et al. Compact dual-band bandpass filter using quadruple-mode square ring loaded resonator (SRLR) [J]. *IEEE Microw. Wireless Compon. Lett.*, 2013, 23(4): 181-183.

[13] T. J. Du, B. R. Guan, A. T. Wu, et al. Dual-band bandpass filter based on quadruple-mode open stub loaded square ring resonator[J]. *IEEE*

International Conference on Signal Processing, 2017: 1-4.

[14] H. W. Liu, B. P. Ren, X. H. Guan, et al. Quadband high-temperature superconducting bandpass filter using quadruple-mode square ring loaded resonator[J]. *IEEE Trans. Microw. Theory Tech.*, 2014, 62(12): 2931-2941.

[15] J. S. Hong, M. J. Lancaster. *Microwave Filter for RF/Microwave Application*[C]. New York, NY, USA: Wiley, 2001.

[16] B. Ren, H. Liu, Z. Ma, et al. Compact dual-band differential bandpass filter using quadruple-mode stepped-impedance square ring loaded resonators[J]. *IEEE Access*, 2018, 6: 21850-21858.

[17] M. Makimoto, S. Yamashita. Bandpass filters using parallel coupled stripline stepped impedance resonators[J]. *IEEE Trans. Microw. Theory Techn.*, 1980, 28(12): 1413-1417.

[18] C. J. Chen. A coupled-line coupling structure for the design of quasielliptic bandpass filters[J]. *IEEE Trans. Microw. Theory Techn.*, 2018, 66(4): 1921-1925.

[19] K. D. Xu, F. Zhang, Y. Liu, et al. High selectivity seventh-order wideband bandpass filter using coupled lines and open/shorted stubs[J]. *Electron. Lett.*, 2018, 54(4): 223-225.

[20] Z. C. Zhang, Q. X. Chu, F. C. Chen. Compact dual-band bandpass filter using open-/short-circuited stub-loaded λ/4 resonators[J]. *IEEE Microw. Wireless Compon. Lett.*, 2015, 25(10): 657-659.

[21] X. H. Wu, F. Y. Wan, J. X. Ge. Stub-loaded theory and its application to differential dual-band bandpass filter design[J]. *IEEE Microw. Wireless Compon. Lett.*, 2016, 26(4): 231-233.

第6章　总结与展望

6.1　总结

本书主要介绍了作者及其研究团队在小型高性能平衡式微波滤波电路方面的研究工作。为了追求共模噪声高抑制度、紧凑的电路尺寸和差模通带的高选择性，提出并介绍了系列新型的谐振结构，如第2章的贴片型谐振器和阶跃阻抗型谐振器，第3章的分支线型谐振器，第4章的复合左右手型谐振器以及第5章的环形加载型谐振器。基于这些新型谐振器结构，我们设计了多种具有高共模抑制能力和高性能差模通带的小型化单通带/双通带/三通带平衡微波滤波电路。所有电路均通过电磁软件进行了仿真验证，并对其中的代表性设计工作进行了实际电路的加工测试，进一步验证了所提出的设计方法和理论。

此外，在平衡电路的高阶设计中，为解决传统覆铜介质基板的高导体损耗问题，通过结合高温超导材料的低损耗特性对其进行了加工测试，所制作的多款高温超导微波器件均具有极低的插入损耗，如基于分支线谐振器的八阶滤波电路，其两个通带内的插入损耗测量值均小于0.4 dB，使用的高温超导材料为YBCO薄膜，衬底为MgO(9.78，0.5 mm)，被放置在环境温度为77 K的低温冷却器中进行测试。

文中所介绍的大部分研究成果均已发表在本领域高质量国际期刊上，如《*IEEE Transactions on Microwave Theory and Techniques*》《*IEEE Transactions on Applied Superconductivity*》《*IEEE Transactions on Circuits and Systems Ⅱ: Express Briefs*》。值得注意的是，目前超导电路工作时由于需要配置冷却器设备，成本相对较高，与目前通信系统中广泛使用的腔体电路相比，性价比并不明显。然而，随着未来高温超导材料技术和工艺的发展，高温超导薄膜临界温度的不断提高将使其在室温下工作成为可能。届时，本书所提出的系列结构和设计方法将对指导新型紧凑和高性能的高温超导微波电路的实现非常有用，对当前及未来需求高灵敏度和强抗干扰能力的射电天文和无线通信系统具有重要的应用意义。

6.2 研究展望

虽然本书已提出了一系列紧凑的高性能平衡微波滤波电路,但随着无线系统的发展,对平衡微波滤波电路将提出更严苛的要求。因此,作者认为还可以关注以下方向。

一是高阶超宽带或超窄带平衡微波电路的研究。现有的一般设计理论和方法适用于窄带设计,但在实现超宽带或超窄带设计时会产生较大的误差。因此,有必要研究高阶超宽带或超窄带滤波电路的设计理论。此外,为了实现高性能的超宽带或超窄带响应,还应研究具有极强耦合或极弱耦合的结构设计。

二是低损耗的可调平衡微波电路的设计。可调微波电路由于其具有降低系统尺寸和高容错率的潜力而受到研究学者们的欢迎。然而,在可调电路的设计中,即使采用低损耗特性的高温超导材料进行制作,有源器件的引入也往往会导致通带内具有较大的插入损耗,影响系统性能。因此,探索低损耗的可调超导平衡微波电路的设计方法或结构还需进行研究。

三是平衡微波电路的智能化优化设计。由于寄生效应、阻抗的不连续性等因素影响,经过理论指导后获得的电路结构依然需要被进一步优化以获得良好的阻抗匹配,尤其对于高阶电路更是如此。设计人员们常常需耗费大量时间,通过电磁仿真软件对电路结构进行优化方能获得满足设计指标的性能效果。人工智能、深度学习等新兴技术的发展为微波电路的智能优化提供了新的选择,如何将该技术与微波电路的设计方法相结合以缩减电路的设计周期值得进一步探讨与研究。

四是具有高功率处理能力的微波电路设计。为保证信号在远距离传输后仍能被正常接收,要求发射信号需要具有较大的功率以防止其在自由空间中被衰减掉。在现代移动通信系统中,为提高数据传输速率,接收信道和发送信道逐渐演变为共享信道的方式。因此,即使是对于接收系统中的微波电路,也同样对其提出了高功率处理能力的要求,这将使得平衡微波电路的设计变得更加复杂。